作 者 简 介

(2003 年摄于俄罗斯圣彼得堡涅瓦河畔)

冯有景，原中国兵器淮海集团山西惠丰特种汽车有限公司总工程师，现被聘为淮海集团科技带头人。1968 年参加了我国第一代装药车和装药器的研制工作。20 世纪 70 年代末和 80 年代中期，参加了两轮井下装药车的研制工作。80 年代中期，主持现场混装炸药车、地面站和散装炸药的引进、消化、吸收、转化、推广和创新项目，该项目于 1990 年通过部级鉴定，并于 1993 年获国务院重大装备科技进步二等奖。从 1992 年起承担了现场混装炸药车的系列化设计项目，该项目于 1994 年获山西省科技进步一等奖。2000 年主持开发了移动地面站项目，该项目于 2002 年获中国爆破工程学会三等奖。

2000 年，研制出坑道式现场混装乳化炸药车。2006 年，用井下铰接底盘研制了掘进用现场混装乳化炸药车。2009～2013 年，用小型汽车底盘改装研制出用于掘进和回采的现场混装乳化炸药车。

2006 年，提出了数字化现场混装炸药车和数字化地面站，通过几年的研发，2013 年通过了部级鉴定。

主持编写了 1 项国家标准和 7 项行业标准。获 9 项专利。

侧螺旋式现场混装粒状铵油炸药车

高架式现场混装粒状铵油炸药车

粒状硝酸铵上料系统

车上制乳型现场混装乳化炸药车

现场混装重铵油炸药车

地面制乳型现场混装乳化炸药车

远程炮孔装药车

坑道式现场混装乳化炸药车

BCZH-20型现场混装重铵油炸药车

半挂式液态硝酸铵运输车

半挂式乳胶基质运输车

YAC-18 型液态硝酸铵运输车

铰接式底盘井下现场混装乳化炸药车

铰接式底盘井下铵油炸药装药车

便携式乳化炸药装药机

BQ 系列装药器

BQF 系列装药器

工程案例 ///////////

BCLH-15G 型现场混装炸药车
在内蒙古吉安公司霍林河露天煤矿

BCLH-15 型现场混装炸药车
在神华集团准格尔露天煤矿

BCJ-1000 型井下现场混装乳化炸药车在镜铁山铁矿

BCZH–20 在蒙古额尔登特铜矿

BCZH–15 在神华集团准格尔露天煤矿

BCZH–25 在俄罗斯卡其卡纳尔瓦纳基

BCRH–15 在易普力攀枝花铁矿

移动式地面站

固定式地面站

现场混装炸药车

冯有景 著

北 京
冶 金 工 业 出 版 社
2014

内 容 提 要

本书简要介绍了现场混装炸药车在我国的发展历史、现场混装炸药车和与其配套的地面站分类,详细介绍了露天矿用现场混装多孔粒状铵油炸药车、现场混装乳化炸药车、现场混装重铵油炸药车及与其配套的地面站以及井下矿用现场混装乳化炸药车、铵油炸药装药车等设备的工作原理、设计、操作、维护、保养等内容。还介绍了散装炸药的特点、配方设计,地面站工艺设备设计、安装、调试、故障排除,如何选择混装车和地面站,现场混装炸药车在各种爆破工程中的应用等内容。

本书可供从事现场混装炸药车和散装炸药研究、设计、生产和使用的有关工程技术人员和管理人员参考。

图书在版编目(CIP)数据

现场混装炸药车/冯有景著. —北京:冶金工业出版社,2014.3

ISBN 978-7-5024-6511-7

Ⅰ.①现… Ⅱ.①冯… Ⅲ.①爆破施工 Ⅳ.①TB41

中国版本图书馆 CIP 数据核字(2014)第 038023 号

出 版 人 谭学余
地 址 北京北河沿大街嵩祝院北巷 39 号,邮编 100009
电 话 (010)64027926 电子信箱 yjcbs@cnmip.com.cn
责任编辑 杨秋奎 美术编辑 彭子赫 版式设计 孙跃红
责任校对 李 娜 责任印制 牛晓波
ISBN 978-7-5024-6511-7
冶金工业出版社出版发行;各地新华书店经销;北京百善印刷厂印刷
2014 年 3 月第 1 版,2014 年 3 月第 1 次印刷
787mm×1092mm 1/16;19.25 印张;4 彩页;465 千字;294 页
78.00 元

冶金工业出版社投稿电话:**(010)64027932** 投稿信箱:**tougao@cnmip.com.cn**
冶金工业出版社发行部 电话:**(010)64044283** 传真:**(010)64027893**
冶金书店 地址:北京东四西大街 46 号(100010) 电话:**(010)65289081(兼传真)**
(本书如有印装质量问题,本社发行部负责退换)

工业炸药传统使用模式是：经专业生产厂家生产出包装产品，入库储存。经审批后，运输到作业现场，打开包装箱，进行手工装药，实施爆破。储存、运输装药过程中，对炸药的稳定性和安全性有很高的要求。现场混装炸药车制药工艺，是不经过专业厂家生产，只需要一个简单的炸药原材料储存或加工半成品的地面站。把炸药原材料或半成品分别装在混装车的料箱内。在爆破现场直接利用这些原材料或半成品，混制成药浆，装填到炮孔中，经 5～10min 发泡成为炸药，进行爆破作业。中间省略了炸药的储存和运输等环节，因此从本质上提高了混制炸药和装填过程中的安全性问题。而且机械化、自动化程度高，显著提高了爆破质量和生产效率，降低了工人劳动强度，同时也降低了爆破作业成本。还能够优化爆破设计，改善爆破质量，减少环境污染，节约基建投资，因而成为现代化矿山不可缺少的爆破设备。现场混装炸药车是集原材料运输、炸药混制和装填于一体，是一种高科技综合技术的集成，是炸药工艺的一大进步。

具体来讲，现场混装炸药车具有如下诸多优点：

（1）炸药配方简单，材料来源广泛。例如，由硝酸铵、水、柴油和乳化剂等四组分构成的乳化炸药已在现场混装作业中成功应用。制备工艺简单，易于掌握，炸药成本低，为炸药制造厂商和使用者节约了可观的投资。

（2）由于炮孔内的水、孔壁夹石等因素的影响，常规的包装炸药很难装到孔底，难以保证装药的连续性。而现场混装乳化炸药车把输药胶管伸到孔底开始装药，将炮孔内积水挤到药柱之上，并排出炮孔，减少了炸药与水的接触面积和时间，提高了炸药的稳定性。实现了耦合装药，炮孔利用率高，延米爆破量比常规爆破大，减少了大块，克服了根底，改善了爆破效果。经验表明，由于装药密度和耦合系数的提高，可扩大孔网参数约20%～30%，减少钻孔量达25%～30%，钻爆成本明显降低。

（3）借助混装车的自动计量控制系统，可以按照被爆矿岩的特性和孔网参数的变化情况，在同一炮孔内可自下而上装填两种或两种以上不同密度、不同能量的炸药。计量误差小于2%，使炸药能量得以充分发挥，获得满意的爆破效果。这种技术上的灵活性，既可以使爆破成本保持最低，又可以使爆破效果获得优化。

（4）由于混装车装药效率高，可混制和装填乳化炸药200～280kg/min，混制和装填多孔粒状铵油炸药450～750kg/min，能减轻工人劳动强度，提高劳动生产效率，缩短装药时间。实践证明，与手工装药相比，一般装药效率可提高5～10倍。

（5）混制后药浆装填在炮孔中，经5～10min发泡才能成为炸药，所以非常安全。

（6）增强了炸药的抗水性能。用混装车混制的乳化炸药即使在pH＝2～3的酸性水中浸泡48h以上，其物理、化学性能、爆破性能等均无明显的变化，能量损失甚微。

（7）可以省去矿山炸药加工厂和炸药库，节省了建设投资。与混装车配套只需要一个简单的地面站，占地面积小，建筑物简单，安全级别低，投资少。

综上所述，现场混装炸药车的使用是炸药设备和炸药混制的一大革命，应大力推广使用。

这本书是作者40多年工作经验的结晶，书中有很多新思想、新观念、新技术、新车型，值得一读。

中国工程院院士

2013 年 8 月 23 日

前　言

现场混装炸药车作为一种新型炸药加工和装填设备，散装炸药作为一种新的炸药无包装形式，近年来在我国得到了快速发展。特别是2005年国防科工委民爆局在湖北宜昌召开了"现场混装炸药车及散装炸药研讨会"后，现场混装炸药车和散装炸药像雨后春笋似的发展了起来。由山西惠丰特种汽车有限公司（原长治矿山机械厂）独家生产，最多一年生产10台；到2012年在工业和信息化部安全司有生产资质的单位就有5家。据不完全统计，2012年全国各种型号的现场混装炸药车和地面站（固定式地面站和移动式地面站）生产了100多台（套）。原来只有少数大中型露天矿山在使用，现在炸药加工厂、爆破公司都在使用或正准备使用。

2012年我国散装炸药不到炸药总量20%。"十二五"期间我国散装炸药比例要提高到50%左右。国家把现场混装炸药车和散装炸药列为民爆行业调整产品结构、转型升级的重要产品。现场混装炸药车和散装炸药迎来了阳光明媚的春天，数量会大幅度增加。

著者自从20世纪60年代后期，就参与了我国第一代装药车的研制工作。80年代中、后期作为领导者和组织者之一，领导和组织了现场混装炸药车、地面站和散装炸药的引进、吸收、转化、推广、创新和变形设计等工作。系统介绍现场混装炸药车的著作还没有，就连这方面的文章也不多见。著作集四十多年研究和实践经验，终成本书，供读者和同行参考。

本书共分13章。第1章介绍了我国现场混装炸药车的发展历史及装药机械的分类。第2～5章，详细介绍了露天矿常用的现场混装炸药车以及混装车选择的原则，现场混装多孔粒状铵油炸药车，用于无水炮孔；现场混装乳化炸药车，用于有水炮孔；现场混装重铵油炸药车为多功能混装车，用于岩石硬度较大的爆破工程。第6章和第7章，介绍了井下矿用现场混装乳化装药车和粉状炸药装药车。第8章，介绍了成品炸药远程炮孔装药车，这种车主要用于非中深孔小型露天采场装填膨化硝铵炸药、改性铵油炸药和多孔粒状铵油炸药。第9章，介绍了与混装车配套的固定式地面站、移动式地面站以及多孔粒状硝酸铵上料装置。第10章，介绍了散装炸药和炸药性能测试。第11章，介绍了混装车的应用实例。第12章，介绍了混装车的安全措施。第13章，介绍了物联网在混装车上的应用，展示了混装车未来的发展方向。

　　在本书的编写过程中，得到了中国工程院汪旭光院士的指导和大力支持，并亲笔为本书写了序。在汪旭光院士的建议和指导下增加了"混装车及地面站的安全措施"一章。山西惠丰特种汽车有限公司靳永明总经理对本书进行了主审。在此对两位专家深表感谢。在写作过程中给予支持和帮助的还有：吉学军、郭长青、张玉敏等同志，在此一并表示感谢。

　　由于著者水平所限，书中疏漏和错误难免，敬请广大读者和同行批评指正。

冯有景

2013 年 8 月

目 录

1 我国现场混装炸药车的发展历史及装药机械的分类

现场混装炸药车是一种集原材料运输、炸药混制、炮孔装填于一体，可为移动式炸药加工厂，以其安全、节资、高效的特点一问世就受到了爆破专家和矿山用户的好评。在采矿业发达的美国和加拿大等国家用混装车生产的散装炸药在 20 世纪 80 年代就占到了炸药总量的 70% 以上，澳大利亚更是占到了 90% 以上[1]。2012 年美国生产炸药 3610000t，1000 台混装车在运行，散装炸药高达 99%[2]。而我国 2012 年生产炸药 4190000t，而散装炸药仅占总量的 19.8%[3]。据 2013 年 8 月份统计我国在运行的各种混装车 362 台[4]。山西惠丰特种汽车有限公司自从 1990 年投放市场开始到 2013 年 6 月底共销售各种混装车共计 314 台（出口 35 台车），固定地面站 30 套（出口 3 套），移动地面站 40 套（出口 2 套）[5]。

1.1 露天矿用装药机械的发展

我国露天矿用装药车研制开始于 1964 年，为攀枝花钢铁公司（原 40 公司）的建设在国家计委立项。由马鞍山矿山研究院、山西惠丰特种汽车有限公司（原长治矿山机械厂）联合鞍山钢铁公司大连石灰石矿共同研制了 YC-1 型露天矿用粉状铵油炸药装药车，这种装药车是用邢台长征汽车制造厂生产的太脱拉 111 和太脱拉 138 汽车底盘改装而成。两个漏斗状的车厢组合在一起，装有两套输料螺旋，在车尾挂两个药罐式弹簧秤，用压缩空气经输药胶管将炸药吹入炮孔。这种车不能连续化装药，计量非常不准。在此基础上，马鞍山矿山研究院、山西惠丰特种汽车有限公司、马鞍山钢铁公司南山铁矿、攀枝花钢铁公司又共同研制了 YC-2 型露天矿用粉状铵油炸药装药车。YC-2 型装药车是在 YC-1 型的基础上，把后面的药罐式弹簧秤改成了正压风力输送叶轮给料器。在马鞍山钢铁公司南山铁矿进行了工业性试验，1969 年在马鞍山通过冶金部组织的部级鉴定。后来又开发 BC-8 型、BC-15 型等几种型号，多种型号总共生产了 20 多台。

这一时期铵油炸药是用结晶硝酸铵、柴油和木粉等原料用轮碾机粉碎、烘干而成。炸药在料箱内由于吸湿与箱壁粘连结块，易成拱、悬料，这样需人工辅助，在输送过程中炸药与计量装置粘连造成计量不准。采用风力输送，炸药在输送管中高速流动，使炸药与炸药之间发生摩擦，炸药和输药胶管壁发生摩擦产生静电。那时还没有非电雷管，使用的都是电雷管，产生的静电容易引起电雷管早爆，很不安全。后来做了大量的静电研究工作，当空气湿度大于 70% 时没有静电产生，采用了压缩空气增湿法。输药胶管中掺入导电剂，成为半导电输药胶管，静电电压下降到安全电压以下。又增设了接地链条，采用了一系列

---

[1] 数字来源于 1992 年 9 月以国务院重大装备领导组"长治矿山机械厂现场混装车新闻发布会"资料专辑。

[2][3][4] 数字来源于 2013 年 8 月 15 日公安部在内蒙古锡林浩特"爆破作业单位现场混装车安全管理座谈会"会议资料。

[5] 数字来源山西惠丰特种汽车有限公司销售部。

的防静电措施后，在马鞍山钢铁公司南山铁矿投入生产使用。当时设备也不配套，没有地面站。由于该设备存在很多弊病，所以很快被淘汰。

20 世纪 60 ~ 70 年代，美国和加拿大等国家研制出了多孔粒状硝酸铵，开始使用多孔粒状硝酸铵混制炸药，即多孔粒状铵油炸药。多孔粒状硝酸铵在造粒过程中添加一种干燥剂，不结块，其本身又具有足够的孔隙，吸油率高。其工艺比用结晶硝酸铵混制炸药大大简化，只要将多孔粒状硝酸铵和一定比例的柴油进行简单的混拌，即成为炸药。而粉状铵油炸药的制作，则要求在轮碾机上粉碎、烘干，再与柴油、木粉、TNT 等进行混合，配制工艺非常复杂，环境污染严重，所以必须经过一定规模的专业工厂加工，才能完成。多孔粒状铵油炸药不但混制工艺简单，而且它的主要优点还在于不易吸湿结块、不含 TNT、流动性好、散装处理方便，为机械化作业创造了良好的条件。与此同时美国埃列克公司、AM 公司、ICI 加拿大分公司以及前苏联利用这一炸药混制工艺简单的特点，把混制、装填放在一起，这样就研制成功了多孔粒状铵油炸药现场混装车。由于其具有很多优点，很快得到广泛的推广应用，从而装药机械达到了快速发展。

随着浆状炸药、水胶炸药、乳化炸药、重铵油炸药的使用，与之配套的混装车也相继出现。1963 年美国埃列克公司研制成功了浆状炸药现场混装车，把各种原材料分别装在车上的容器内，现场混制并装入炮孔，瑞典诺贝尔公司也研制了这样的设备。20 世纪 70 年代，美国、加拿大、瑞典等国家又研制成功了乳化炸药，乳化炸药现场混装车也相继研制成功。1983 年美国埃列克公司又发明了重铵油炸药，随后研制成功了重铵油现场混装车。

而在同一时期，我国的露天爆破作业仍使用工厂加工炸药、人工搬运装填炸药的原始落后工艺。世界技术的进步，必然要影响到我国。

1984 年经国家计委、国家经贸委、机械部批准，由山西惠丰特种汽车有限公司（原长治矿山机械厂）引进国外混装车制造技术，为"七五"期间千万吨级露天矿成套项目之一。经过考察、谈判，1986 年在北京与美国埃列克公司签订了引进多孔粒状铵油炸药混装车、乳化炸药混装车、重铵油炸药混装车以及与上述三种车配套的地面辅助设备（地面站）技术引进合同。通过技术培训，图纸转化，样机试制和工业性试验，于 1990 年在本溪钢铁公司南芬铁矿通过由原机械部和冶金部联合组织的部级鉴定，同年获国务院重大装备成果二等奖。从此我国的露天矿装药作业混装车技术实现了飞跃，和技术先进国家处于同一水平上。之后又开始了系列化设计，1994 年通过山西省科委组织的技术鉴定，同年获山西省科学进步一等奖。2000 年山西惠丰特种汽车有限公司和易普利公司又共同研制成功了移动式地面站。移动式地面站是把固定式地面站的设备浓缩到几辆半挂车上，由原材料制备车、动力车（提供水、电、气的设备）、生活车和原料运输车等车辆组成。2002 年在江苏连云港通过国防科工委民爆局组织的部级鉴定。移动式地面站是我国首创，它可做到一次投资，多次使用，多地漫游。没有固定建筑，几辆车摆放在一起，接上地表水就可以生产炸药。移动式地面站多次在国外爆破工程中使用，使外国人感到惊叹不已。遵循引进、消化、吸收、转化、创新的原则，不断修改了原设计中不合理的地方，不断提升产品的技术水平，现在我国已成为世界上混装车使用和制造大国。

装药机械的发展经历了装药车和混装车两个阶段：装药车是将成品炸药装在车上的

料箱内，驶入爆破现场，把炸药装入炮孔，这种设备安全性差；混装车是将炸药原材料或半成品装入料箱内，驶入爆破现场把原材料混制成药浆并装入炮孔，再经 5～10min 发泡才成为炸药，这种设备高效、安全。通过几十年的发展，我国基本发展到了第四代产品。

（1）第一代产品。第一代产品为 20 世纪 60～70 年代生产的装药车，代表车型有 YC-2、BC-8、BC-15 三个型号。技术特征：料箱内盛装粉状成品炸药，风力输送，机械传动，机械计量，机械计数。输料螺旋、叶轮给料器和丝杆、闸瓦式计数操纵装置用不同规格的链条和不同齿数的链轮连在一起，用丝杆闸瓦机构把叶轮给料器的圆周运动变成直线运动。叶轮给料器一转装料、排料约 10kg，闸瓦在丝杆上移动 3mm，到 0 时，闸瓦撞击气动阀的手柄，气缸打开输料螺旋离合器，输料停止。这一代产品属于装药车阶段。

（2）第二代产品。第二代产品为 20 世纪 80 年代引进美国埃列克公司技术生产的产品。代表车型有 BCLH-15 型现场混装多孔粒状铵油炸药车，有侧螺旋式和高架螺旋式两种。BCRH-15 型现场混装乳化炸药车，为车上制乳（乳胶基质），计量采用玻璃转子流量计，它可混制纯乳化炸药和加 20% 干料的重乳化炸药。BCZH-15 型重铵油炸药现场混装车（多功能混装车），为地面制乳（乳胶基质），能全部混制多孔粒状铵油炸药 10t、乳化炸药 5t、比例为 7∶3 的重乳化炸药 15t。配方可调，同一炮孔内自下而上可装四种不同密度、不同能量的炸药。与三种现场混装炸药车配套的是地面辅助设施（地面站）。车上各料仓内盛装的是炸药的原材料或炸药半成品（如乳胶基质），驶入爆破现场混制炸药并装入炮孔。液压系统元件采用单体式，调车很不方便。BCZH-15 型重铵油炸药混装车，可混制四种配方炸药。四组液压件，装在汽车驾驶室内，驾驶员手工调整。计量误差为 2%，但多孔粒状铵油炸药混装车和重铵油炸药混装车很难达到。电气控制系统以钮子开关、继电器和计数器为主。技术特征：现场混装炸药，液压传动，电气控制。从此我国的装药机械进入了混装车阶段。

（3）第三代产品。第三代产品是在第二代产品基础上做了大量创新工作，技术特征：液压系统由单体式元件改为叠加式，手动调节阀改为电液比例阀。流量计采用了带电信号的智能流量计，PLC 控制，炸药组分跟踪配比，计量准确，炸药能量得以充分发挥。设有超温、超压、断流报警、停机等安全保护装置。地面站部分实现了计算机控制。

（4）第四代产品。第四代产品是在第三代产品基础上又做了大量的创新工作，用上了质量流量计，取消了繁琐的标定程序，炸药组分配比更加准确，水相、油相计量精度准确到 0.1%。GPS 定位，数据、图像远传。多孔粒状铵油炸药和重铵油炸药混装车计量精度由 2% 提高到 1%。地面站一键启动，主控室一人操作，现场无人。技术特征：实现了数字化，计量更准确，使用更安全。

（5）第五代产品。物联网技术应用，视频监控系统在混装车和地面站普遍采用，信息双向传输，远程故障诊断。用更安全的制乳设备，本质上提高安全性，用人少、效率高、计量更准确，炸药质量进一步提高等。

1.2　井下矿用装药机械的发展

井下装药机械始于 20 世纪 60 年代中期，从瑞典引进了 ANOL 装药器，在此基础上由山西惠丰特种汽车有限公司和长沙矿山研究院联合研制成功了 ZY-100 型无搅拌装药器。无搅拌装药器主要适用于流动性好的多孔粒状铵油炸药。当时我国主要是粉状铵油炸药，流动性差。接着又研制了 LZY-100 型粉状炸药装药器，1972 年在河北大庙铁矿通过了部级鉴定。后来先后研制和生产了 BQ-100（有搅拌装药器）、BQL-50、BQL-100、BQL-200（无搅拌装药器）系列装药器。到目前已生产 4000 多台，全国井下矿山都在使用，仍然是我国井下矿山装药的主导设备。

20 世纪 70 年代末，在国家有关部委主持下，在河北小寺沟铜矿进行了第一轮井下内燃无轨成套设备研制。主要有凿岩台车、装药车、铲运机、运矿车、锚杆钻装车、加油车和混凝土喷浆车等设备。装药车为 BC-1 型，由马鞍山矿山研究院和山西惠丰特种汽车有限公司负责研制。自制铰接式底盘，底盘上装有道依茨低污染柴油机。装两个 450kg 装药器，装的是粉状炸药，拉到井下炸药结块，炸药漏不下去，无法装药。后来在药罐内加装了一套风力驱动自张式伞形落料装置，解决了物料结拱问题，进行了工业性试验。1980年 1 月整套设备通过了机械部、冶金部联合组织的部级鉴定。

20 世纪 80 年代在冶金部主持下，在邯郸符山铁矿又进行了第二轮井下内燃无轨成套设备研制工作，井下装药车为 BC-2 型，结构和 BC-1 型基本相似，底盘发生了变化，为自制轻型汽车底盘。1986 年 12 月通过了冶金部组织的部级鉴定。由于当时井下通用底盘技术所限，两轮研制的内燃无轨成套设备都没有得到推广使用。目前井下矿山还都使用20 世纪 60 年代初研制生产的 BQF-100 型、BQ-100 型装药器。其余设备以进口为主。

在此期间，国外一些地下采矿业发达国家，除广泛使用装药器外，也研制了铵油炸药装药车。如前苏联的 C3Y-1 型装药车；瑞典阿特拉斯公司生产的 PD-45、PD-50、PD-60；芬兰诺麦特公司生产的 NT-50、NT-60 等。

在此期间我国也有一些井下矿山进口了国外的装药车，如邯邢矿山管理局西石门铁矿，进口了瑞典诺贝尔公司的 EJ-33；金川公司进口了瑞典诺贝尔公司的 PD-45A；开阳磷矿进口了阿特拉斯公司的 PD-60；南京梅山铁矿进口了诺麦特公司（芬兰专业制造井下矿山机械的公司）的装药车；酒钢镜铁山矿也进口了这样的井下装药车；易普力公司还进口了乳化炸药装药车等，最少 20 多台，每台设备的进口价格都在 220 万～260 万元（人民币）之间，都没有用起来。原因很多，主要是：没有引进与其配套的炸药工艺；药罐设计不合理；来华服务人员价格昂贵；都选择了放弃，最后报废。

1995 年机械部组团，由山西惠丰特种汽车有限公司和中国机械进出口公司，先后考察了瑞典诺贝尔公司和芬兰诺麦特公司。瑞典诺贝尔公司介绍的井下乳化炸药混装车，采用加润滑剂减阻输送技术，输药管长 40m 以上，可装水平炮孔和上向炮孔。决定引进瑞典诺贝尔公司井下乳化炸药混装车及其炸药工艺技术，后来因一些条款没有谈妥，这项技术没有引进成功。

2000 年山西惠丰特种汽车有限公司和北京矿冶研究总院联合研制了 BCJ-1 型坑道式现场混装乳化炸药车，选用东风汽车底盘，装药高度可达 17m。在福建某工程使用，效果良好。BCJ-1 型坑道式乳化炸药混装车，解决了乳化炸药采用 φ25mm 小管径、长距离加润滑剂输送的关键技术。2006 年研制了 BCJ-650 型现场混装乳化炸药车，选用井下铰接式通用底盘，液压传动，主要用于掘进装药。2010 年联合盘江民爆瓮福分公司又联合研制了 BCJ-1000 型井下现场混装乳化炸药车，选用轻型汽车底盘，电动机驱动，有外接电源和自带电源。2011 年 6 月和酒泉钢铁集团公司兴安民爆器材有限公司签订了联合研制 BCJ-2000 型井下现场混装乳化炸药车合同。2012 年 5～12 月在酒泉钢铁集团公司镜铁山矿桦树沟井下采区进行了工业性试验。主要解决了自动送管和收管的难题，以及解决了直径 102mm 上向炮孔乳化炸药不下流、低温敏化和低感度炸药如何完全爆轰等难题，使我国的井下现场混装乳化炸药达到了世界先进水平。井下现场混装乳化炸药车北京矿冶研究总院、长沙矿冶研究总院和深圳金奥博公司等有的可提供产品，有的正在研究。

我国混装车和散装炸药的发展是在 2005 年国防科委民爆局在湖北宜昌召开了大力推广混装车和散装炸药研讨会之后，混装车像雨后春笋发展起来。由原来山西惠丰特种汽车有限公司和江苏兴化矿山机械厂两家生产变成了多家生产。原来搞炸药研究和炸药生产线推广的单位也进入到混装车市场里来，如北京矿冶研究总院、长沙矿冶研究总院、青岛拓极采矿服务公司和深圳金奥博公司都进入了混装车研制行列。

使用单位由原来自产自销的矿山企业，逐渐向爆破公司和炸药加工厂转移。原来为矿山装药服务，现在也广泛应用到公路、铁路、机场建设和小型采石场等爆破工程。年生产量由原来不足 10 台（套），据 2012 年不完全统计全国生产了 100 多台（套）。

2012 年山西惠丰特种汽车有限公司和全国汽车改装协会共同组团，考察了国外一些汽车改装厂和混装使用、制造公司。系列混装车凡是国外有的我国都有，与国外产品相比，精细化程度和无故障率有不小的差别，但控制水平比国外产品要先进得多。国外产品控制水平仍停留在按钮开关、手工调节阶段，而我国的产品已经过渡到质量流量计、电液比例阀和计算机闭环控制阶段。国外混装车超温、超压、断流等保护措施和动态监控系统根本没有。国外的地面站已形成了规模化，年产乳胶基质几万吨到几十万吨，而我国仍处于小而散的状况。国家正在通过兼并重组，不久就会出现几万吨到几十万吨的地面站，散装炸药的比例会大幅度提升，混装车的数量也会大大增加。

我国生产的现场混装炸药车除供应国内市场外，已批量出口到俄罗斯、蒙古、赞比亚、尼日尔，老挝、缅甸、吉尔吉斯斯坦等国家。

1.3 装药机械的分类及型号表示方法

1.3.1 装药机械的分类

装药机械按照其功能可分为混装车和装药车两大类。混装车的功能，是将地面站储存炸药的原材料（或半成品）分别装在车上的料仓内，然后驶入爆破现场，在车上进行炸药混制，并将炸药按量自动装入炮孔，是集原材料运输和炸药混制、装填为一体，是体积小，效率高，移动式炸药加工厂，所以被称为现场混装炸药车。装药车的功能，是将炸药厂加工好的成品炸药装在车上的料仓内，然后驶入爆破现场，将炸药按量自动装入炮孔，是炸药运输、装填为一体，所以被称为装药车。装药车由于它装的是成品炸药，危险性较大，炸药的出入库、道路运输和向炮孔中装药时一定要严格遵守各项安全操作规程。

按照服务的对象不同，还可以分为露天矿用混装车（装药车）和井下矿用混装车（装药车）。

装药机械族谱如图 1-1 所示。

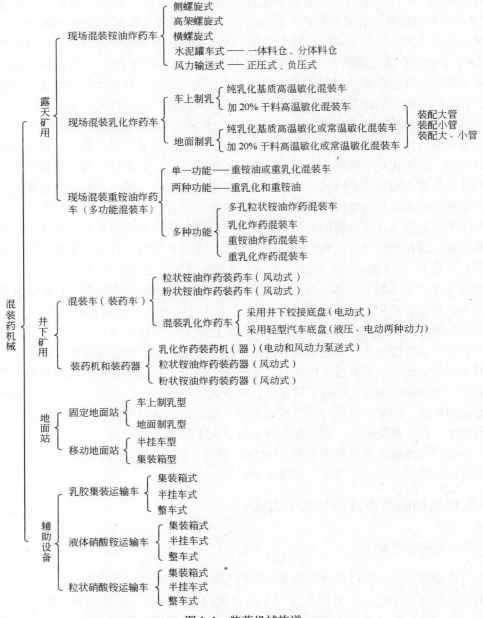

图 1-1 装药机械族谱

1.3.1.1 露天矿用混装车分类

现场混装炸药车混制炸药的工艺设备主要由两部分组成：第一部分为现场混装炸药车；第二部分为与现场混装炸药车配套的地面辅助设施（地面站），地面站是储存炸药原材料和加工半成品的设施。

根据混制不同的炸药又可分为：现场混装多孔粒状铵油炸药车、现场混装乳化炸药车和现场混装重铵油炸药车（多功能混装车）。

现场混装多孔粒状铵油炸药车按其输送方式可分为螺旋输送式、风力输送式和水泥罐车式三类。螺旋输送式又分为侧螺旋式、高架螺旋式和横螺旋式三种。风力输送式又分为正压输送和负压输送两种。水泥罐车式又分为多孔粒状硝酸铵和柴油同一料仓式和分体料仓式两种。同一料仓式，是多孔粒状硝酸铵和柴油在地面站按比例装在同一个料仓内，边走边搅拌，到达爆破现场时两种原料已搅拌均匀，炸药即可装入炮孔。分体料仓式，是多孔粒状硝酸铵和柴油在地面站分别装在车上两个料仓内，驶入爆破现场，两种原料按比例分别加到螺旋混拌器内，混合均匀并装入炮孔。

现场混装乳化炸药车按其制乳方式可分为车上制乳和地面制乳两种。车上制乳就是油相、水相和敏化剂在地面站制成，分别装在车上的料箱内，驶入爆破现场，乳化胶体、掺混干料、敏化、计量、装填都在车上进行。地面制乳就是油相、水相配好后，制成乳胶基质，装在车上的料箱内，驶入爆破现场，泵送、敏化、计量、装填在车上进行。

现场混装重铵油炸药车，是现场混装多孔粒状铵油炸药车和现场混装乳化炸药车的结合物。可以全部混制多孔粒状铵油炸药，也可以全部混制乳化炸药，还可以混制重乳化炸药和重铵油炸药。按其功能，可分为单一功能重铵油炸药混装车，两种功能重铵油炸药混装车和多功能重铵油炸药混装车。重铵油炸药现场混装车中按多孔粒状铵油炸药和乳化炸药的比例不同，又可分为以乳化炸药为主重乳化炸药现场混装车和以粒状铵油炸药为主的重铵油炸药现场混装车。单一功能重铵油（重乳化）炸药混装车适用于大型矿山，一台车固定一种比例重铵油（重乳化）炸药配方，我国很多大型矿山都是这样。乳化炸药和多孔粒状铵油炸药的比例为7∶3时，可用于水孔；乳化炸药和多孔粒状铵油炸药的比例为5∶5，用于无水炮孔。两功能车是在一台车上可混装两种重铵油（重乳化）炸药。多功能重铵油炸药混装车是乳化炸药和多孔粒状铵油炸药的比例可0%～100%和100%～0%随意调整，有水炮孔装乳化炸药或重乳化炸药，无水炮孔装铵油炸药或重铵油炸药。

1.3.1.2 井下矿用混装车分类

井下矿用混装车（装药车），按照混装炸药的品种可分为乳化炸药混装车、黏性多孔粒状铵油炸药混装车（装药车）和粉状炸药装药车。乳化炸药混装车是在地面站制好乳胶基质装在车上的料箱内，驶入爆破现场，敏化后装入炮孔，它完成炸药敏化和自动装填过程。乳化炸药环保、防水、没有返料，这种车是今后发展方向。黏性多孔粒状铵油炸药混装车是在地面站将多孔粒状硝酸铵、柴油和黏合剂等分别装入车上的料仓内，驶入爆破现场，混制成黏性多孔粒状铵油炸药并装入炮孔。粉状炸药装药车，是在炸药厂加工好的成品炸药，装在车上的料箱内，驶入爆破现场，用压缩空气将炸药吹入炮孔。

按照其机械特性，还有装药机和装药器。装药机是没有行走动力，靠人工或机械搬运到爆破现场混制和装填炸药，混制炸药的动力来源于现场的电能或空气能。装药器也是没有行走机构，没有现场混制炸药功能，工作时人工把装药器搬运到工作面，装上炸药，接通气源，把炸药吹入炮孔。装药器按其装药品种可分为多孔粒状铵油炸药装药器（无搅拌装药器）和粉状炸药装药器（有搅拌装药器）。

1.3.1.3 地面站分类

地面站可分为固定式和移动式两大类。固定式地面站，顾名思义，地面有固定建筑。水相、油相、敏化剂、乳胶基质和炸药的其他原材料以及上料装置都建在地面的车间内。它适用于服务年限长的矿山和一点建站多点配送的大型乳胶基质配送站。它可分为车上制乳型和地面制乳型两类。车上制乳型，地面站只有水相、油相和敏化剂制备系统。车上制乳型地面站适用于一矿一站生产模式。地面制乳型，地面站增加了制乳装置和乳胶基质储罐等设备。适用于一点建站，多点配送生产模式，可以规模化、均衡生产。

移动地面站是将固定地面站的设备小型化，浓缩安装在几辆半挂车上，没有固定建筑，一次投资，多次使用，全国漫游。它适用于相对服务时间较短的水利、电力、公路、铁路和小型采场等工程爆破。它主要由动力车、原材料制备车、生活车、牵引车、油罐车、工具车、手推式干粉灭火器等组成，这些设备是根据用户需求，有不同的配置。移动地面站也分为车上制乳型和地面制乳型两类。地面制乳型是在车上制乳型的基础上增加了制乳装置。

1.3.1.4　其他辅助设备分类

为现场混装炸药车炸药工艺配套服务的辅助设备还有很多，如乳胶基质运输车、液体硝酸铵运输车和散装粒状硝酸铵运输车等。这三种辅助车辆又分为整车式、集装箱式和半挂车式。

1.3.2　装药机械型号表示法

根据《矿山机械产品型号编制方法（GB/T 25706—2010）》，装药机械型号表示法如图 1-2 所示。

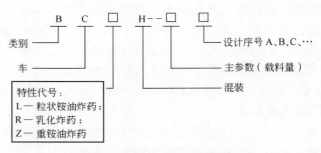

图 1-2　装药机械型号表示法

 # 2　现场混装多孔粒状铵油炸药车

现场混装多孔粒状铵油炸药车，是将多孔粒状硝酸铵和柴油分别装入车上的料箱内，驶入爆破现场，两种原料按一定比例混拌均匀并按照炮孔装药量自动装入炮孔，这样的专用车辆称为现场混装多孔粒状铵油炸药混装车。它结构简单，生产效率高，广泛应用于冶金、煤炭、建材、化工等大中型露天爆破采场向无水炮孔中装填多孔粒状铵油炸药。现场混装多孔粒状铵油炸药混装车按其输料方式有：侧螺旋式、高架螺旋式、横螺旋式、风力输送式和水泥罐车式等几种。

2.1　侧螺旋式现场混装多孔粒状铵油炸药车

侧螺旋式现场混装多孔粒状铵油炸药混装车，输料螺旋放在车的侧面，围绕转轴可旋转200°。它的优点，输料螺旋放置低，便于操控，输料螺旋直径较大，输药效率高，最高可输送450~750kg/min。适合大型露天矿山使用。它的缺点是移一次车，只能装一个炮孔，辅助时间较长。

BCLH-15B 型侧螺旋式现场混装多孔粒状铵油炸药混装车是在引进美国埃列克公司 BCLH-15 基本车型的基础上经过两轮改进以后的新车型。BCLH-15 型混装车以手工操作为主，液压系统流量控制阀的调整、侧螺旋旋转和对准炮孔等都是手工操作。电气控制系统以钮子开关和继电器为主。炸药组分配比计量是否准确、炸药质量好坏、设备运转是否正常与人工干预有直接的关系。BCLH-15A 型混装车和 BCLH-15 基本车型混装车相比：控制系统采用单板机和 PLC 相结合，等同代替 BCLH-15 基本车型的电气控制装置。执行机构采用步进电动机驱动液压系统的流量控制阀。BCLH-15B 型混装车，电气控制系统用上了标准模块和 PLC 相结合，液压阀由单体式改为叠加式，还采用上了电液比例阀（目前计算机控制电液比例阀是最先进的电液控制技术之一）。侧螺旋旋转和对准炮孔用上了旋转油缸，工人只需操作十字导航键，侧螺旋就可上升、下降、左右旋转。转速传感器由两个信号源增加到六个，提高了计量精度，属于新一代现场混装多孔粒状铵油炸药混装车。

BCLH-15B 型侧螺旋式现场混装多孔粒状铵油炸药混装车，如图 2-1 所示，主要由汽车底盘、排烟管改装、动力输出系统，液压系统、散热器总成、电气控制系统、螺旋输送系统、燃油系统、干料箱、走台板、梯子、灭火器等部件组成。

主要技术参数如下：

（1）装载量：15t。

（2）干料箱：有效容积 17.3m³，装料 14.5t。

（3）燃油箱：有效容积 1.14m³，装料 0.96t。

（4）输药效率：300~450kg/min。

（5）计量误差：±2%。

（6）外形尺寸（长×宽×高）：10250mm×2480mm×3850mm。

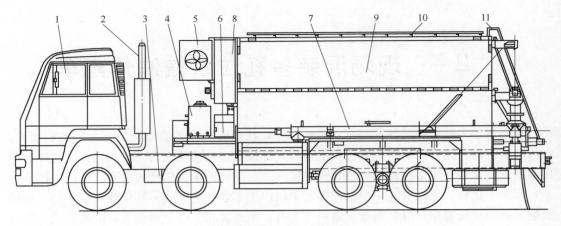

图 2-1　BCLH-15B 型混装车

1—汽车底盘；2—排烟管改装；3—动力输出系统；4—液压系统；5—散热器总成；6—电气控制系统；
7—螺旋输送系统；8—燃油系统；9—干料箱；10—走台板；11—梯子

（7）汽车底盘：斯太尔 ZZ3316N3066C（可根据用户需要选择其他底盘）。

2.1.1　工作原理

　　BCLH-15B 型多孔粒状铵油炸药现场混装车工作原理如图 2-2 所示。需有一个地面站（图2-3）与其配套使用，地面站比较简单，包括柴油贮罐和泵送装置以及多孔粒状硝酸铵上料装置（如上料塔等），多孔粒状硝酸铵和柴油分别装到车上的料箱内。混装车驶入爆破现场。首先启动取力器，动力来源于汽车发动机，驱动汽车变速箱和取力器通过万向传动轴驱动主油泵，产生的高压油驱动各液压马达使输料螺旋和燃油泵旋转。操作十字导航键，把侧螺旋提出卡槽并旋转到炮孔的上方。计数器

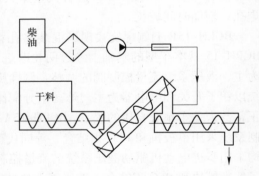

图 2-2　BCLH-15B 型多孔粒状铵油炸药
混装车工作原理

上置炮孔的装药量，按下启动键，箱体螺旋将料箱内的多孔粒状硝酸铵按一定的量输送到混装车尾部，再由斜螺旋提升到一定高度，和定量的柴油共同在侧螺旋内搅拌均匀送到炮孔中，侧螺旋既是输送装置又是混拌装置。装药量倒计数为 0 时工作系统停止，移到下一炮孔，重复以上程序。

　　多孔粒状硝酸铵输送系统主要由料箱、箱体螺旋、斜螺旋和侧螺旋组成。料箱为漏斗状，车厢上部安装有防滑板，后部安装有梯子。斜螺旋和侧螺旋由一个旋转轴承连接在一起，并装有旋转油缸，操作十字导航键，可旋转到炮孔上方。在侧螺旋中部装有油缸可以升降，在中后桥挡泥板中间装有侧螺旋卡槽，工作前从卡槽内提起，旋转到炮孔的上方，工作过后再放回卡槽内并卡紧。图 2-4 所示为三螺旋结构，箱体螺旋 1 左边装有轴承，右边装有液压马达，延伸管的下部设有排料口，为堵料时排除故障之用，为增加强度延伸管用两根角钢和车厢连接。斜螺旋 2 上部装有液压马达，下面装有轴承和排料口。排料口是

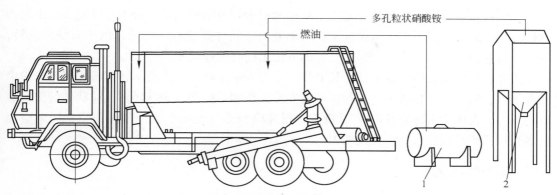

图 2-3 BCLH-15B 型铵油炸药混装车地面站加料

1—柴油罐；2—多孔粒状硝酸铵上料装置

为堵料时排除故障之用，上方设有观察口。侧螺旋 3 左面装有马达，右面装有轴承，中部装有提升油缸，并用钢丝绳固定在车厢角部铰链上，铰链的旋转中心与侧螺旋中心要同心。斜螺旋既是输送装置，又是搅拌器，把多孔粒状硝酸铵和柴油搅拌均匀。

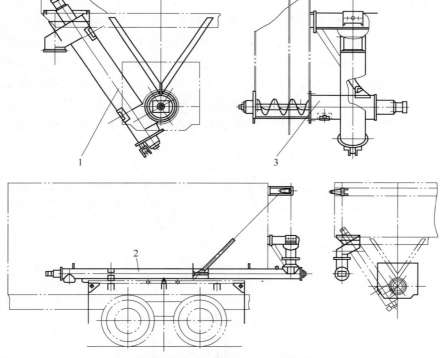

图 2-4 侧螺旋多孔粒状硝酸铵三螺旋输送系统

1—箱体螺旋；2—斜螺旋；3—侧螺旋

三螺旋的直径、螺距、转速各不相同。箱体螺旋螺距误差要小，转速要稳定，它起到计量作用。斜螺旋在三螺旋中提升效率最低，所以它直径和螺距最大。在设计时，侧、斜螺旋输送能力要大于箱体螺旋的输送能力。箱体螺旋与斜螺旋连接处有一段连接管，称为延伸管，这段管的有效长度最少要大于箱体螺旋螺距两倍到三倍，否则物料就会自由流到斜螺旋里，造成计量不准。侧螺旋输送效率要大于箱体螺旋和斜螺旋，由于它经常旋转，直径不可能做的太大，它是用提高转速的方法来提高输送效率。

多孔粒状硝酸铵料箱，上部为长方体，下部为漏斗状，用优质不锈钢板焊接而成。中间有隔板，隔成几个相通料仓。箱体螺旋安装在车厢的底部，为减轻多孔粒状硝酸铵对螺旋的压力，在螺旋上部安装有 V 形角蓬，用螺栓和箱壁连在一起，角蓬和箱壁间有空隙使多孔粒状硝酸铵能自流到螺旋槽内。

2.1.2 输料螺旋设计

螺旋是常见的输送设备之一，它可以作水平、倾斜和垂直输送。它是由装有螺旋叶片轴和筒形机槽组成。螺旋输送机的优点是：结构简单，外形尺寸小，并兼有搅拌和松散物料的作用。其缺点是：机槽和螺旋叶片容易摩擦，特别是螺旋轴较长，或转速高时更是这样；对过载非常敏感，需要均匀进料，否则会造成堵塞现象。输料螺旋在设计时如何避免这些故障的发生是设计者需要认真考虑的问题。输料螺旋分慢速（转速不超过200r/min）和快速两种，为使螺旋物料充满系数保持一个恒定的值，混装车设计时按慢速来设计。

2.1.2.1 螺旋本体

螺旋本体是两端实心轴头、中部空心轴、卸料板、螺旋叶片四部分的统称，它是螺旋输送机的主要部件之一。卸料板的功能：一是当物料输送到卸料口时，促使物料从卸料口顺利地流出；二是阻碍物料进一步后移，不会造成物料挤压。卸料板的形式有两种：山西惠丰特种汽车有限公司用的卸料板如图 2-5 所示，两块钢板焊接在螺旋叶片的末端，它的特点是简单，效果好；另一种为德国式，在螺旋叶片的末端焊接一片反扣螺旋，效果良好。螺旋叶片的螺距多为全螺距，即：螺距和叶片直径相同，有的文献称为满面式或全叶

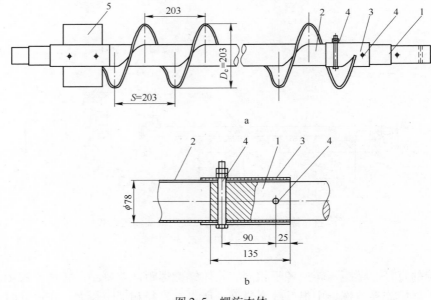

图 2-5　螺旋本体

1—实心轴头；2—空心轴；3—套；4—螺栓；5—卸料板

片式。因为这种叶片适用于输送多孔粒状硝酸铵，可采用较快的输送速度，推力较大，输送量较高。螺旋本体如图 2-5 所示。

加工工艺一般为：两端的实心轴头按图纸加工成型；中间的空心轴选用管材，按图纸裁好即可；卸料板按图纸在剪板机上剪切成型即可。螺旋叶片的加工也有两种方法：一种是用钢带在专用轧机上轧制而成，山西惠丰特种汽车有限公司就有这种轧机；另一种是加工成单片拉制而成，加工工艺为，许多片切开的薄钢板，制成圆环，片与片焊接成一个紧密的弹簧形状，套在中部的空心轴上。一端焊死并固定在地桩上，另一端挂在行车等起吊设备上拉伸而成。在拉伸过程中一边缓缓地拉，一边用榔头轻轻敲击叶片，使内孔和轴紧紧地结合在一起。叶片和轴焊接采用分段点焊即可，间隔 180°，热应力均匀变形小。叶片尺寸可按下列方法确定（图 2-6）。

设 D 为要求螺旋叶片下料直径，d 为轴的直径，S 为螺距，D_e 为螺旋本体叶片的直径。叶片外侧螺旋线的周长 L，实际是以螺距 S 为一条直角边和螺旋本体叶片直径 D_e 的周长为另一条直角边形成的直角三角形的斜边。则根据勾股定理，叶片外侧螺旋线的周长 L 为：

$$L = \sqrt{(\pi D_e)^2 + S^2} \tag{2-1}$$

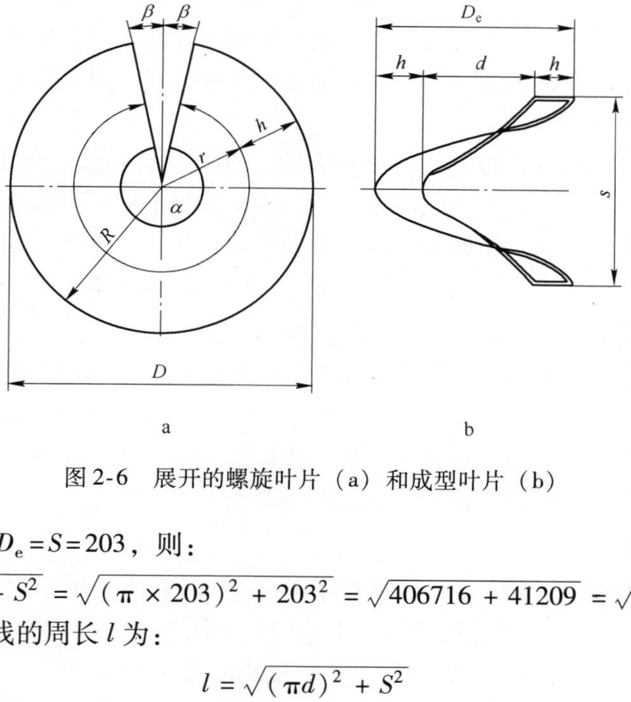

图 2-6　展开的螺旋叶片（a）和成型叶片（b）

从图 2-5 得知 $D_e = S = 203$，则：

$$L = \sqrt{(\pi D_e)^2 + S^2} = \sqrt{(\pi \times 203)^2 + 203^2} = \sqrt{406716 + 41209} = \sqrt{447925} = 669$$

叶片内侧螺旋线的周长 l 为：

$$l = \sqrt{(\pi d)^2 + S^2} \tag{2-2}$$

从图 2-5 得知 $d = 78$、$S = 203$，则：

$$l = \sqrt{(\pi d)^2 + S^2} = \sqrt{(\pi \times 78)^2 + 203^2} = \sqrt{60047 + 41209} = \sqrt{101256} = 318$$

螺旋升角

$$\tan\beta = \frac{S}{\pi D_e} \tag{2-3}$$

$$\tan\beta = \frac{S}{\pi D_e} = \frac{203}{\pi \times 203} = \frac{203}{637} = 0.3187 \qquad \beta = 17.68°$$

因为螺旋线 L 和 l 在平面上是圆心角相同的两条同心圆弧，若设此两圆弧的半径分别为 R 和 r，则因：

$$\frac{R}{r} = \frac{L}{l} \quad 即 \quad r = \frac{l}{L}R$$

又因叶片的宽度为：

$$h = \frac{D_e - d}{2} = R - r$$

$$R = r + h \tag{2-4}$$

于是得：

$$r = \frac{l}{L}R = \frac{l}{L}(r + h)$$

$$Lr = lr + lh$$

$$r = \frac{lh}{L - l} \tag{2-5}$$

$$r = \frac{lh}{L - l} = \frac{318 \times 62.5}{699 - 318} = \frac{19875}{381} = 52.2$$

$$R = r + h = 52.2 + 62.5 = 114.7$$

当求出 r 值后，代入式（2-4）得 R 值。可在 3mm 钢板上画出圆环（内外圆留出 3～5mm 加工余量），多片点焊在一起，内外圆进行机加工，剪出缺口（缺口 $= \beta + \beta$）。

叶片上这个缺口可以切掉也可以保留，缺口切掉的叶片焊接螺旋本体，焊缝会在一条线上，缺口保留的叶片焊接螺旋本体，焊缝会是一条螺旋线。对整体都没影响，只要在剪板机上沿直径方向切一刀即可。

两端实心轴头和中间空心轴连接有两种方法（图 2-5a），右边是用螺栓连接，90°方向用两个螺栓；左边是直接焊牢，除圆周焊外，为增加强度还要有数个塞焊点。两种连接方法各有利弊：前者要求加工精度高，否则就会松动，优点是当叶片磨损更换中间轴时实心轴还会利用；后者焊接牢靠，没有间隙，更换中间轴时需在车床上加工后才会利用。

2.1.2.2　机槽（螺旋外壳）

箱体螺旋机槽是平底两边与 y 轴夹角 45°V 形机槽，为减轻对螺旋的压力，在螺旋的上方装有角蓬，用螺栓和箱壁连接，留有间隙，多孔粒状硝酸铵足可流满输料螺旋。在车厢前端和延伸管的后端装有法兰和轴承，法兰中间装有填料密封。侧、斜螺旋均为管状外壳，两端同样装有法兰和轴承，法兰中间装有填料密封。

2.1.2.3　轴承选择

轴承是旋转机械的主要零件，混装车输料三螺旋在选择轴承时要注意以下问题：（1）考虑车厢，侧、斜螺旋都是铆焊件，平行度差，同轴度等尺寸精度不高。（2）混装车为野外作业，灰尘大，有时还会下雨。（3）轴承除支承径向载荷外，还承受物料沿机槽向前移动时，由物料阻力所引起的轴向载荷。法兰轴承正好能满足以上要求，自带轴承座，安装方便，有自动调心功能。轴承有密封装置，适用于野外作业。它既能承受轴向力又可承受径向力。它还有一个好处，即承受轴向力不需要轴上有轴肩，轴承内圈上有两个圆柱端紧定螺钉，调整好后在轴上钻孔用紧螺钉拧紧即可。一般资料介绍，在设计螺旋输送机时当长度超过 3m 就要加一悬挂轴承。著者认为宁可加大轴管尺寸增加强度不加悬挂轴承，因为它是埋在硝酸铵中，维修润滑都不方便，一旦密封不好硝酸铵就会进入轴承中发生摩擦。螺旋本体控制在 5m 以内，最大不超过 5.5m，可以不加悬挂轴承。

2.1.2.4　液压马达与螺旋轴头连接

液压马达与螺旋轴的连接有三种形式：第一种为直连式，即马达轴直接插入螺旋轴头的内孔里，美国埃列克公司经常使用；第二种为套筒式，马达轴与螺旋轴头用一个套筒连接（图 2-5 所示右轴头连接方法），美国 AM 公司经常使用；第三种联轴式，用爪型联轴节把马达和螺旋连接。三种连接方式各有优缺点：第一种，结构紧凑，省去了一盘轴承，但要求零件加工精度高，否则转动时马达会摆动，马达既承受轴向力，又承受径向力，还要承受摆动时来自各方的其他应力，缩短了马达寿命，不推荐使用；第二种为刚性连接，结构简单，低速时可以使用；第三种为柔性连接，提倡采用。

2.1.2.5　主要参数确定

主要参数的确定，主要是确定箱体螺旋（主螺旋）的输送能力。

如果要新设计一台车，主要参数确定依据设计任务书的要求和用户的合同要求。

现将目前国内外多孔粒状硝酸铵混装车的技术参数归纳如下：

（1）输送效率 Q。载重量 15t 以上、12～15t、8～10t、8t 以下车分别为 450～750kg/min、350～450kg/min、250～350kg/min、150～250kg/min。

（2）以载重量 15t 车为例，$D_e = 203$mm。输料螺旋外径，载料量 15t 以上车为一个规格，8～15t 车为一个规格，8t 以下车为一个规格，不同的螺旋直径，不同的转速达到不同的输药效率。

（3）中间空心轴直径 $d = 78$mm。

（4）螺距 $S = 203$mm。

（5）机槽内物料的截面积。

$$F = \left(\frac{\pi D_e^2}{4} - \frac{\pi d^2}{4} \right) c \tag{2-6}$$

$$F = \left(\frac{\pi D_e^2}{4} - \frac{\pi d^2}{4} \right) c = \left(\frac{\pi \times 2.03^2}{4} - \frac{\pi \times 0.76^2}{4} \right) \times 1 = (3.24 - 0.48) \times 1 = 2.76 \text{dm}^2$$

（6）物料比重 $\gamma = 0.83$kg/dm^3。

（7）倾斜输送时，对机槽内物料横截面积的修正系数 $c = 1$，见表 2-1。

表 2-1　倾斜修正系数 c 值

倾斜角度/(°)	0	5	10	15	20	30	40	50	60	70	80	90
系数 c 值	1	0.9	0.8	0.7	0.65	0.58	0.52	0.48	0.45	0.42	0.39	0.36

（8）充满系数 $\varphi = 1$。箱体螺旋是装在车厢内，埋在物料中，充满系数取 1，也必须达到 1，否则计量不准。斜螺旋和侧螺旋充满系数小于 1。

有了上述参数就可以计算螺旋转速 n。

$$n = \frac{Q}{\left(\frac{\pi D_e^2}{4} - \frac{\pi d^2}{4} \right) c S \gamma \varphi} \tag{2-7}$$

例：以载重量 15 t 车为例（质量单位为 kg，体积单位为 dm^3）。

$$n = \frac{Q}{\left(\dfrac{\pi D_e^2}{4} - \dfrac{\pi d^2}{4}\right) c S \gamma \varphi} = \frac{450}{\left(\dfrac{\pi 2.03^2}{4} - \dfrac{\pi 0.78^2}{4}\right) \times 1 \times 2.03 \times 0.83 \times 1} = \frac{450}{4.65} = 96$$

（9）物料的轴向推进速度 v(m/s)，用式（2-8）计算。

$$v = \frac{Sn}{60} \tag{2-8}$$

例： $v = \dfrac{Sn}{60} = \dfrac{0.203 \times 96}{60} = 0.32\,\text{m/s} = 3.2\,\text{dm/s}$

实际上，物料的运动速度与上式有差别，这是因为物料运动是由螺旋叶片推动。如果物料与叶片之间无摩擦存在，物料应向着叶片法向运动，轴线偏离一个螺旋升角，应该用更准确的公式计算。但对混装车而言，它的计量准确度是靠标定来确定的，用上式就够了。

有了上述基本参数用式（2-9）也可计算输送量：

$$Q_0 = 3600 F v \gamma c \tag{2-9}$$

$Q_0 = 3600 F v \gamma c = 3600 \times 2.76 \times 3.2 \times 0.83 \times 1 = 26390\,\text{kg/h} \approx 26.4\,\text{t/h}$

2.1.2.6 功率计算

螺旋输送物料时功率消耗主要在以下几个方面：

（1）克服物料对机槽内表面摩擦力；

（2）在倾斜或垂直输送时用于提升物料消耗的功率；

（3）克服物料对叶片的摩擦力，克服轴承的摩擦力；

（4）搅拌和挤压物料所消耗的功率；

（5）克服传动装置上的阻力等。

在实际计算中，功率经常采用下面经验公式：

$$N = \frac{Q_0}{367\eta}(L_0 \omega_0 + H)K = \frac{Q_0 L_0}{367\eta_1}(\omega_0 + \sin\beta_0)K \tag{2-10}$$

式中　N——功率，kW；

Q_0——输送量，t/h；

η_1——传动效率，见表 2-2；

L_0——物料输送距离（螺旋有效长度），m；

ω_0——总阻力系数，8~10；

H——倾斜输送时物料提升的高度，m，即 $H = L\sin\beta_0$；

K——功率备用系数，取 1.2~1.4；

β_0——倾斜角度，(°)。

表 2-2　传动效率 η_1

传 动 件	效　率
滚动轴承	0.98
一对圆柱齿轮	0.94
减速器	0.95
蜗轮蜗杆	0.70

仍以箱体螺旋为例：$Q_0 = 27\text{t/h}$，$L_0 = 6\text{m}$，$\eta_1 = 0.98$，$\omega_0 = 9$，$H = 0$，$K = 1.4$，则：

$$N = \frac{Q_0 L_0}{367\eta_1}\omega_0 K = \frac{27 \times 6}{367 \times 0.98} \times 9 \times 1.4 = \frac{162}{360} \times 8 \times 1.3 = 4.68 \approx 5\text{kW}$$

有的资料上总阻力系数 ω_0 取的过小，取 2 以下，计算出的功率小得惊人，根本无法使用。

用下面方法计算液压马达排量：

$$N = \frac{\Delta p Q_2 \eta}{612}$$

式中　N——功率，$N = 5\text{kW}$；

　　　Δp——进、出口压力差，$\Delta p = 110-6 = 104\text{kg/cm}^2 = 10.4\text{MPa}$；

　　　Q_2——输入流量，L/min，$Q_2 = nQ_1$，Q_1 为排量，mL/r，由前面的计算 $n = 96\text{r/min}$；

　　　η——总效率，$\eta = 0.9$。

由　　　　　　　　　　　　$$N = \frac{\Delta p n Q_1 \eta}{612}$$

得　　　　　　　　　　　$$Q_1 = \frac{612N}{\Delta p n \eta} \times 1000 \tag{2-11}$$

$$Q_1 = \frac{612N}{\Delta p n \eta} \times 1000 = \frac{612 \times 5}{104 \times 96 \times 0.9} \times 1000 = \frac{3060}{8985.6} \times 1000 = 340\text{mL}$$

以上计算和实际完全一样，箱体螺旋马达选用摆线马达，型号为 104-1068-006，排量为 310mL/r。用同样的方法计算出侧、斜螺旋马达排量。

2.1.2.7　侧、斜螺旋设计

侧螺旋要对准炮孔，是一经常转动部件，体积不宜过大，主要是提高转速达到输送能力，在靠近出料口 1m 左右轴上焊有搅拌齿，使多孔粒状硝酸铵和柴油充分搅拌均匀。斜螺旋在三螺旋中是输送效果最差的一种螺旋，是采用增大螺旋叶片直径、提高转速、减小螺旋本体和外壳间隙等多种措施提高输送能力。

螺旋叶片一定要超出出料口 50mm 以上，侧、斜螺旋输送能力一般为箱体螺旋的 1.3～1.6 倍，只有这样才不会发生堵料现象，设计技算方法同上。螺旋本体和机槽的间隙单边一般为 5～15mm。箱体螺旋一般为 10～15mm，斜螺旋一般为 5～7mm，侧螺旋一般为 7～10mm。

2.1.3　液压系统

液压系统如图 2-7 所示，选用一台变量泵驱动所有液压马达。高压油经 5 路液压阀块，分别驱动：箱体螺旋马达，侧、斜螺旋马达，燃油泵马达，散热器马达，侧螺旋摆动油缸和侧螺旋提升油缸。系统设手动调节和自动调节两条回路。手动调节用于调车时使用；自动调节，电脑控制和计量传感器形成一个闭环控制回路，保证了炸药原料计量的准确性。箱体螺旋马达和侧、斜螺旋马达还分别装有手动换向阀，主要用于堵料时排除故障使用。侧、斜螺旋马达液压系统驱动，有串联式和并联式两种形式，前者省油、节省流量，但需要侧、斜螺旋叶片直径、螺距，侧、斜螺旋驱动马达的排量等必须匹配合理；后者调节起来比较方便。美国埃列克公司的混装车都采用了串联形式。

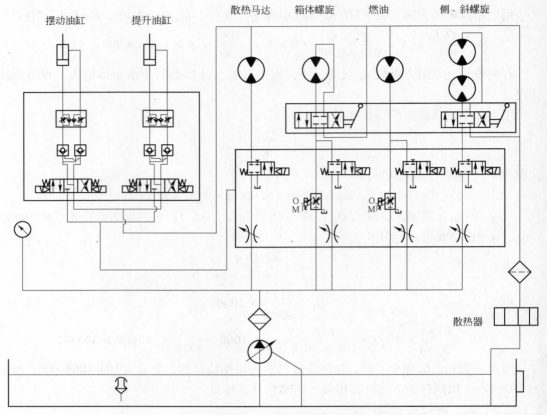

图 2-7 液压系统原理

液压油箱上装有空气过滤器、液位计和温度传感器。当温度低于38℃时，散热器风扇停止转动，使液压的温度很快上升。当温度超过38℃时，油箱内的温度传感器发出信号，散热器马达转动，液压油经散热器降温后流回油箱。当温度降到38℃以下时，温度传感器会再次发出信号，关闭散热器风扇马达。通过调节风扇的转速使液压油升温和散热达到平衡。液压油温度控制在很小的范围内，使系统液压马达工作非常平稳。侧螺旋摆动油缸和提升油缸，由装在驾驶室内十字导航键控制，由驾驶员来操作。

液压系统设计，根据混装车的主要技术参数如输药效率等首先确定液压马达排量，当马达选定后，选择液压管路直径，流量控制阀，集成阀块，过滤器，主油泵等元器件时，合理匹配非常重要，一般要选流量1.5~2倍，特别是过滤器流量要选到2~3倍以上。侧、斜螺旋马达油路设计有两种方式，一种为串联式，一种为并联式，串联式优点是省油，省一套液压控制元件。但要求侧、斜螺旋的输送能力和侧、斜螺旋马达排量匹配必须准确。并联式，调整起来比较方便。

下面对混装车常用液压泵和马达结构原理做简要介绍。

主油泵有两种形式：一种为轴向柱塞变量泵，它的特点是主油泵随马达转速高低输入液压油量的变化而变化，减少了液压油的循环次数，降低了液压油温升，降低了能耗；另一种是定量泵，靠流量调节阀来控制流量，无用的液压油也在不停地高压循环，温升快，耗能高。混装车选用了第一种，多孔粒状铵油炸药现场混装车选用了一台110L泵。乳化炸药现场混装车和重铵油炸药现场混装车分别选用了一台170L泵和一台110L泵。

液压马达选用了两种形式：一种为低转速大扭矩轴摆线马达，不需要减速机构，就可获得不同的转速，如多孔粒状铵油炸药现场混装车三螺旋马达，乳化炸药现场混装车上的螺杆泵马达、软管卷筒马达、水相泵马达等；另一种为高转速齿轮马达，如燃油泵马达，搅拌器马达等。

2.1.3.1　变量泵的结构及工作原理

轴向柱塞压力补偿变量泵的型号为PVWH45，如图2-8所示。其主要零件有壳体、传动轴、缸体、止推板、端盖、配油盘、柱塞、变量缸和补偿阀等。变量缸控制斜盘的偏角，当传动轴驱动缸体组件时，通过控制柱塞的行程，从而实现变排量。

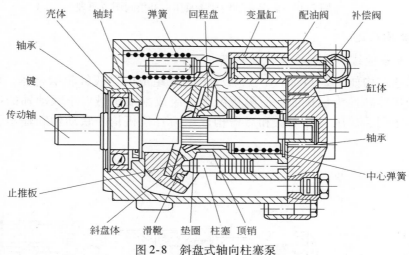

图 2-8　斜盘式轴向柱塞泵

压力补偿阀的结构及工作原理如图2-9所示，油泵出口压力油作用在阀芯的左端，与右端的弹簧力相平衡，随着油泵出口压力的增加，阀芯向右移动，当出口压力达到比弹簧的调定值低0.7MPa时，阀控制口打开，油泵出口压力油与变量缸控制腔沟通，推动变量缸，改变斜盘的偏角从而实现变量。当油泵出口压力达到阀的调定值时，斜盘自动处于"零"偏角，无流量状态。因此该泵能在一定的预调压力下，根据负载流量的需要而自动变量。并能基本上恒定系统压力，图2-10所示为斜盘式轴向柱塞泵压力补偿阀调节原理。

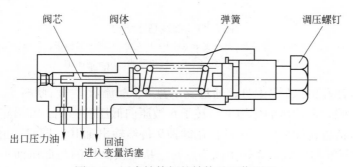

图 2-9　压力补偿阀的结构及工作原理

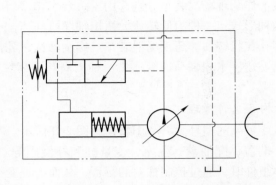

图 2-10 斜盘式轴向柱塞泵压力补偿阀调节原理

2.1.3.2 液压马达

A 摆线马达结构、工作原理及特点

摆线马达结构如图 2-11 所示。由转子和定子组成的摆线针轮啮合体，使扭矩发生变化，把液压能转换为机械能。后隔板配油盘组成配油机械。小联动轴的作用是保证配油盘与转子同步。压力补偿盘和后盖构成压力补偿机构。联动轴和输出轴构成扭矩输出部分。

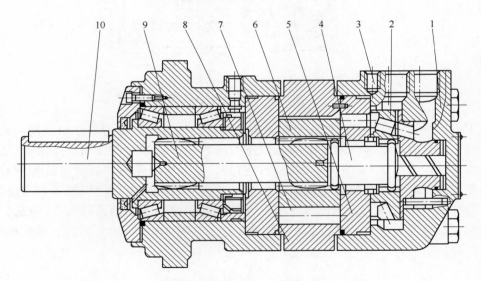

图 2-11 摆线马达结构

1—后壳体；2—配流盘；3—支承盘；4—短花键轴；5—后侧板；6—转子；
7—针柱；8—定子；9—长花键轴；10—输出轴

液压油由进油孔引入后壳体 1，通过支承盘 3、配流盘 2、后侧板 5，进入转子 6，与定子 8 间的工作腔，在油压的作用下，转子 6 被压向低压腔一侧，并沿定子 8 的内齿旋转，转子 6 的转动包括自转和公转，通过长花键轴 9 传给输出轴 10，同时又通过短花键轴 4 传给配流盘 2，转子 6 与配流盘 2 转子同步运转，从而使高压油与低压油不断交替，改变输入的压力与流量，就能输出不同的转矩与转速。改变压力油的进口方向，即能改变液压马达的旋转方向。

摆线马达具有启动特性好，转速范围宽，不需要减速机构，体积小、质量轻，布置方便等特点。

B　齿轮马达结构、工作原理及特点

齿轮马达与齿轮泵结构基本相同。不同点在于：齿轮泵外泄漏都流回吸油口，而齿轮马达则单独流回油箱；齿轮泵一般吸油口大于出油口，而齿轮马达由于要求能正反转，故入口与出口尺寸相同。

如图 2-12 所示，两齿轮啮合点 C 至齿轮中心的距离分别为 R_{c_1} 和 R_{c_2}，高压腔中油压 p_g 对各点都有压力作用，但由于 $R_{c_1} < R_{e_1}$、$R_{c_2} < R_{e_2}$，互相啮合的一对齿只有部分齿面处于高压腔，故高压腔中齿面的切向液压力不平衡，从而对两个齿轮分别形成转矩 M_1' 和 M_2'。同理，处于低压腔中的齿面切向液压力也不平衡，从而形成反向转矩 M_1'' 和 M_2''。故齿轮 I 上受转矩为 $M_1 = M_1' - M_1''$，齿轮 II 上受转矩 $M_2 = M_2' - M_2''$。马达输出轴上输出总转矩为 $M = M_1 + M_2 R_1 / R_2$，（R_1、R_2 为齿轮 I、II 的节圆半径），从而克服载荷按箭头所示方向旋转，油液则被带入低压腔排出。

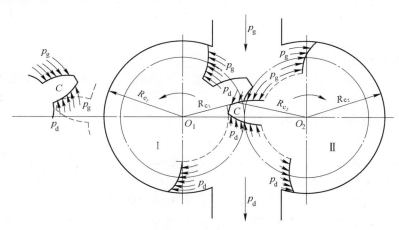

图 2-12　齿轮马达工作原理

齿轮马达体积小、质量轻、结构简单、工艺性好，对液压油的污染不敏感，耐冲击，惯性小。但总效率较低，转矩脉动较大，低速稳定性差。适用于高速低转矩的情况使用。

2.1.4　燃油系统

燃油系统是多孔粒状铵油炸药现场混装车一个必不可缺的组成部分，燃油是混制炸药的一种必要原料。燃油系统如图 2-13 所示，主要包括燃油箱、过滤器、燃油泵、流量计及耐油胶管等。燃油（柴油）在地面站加到燃油箱内，到爆破现场混制炸药时，燃油泵在液压马达驱动下旋转，燃油从燃油箱内抽出，过滤后由燃油泵经流量计按一定比

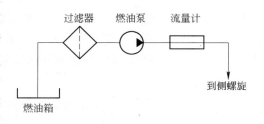

图 2-13　燃油系统示意图

例泵入到侧螺旋内，与一定量的多孔粒状硝酸铵进行混合后装入炮孔。流量计采用金属管浮子流量计，输出 4 ~ 20mA 电信号。燃油的流量由流量计、PLC、电液比例阀、液压马达，四者形成闭环控制，并跟踪多孔粒状硝酸铵的量，保证了多孔粒状硝酸铵和燃油配比的准确性，从而保证了炸药的质量。

2.1.4.1　燃油箱

燃油箱挂在多孔粒状硝酸铵料箱前部，外形和多孔粒状硝酸铵料箱形状基本相同，中间有隔板，容积为 $1.14m^3$，用优质不锈钢板焊接而成，箱体上装有液位计，上面装有加料口和呼吸阀，下面装有出料口和排污口。由于所储存的燃油与多孔粒状硝酸铵配套使用，所以在工作之前要装满燃油。在工作之后，要经常清洗油箱，保持油箱清洁。

2.1.4.2　滤油器

滤油器位于汽车底盘左侧大梁外，用来保证整个燃油系统的清洁度，其型号为：YWU-160×180-J。该滤油器系高性能复合滤材滤油器，滤材是由合成高分子有机、无机纤维经特殊工艺复合而成的，其特点是：过滤精度高、净化效果好、流动阻力小、容污能力大、使用寿命长、易清洗。它适合于石油基液体、高水基液体和各种合成液压油液等。

性能特点：

（1）过滤精度 25 ~ 50μm。

（2）滤油器上部设有安装螺孔，可将滤油器牢固的安装于机架上，下部设有放油栓，更换滤芯时，可减少油液流失。

（3）工作液体温度范围-10 ~ +120℃。

使用注意事项：

（1）安装滤油器时要注意滤油器壳体上标明的液流方向，正确安装在工作系统中。否则将会把滤芯冲坏，造成系统污染。

（2）在清洗或更换滤芯元件时，要防止外界污染物进入工作系统。

（3）清洗滤芯元件时，需用超净的清洗液或清洗剂。

（4）滤芯元件在清洗时，应堵住滤芯端口，防止清洗下的污物进入滤芯内腔造成内污染。

选择滤油器要注意以下两条原则：过滤精度适中，能满足要求即可；容渣量多，否则清洗过于频繁。

2.1.4.3　燃油泵

燃油泵是燃油系统中燃油输送的动力源和计量器。该系统采用齿轮油泵，型号为 DM25，最低稳定转速是 $n=400r/min$，最高转速为 $n=2800r/min$。泵是由马达驱动，其间用爪型联轴节连接，两者转轴须同心，否则会出现转轴死点。其中橡胶垫是易损件，需经常检查更换。国产 KCB 系列齿轮油泵也完全满足要求，可以选用。

2.1.4.4　流量计

流量计选用金属管浮子流量计，型号为 RT50RIDN20M2CI，法兰连接，下进上出。仪表安装时应注意：

（1）安装前工艺要求吹扫干净，不得有铁磁性物质留在管道内，以免损坏仪表。

（2）仪表的中心垂线与铅垂线夹角小于 2°，否则引向计量精度。

（3）由于仪表是通过磁耦合传递信号，仪表周围至少 10cm 范围内，不允许有铁磁性物质存在。

2.1.4.5 输油管通径的确定

当输药效率 450kg/min 以下选用 DN20；当输药效率 450kg/min 以上选用 DN25。特别注意得是：开关阀门要选通径和管径相同的，而不能选螺口和通径不相同的。

2.1.5 电气控制系统

电气控制系统将众多功能凝集在超小型机箱内。采用了多微处理机设计，并行工作，速度快，可靠性高。输出采用微型可编程控制器，具有很高的可靠性，由于采用了冗余设计，系统在具有高可靠性的同时，还具有较大的灵活性。

BCLH-15B 型现场混装多孔粒状铵油炸药混装车用于生产多孔粒状铵油炸药，影响多孔粒状铵油炸药质量的原因主要取决于多孔粒状硝酸铵和柴油的配比，控制系统中 PLC、两种物料流量传感器、电液比例阀三者形成闭环控制，物料配比非常准确。除具有正常的生产功能外，还具有缺油保护，液压油散热器风扇自动启动等特殊功能。

控制系统以 PLC 为核心主控单元，触摸屏为外部输入输出设备，主控与输入输出设备之间通过 RD422 通信接口进行通信，利用高精度 16bit A/D 转换完成外部模拟量检测，达到闭环控制系统效果，产品使用性能可靠，实用性强。

BCLH-15B 型混装车控制系统由三菱 PLC 作为主控单元。柴油管路中安装有流量计进行计量，此流量计配有液晶数字显示瞬时流量，并带有远程输出电流信号，计量精度可达到 0.2%。主螺旋上装有霍尔传感器。通过这些信号作为反馈信号输入到主控 PLC 中，实时显示到触摸屏上，以便用户查看和调整。触摸屏既作为输出设备显示用，同时又作为输入设备进行参数设置、手动调车、标定设备、带电检修等用。

2.1.5.1 结构

BCLH-15B 控制系统主控部分包括：主控 PLC、A/D 转换器、人机界面、外部检测传感器，如图 2-14 所示。

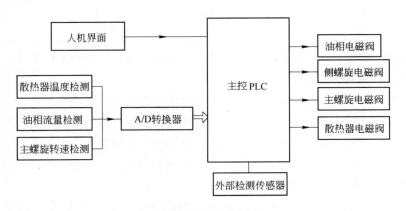

图 2-14 控制系统

控制系统主控 PLC 采用三菱 FX1N 系列，A/D 转换器将外围输入的 4~20mA 信号

（包括散热器温度、油相流量信号）转换为数字信号送给主控 PLC，同时各负载转速信号输入到主控 PLC，主控 PLC 对输入的各种信号分析处理，输出到触摸屏。

　　A/D 转换器是三菱公司推出的超小型 16bit A/D 转换器，可以将电压输入、电流输入和热电偶输入（温度输入）中，选择模拟输入信号，可同时选择不同的模拟量输入。A/D 模块以光电耦合隔离模拟输入区和主控 PLC 区，DC/DC 转换器将电源和模拟 I/O 隔离，同时数据是通过 IC2 传送到 CPU 中，具有极高的集成度和优良性能。

2.1.5.2　工作过程

　　控制系统软件上通电之初完成系统初始化，包括 A/D 转换器、通信模块、温度采集、流量采集、中断、定时等工作状态的设定，给系统变量赋初值，根据现场实际情况，人机界面显示当前输入信号值，通过人机界面输入装药量和各项设置值，系统对采样信号进行扫描，正常工作时，通过设定装药效率对柴油、主螺旋分别进行标定。工作时依据炮孔输入装药量，控制系统根据装药效率和装药量对各电磁阀（电液比例阀）进行控制。由于采用了特殊方式进行编程，检测和扫描时间大大缩短，提高了整个系统精度。工作时置入装药量，按下启动按钮，整车开始工作，装药量倒计数到 0，系统停止。移到下一孔位，开始下一个孔的装药作业。

2.1.6　汽车底盘选择与改装

　　汽车底盘的选择及改装遵循以下原则：

　　（1）根据用户或设计任务书的要求，选择适当的汽车底盘。全面了解汽车底盘的相关参数，如：载重、总重、轴荷分布；发动机的功率、是否为全程调速高压油泵；变速箱是否有足够的取力口等。还应了解用户使用时的具体条件，如：气候，是高寒（-20℃以下）地区还是炎热（35℃以上）地区，海拔高度（3000m 以上）地区还是沙漠地区等。总则，不同的使用环境选择不同的汽车底盘。

　　改装时，要严格计算，认真作图。在图纸上必须标明：车身有效载荷的重心位置，车身的后悬，总长、总宽和总高。车身底板下缘距轮胎的高度（应考虑车轮弹跳高度），车身在底盘上的固定方法。改装后还应保养所有部位，如润滑点、注油口、蓄电池以及驾驶室的翻转操纵装置等容易接近。

　　车辆的后悬越短越好，最长不得超过轴距的 60%。前悬和前轴的改装一定要考虑前轴的轴荷和转向轴转向方便。

　　改装时轴荷不得超过法规的限值；重心位置尽可能低并保证改装后车身的重心和底盘的重心重合；轴荷分配应均匀，在各种载荷情况下，前轴轴荷至少应达到当时总质量的 25%；不得偏向一侧，实在无法做到时，车轮承载的最大偏差不得大于 4%。

　　在汽车底盘上装好车身后（即汽车全部改装完工后），应校核汽车在空载、满载时的质量及其他参数是否达到了设计要求。

　　（2）按照载料量设计车型，确定炸药各组分的比例并计算出质量，再把质量换算为体积，从而确定各料箱的容积。如果原料是固体（如多孔粒状硝酸铵），车厢的总容积等于有效容积的 1.2 倍；如果原料是液体（如水相溶液等），车厢的总容积等于有效容积的

1.1倍。

（3）再根据公路运输和矿山等道路运输的规定，确定车厢的断面形状和车厢的长、宽、高。考虑的因素有：容积、通过性能、钢板的尺寸（钢板的利用率）、在允许的条件下，车厢尽可能低，外观好看。

（4）计算出各车厢重心和总重心。车厢的总重心要和汽车底盘重心线重合。

（5）校核汽车在最大爬坡度、最高车速、最小转弯半径等条件下是否安全。各种灯具等附件是否符合相关规定。

2.1.6.1 取力器及传动装置

取力器是混装车动力的来源，它是将汽车发动机动力传递到主油泵等的中间部件。一般有两种取力形式，一种从发动机取力，如：水泥搅拌车，称为全功率取力器；另一种从汽车变速箱取力口取力，不同的汽车装有不同的变速箱，也就有不同的取力方式。

选择取力器时应考虑：转速、扭矩、旋转方向、安装空间等。

转速的选择主要取决于驱动装置所要求的转速，还要根据发动机的三曲线图（油耗曲线、输出扭矩曲线、输出功率曲线）选在耗油最省、输出扭矩最大、输出功率适中的点上，斯太尔汽车发动机选1400r/min左右是在最佳点（1400～2000r/min都是最佳扭矩范围），转速一般不低于1200r/min。根据油泵的旋转方向来要求取力器的旋转方向，同时也可以根据取力器的旋向来确定油泵的旋向。

取力口的数量是由油泵的数量来确定的，油泵的数量又根据混制炸药时马达最大排量确定，有的是一个取力器驱动双联泵，有的是两个取力器分别驱动两个油泵。山西惠丰特种汽车有限公司生产的混装车一般采用两个取力器分别驱动两个油泵，一个油泵驱动计量装置马达，马达运转平稳，计量准确；另一个油泵驱动其他大功率马达。

A 万向传动轴

取力器驱动装置（如油泵）一般选用带伸缩叉的万向传动轴。传动轴凸缘的倾角一般不大于8°，最大不超过10°。两端凸缘叉要在一个平面上，最大偏差不得大于10°，倾角过大或凸缘叉偏角过大会导致传动轴震动，从而降低油泵的寿命。根据车身的空间位置，传动轴安装有V形和Z形两种形式（图2-15），一般选用后者。

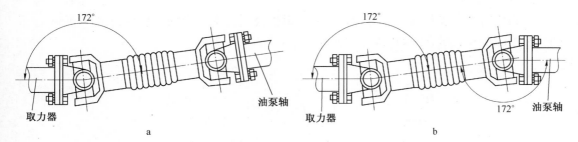

图2-15 传动轴布置形式

a—V形；b—Z形

万向传动轴选用北京212汽车传动轴，共有前、中、后三根可供选择，图2-16所示为传动轴图，具体尺寸见表2-3。

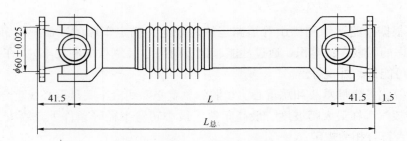

图 2-16 传动轴

表 2-3 万向传动轴尺寸

代 号	名 称	L	$L_总$	质量/kg
212-2201010-B	传动轴总成（后）	531.8	614.8	7.01
212-2203010-B	传动轴总成（前）	661.7	744.7	7.38
212-2202010	传动轴总成（中）	154.5	238.5	4.2

传动轴主要由凸缘、伸缩叉、伸缩花键轴、防尘套、十字轴等零件组成，传递扭矩 700N·m。

中间轴为 20 号电焊钢管，内径 $\phi45$（±0.12）×2.5（±0.12），以 15MPa 之液压试验焊缝强度，在 1100N·m 扭矩下试验强度。

花键轴直径最小部位为 $\phi35$，同样在 1100N·m 扭矩下试验强度。

进行了动平衡试验，在轴管的两端焊平衡片，焊后允许误差重径积 $G_r \leqslant 30g·mm$。

花键轴加油后，用手滑动自如，间隙不大于 0.25mm。

安装时取力器法兰到油泵法兰的距离保证达到表 2-3 中 $L_总$ 的长度。

B 取力器

斯太尔系列重型卡车装有两种变速箱：一种为富勒变速箱，一种为 ZF 变速箱。这两种变速箱在世界各种名牌重型卡车上普遍采用。国产载重型卡车有斯太尔系列，以及中国重汽现在生产的豪泺、包头一机生产的北方奔驰重卡、陕西汽车厂生产的德龙、四川汽车厂生产的红岩等大部分都装这两种变速箱。

a 富勒变速箱

富勒变速箱是陕西汽车齿轮厂引进美国伊顿公司技术生产的，型号为 RT11509C，富勒变速箱的型号表示方法如图 2-17 所示。

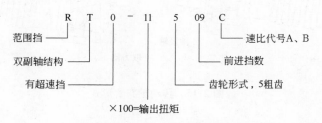

图 2-17 富勒变速箱型号

这种变速箱采取双副轴设计，变速箱体积小，传递扭矩大，设计有同步器，换挡非常轻松。中国重汽生产的斯太尔和豪泺、陕西汽车厂生产的德龙等主要装这种变速箱，包头一机生产的北方奔驰重卡也选装这种变速箱。设有四个取力口，一个设在后右下方（人面和汽车同向），一个设在后左上方，一个设在右侧面，一个设在下面。右侧取力器安装时要割掉一块大梁，不采用。后左上取力器考虑到润滑不如后右下取力器，所以选择了后右下取力器和底取力器。在引进技术时没有引进取力器制造技术，陕西汽车齿轮厂 1987 年自主开发了 QH-70 型后右下取力器（Q 取力器；H 后；扭矩 700N·m），速比 0.97，旋向和发动机相同（从变速箱后部看为逆时针方向），驱动 PVB-29 泵，工作时挂上 4 挡，能达到泵的额定转速。在变速箱内又加了一个空挡离合器，使动力和驱动桥分离。

专门为混装车开发了 QD-60 型底取力器，速比为 0.98，旋向为顺时针方向，驱动 PVB-45 泵。这个取力口内装齿轮和一轴齿轮相啮合，与变速箱的挡位没关系，离合器装在取力器内。

富勒变速箱动力输出系统如图 2-18 所示，由取力器、传动轴、泵及泵支架组成，它是整个混装车制药系统运转的动力来源。其作用就是把发动机的动力通过变速器、取力器传递给主油泵，主油泵产生的高压油驱动制药系统的液压马达运转。

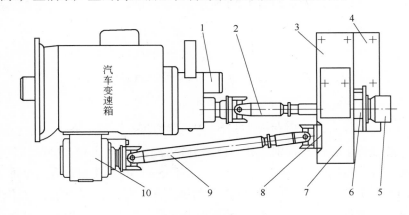

图 2-18　富勒变速箱动力输出系统
1—后取力器；2，9—万向传动轴；3—右油泵支架；4—左油泵支架；5—右油泵；
6，8—联轴节；7—左油泵；10—低取力器

BCRH-15B 型和 BCRH-15C 型车上制乳的乳化炸药现场混装车和 BCZH-15 现场混装重铵油炸药车（多功能现场混装炸药车）用了两台油泵、两台取力器。BCLH-15 型现场混装多孔粒状铵油炸药混装车和 BCRH-15D 型和 BCRH-15E 型乳化炸药混装车（乳胶基质型混装车）用了一台泵、一台取力器。取力器的控制采用电控气动形式，控制系统工作原理如图 2-19 所示，三只翘板开关安装在汽车驾驶室仪表盘上。

气源来自汽车发动机上的空气压缩机，压力为 0.7MPa，在气路上装有一只减压阀，降压后压力为 0.3MPa 和气缸前部相通，为常通行车状态，从而保证了取力器在停止状态下汽车行驶安全。当取力器需要工作时，踏下离合器，挂上 4 挡，打开仪表盘上的翘板开关，电磁阀接通气源，0.7MPa 的高压空气作用于气缸的尾部，气缸前后形成一个压力差，使取力器离合器闭合，缓缓抬起汽车离合器，取力器驱动油泵开始工作。同时在取力器壳体上安装有指示灯开关，控制盘上安有指示灯（翘板开关内），当取力器与变速箱内传动

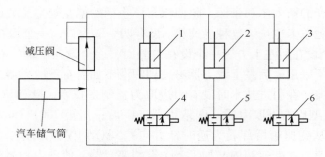

图 2-19　取力器电控气动工作原理

1，4—底取力器离合器控制气缸和电动气阀；2，5—空挡离合器控制气缸和电动气阀；
3，6—后取力器离合器控制气缸和电动气阀

机构啮合指示灯亮。指示灯熄灭表明取力器脱离了变速箱的传动机构，取力器停止。

　　b　ZF5S-111GP 变速箱

　　ZF5S-111GP 变速箱是重庆綦江汽车齿轮厂引进德国 ZF 公司技术生产的，ZF5S-111GP 型变速箱的型号表示方法如图 2-20 所示。

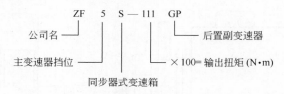

图 2-20　ZF5S-111GP 变速箱型号

　　这种变速箱设计上并没有特别之处，以斜齿轮为主，而对齿轮和轴的原材料和加工工艺要求非常高。设计有同步器，换挡非常轻松。ZF5S-11GP 变速箱设有两个取力口，都设在后面（人面和汽车同向），主传动轴的左右两端。重庆綦江汽车齿轮厂在引进变速箱技术时，同样没有引进取力器制造技术。1988 年山西惠丰特种汽车有限公司和重庆綦江汽车齿轮厂联合开发了 QL-50 型取力器（QL：代表取力器；50：输出扭矩代码，50×10＝500N·m）。选用了后右取力口，一个取力器体上伸出两个头，为上下排列。ZF5S-11GP 变速箱上下排列方位如图 2-21 所示，取力器原理如图 2-22 所示。取力器的离合采用电控气动方式，离合器装在取力器内，电气开关装在汽车控制仪表盘上。重庆西南车辆厂也生产这样的变速箱，这种变速箱主要装在四川汽车厂生产的红岩牌和包头一机生产的北方奔驰重卡上。国外的重型卡车装这种变速箱的多，特别是欧洲的重型卡车更是这样。

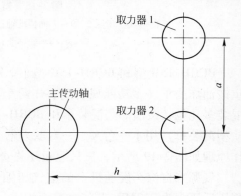

图 2-21　变速箱排列方位

　　图中齿轮 1 是装在变速箱的一轴上，和发动机相连，齿轮 3、齿轮 4 和离合器装在取力器体内，齿轮 2 和离合器轴相连并通过取力口伸向主变速箱内和齿轮 1 相啮合。取力器输出口 1 速比为 0.88；取力器输出口 2 速比为 0.83，连接法兰上述传动轴法兰相同。当

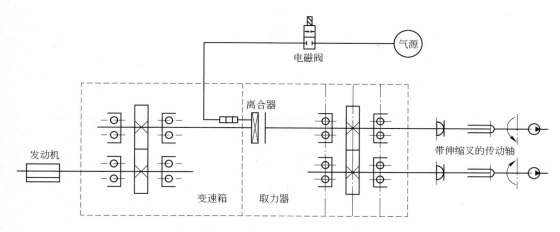

图 2-22 QL-50 型取力器原理

用一个取力器时，卸下连接法兰，用闷盖盖上即可。

c 矿用汽车别拉斯-7548A 改装混装车的取力器

出口到蒙古额尔登特铜矿和俄罗斯卡其卡纳尔瓦纳基采选联合公司铁矿的混装车是用白俄罗斯生产的别拉斯-7548A 矿用汽车改装而成。这种矿用汽车只有一个取力口，在谐合减速器上方，并和发动机相连，转速和发动机相同，没有离合器，只要发动机启动，这根轴就在不停地转动，平时用一个闷盖盖着。重新设计了带摩擦离合器的取力器，该取力器伸出两个轴，速比为1。谐合减速器驱动取力器伸出轴如图 2-23 所示，法兰 1 和发动机相连，谐合减速器是把发动机动力传递给主变速器，主变速器驱动车桥，使车行走。需要取力器工作时，主变速器处于空挡位置。取力器原理如图 2-24 所示，型号为 QL-70（QL：代表取力器，70：输出扭矩代码，70×10＝700N·m）。图 2-24 的动力源和图 2-23 的法兰1 相连接。摩擦离合器的离合采用电控气动方式，电控开关安装在汽车驾驶室的仪表盘上。

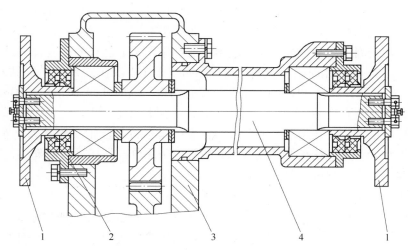

图 2-23 谐合减速器驱动取力器伸出轴

1—法兰；2—油封；3—谐合减速器总成；4—主传动轴

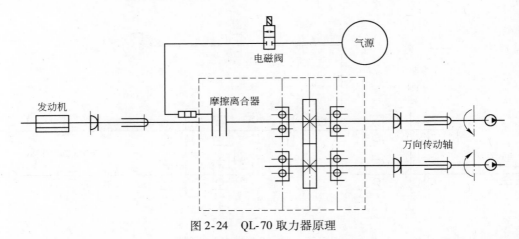

图 2-24　QL-70 取力器原理

取力器箱体内装有一组摩擦离合器和齿数相同的一对齿轮，壳体上设有油窗和排气阀，还设有散热片。取力器安装在料箱下面，大梁中间，取力器和发动机用北京 130 汽车带伸缩叉的万向传动轴相连，油泵是用北京 212 汽车带伸缩叉的万向传动轴相连。

d　动力输出系统的维护保养

取力器使用前需加注一定量的润滑油，加到油窗的二分之一以上，新车运转 50h 换油，其余更换润滑油的周期和汽车变速箱一样（参照汽车说明书）。由于取力器安装在变速箱的底部或后端，泥浆、灰尘及污染比较严重，因此对取力器表面要不断进行清洗。伸缩花键等部位要每周清洗并注润滑脂一次，防护罩一旦破裂，应马上更换。经常检查取力器安装用螺栓是否紧固，以及油泵支架与传动轴的连接是否紧固等。

2.1.6.2　车架（大梁）改装

混装车一般是购进二类底盘，经改装后将上盘固定在车架上。

A　车身（上盘部分）和车架的连接

新制造的车身（上盘部分）和车架连接应用符合汽车标准的 U 形螺栓连接，并按图 2-25a 所示的方式安装前后止推板。止推板由两个零件组成：上方的槽钢为止推板，下方为连接板。止推板根据实际情况可自行设计，止推板和连接板焊在一起，至少用两条螺栓和车架紧固。在紧固副梁和止推板时，应尽可能利用车架上已有的孔或者对已有的孔进行扩孔后使用。必须要钻孔时，只允许在指定的范围内钻新孔，大梁指定钻孔范围如图 2-25b 所示。最大允许孔径 φ16mm，钻孔后两面倒角，纵向孔距不得小于 50mm。在弹簧钢板支座附近区域不允许钻孔，车架上、下平面上也不允许钻孔。

还有一种止推方法，在车厢的前后方向各设一条斜拉螺栓把车厢和大梁紧固在一起。螺栓支座要焊在大梁允许钻孔的区域内，焊接时应采用分段焊接，缓慢降温，以减少焊接引力，最终焊牢。汽车制造厂家推荐第一种方法。

B　车架的加长

纵梁是由两件槽型钢套在一起铆接而成，北方奔驰和斯太尔系列纵梁加工方法各有不同。北方奔驰是两块钢板放在一起压制而成，然后再铆接成型，斯太尔系列卡车纵梁是两块钢板分别压制成型，然后两块槽型钢套在一起铆接而成。

只允许在车架末端加长，在不承载重量时可以只加长外侧梁，加长部分的材质以及焊

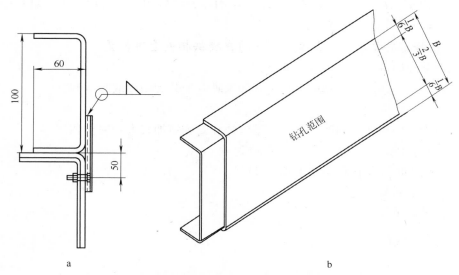

图2-25　止推板安装（a）和车架钻孔范围（b）

材的材质要和原车架的材质相同。

　　把加长的部分下料，弯曲成主梁的形状，主梁末端和加长部分按轴线夹角45°或90°方向切开。然后，必须先把端面加工好破口，焊缝形状如图2-26所示，可在X形和V形两种形状中选一种。

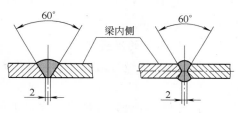

图2-26　主梁焊缝形式

　　焊接方法：采用手工电弧焊或者气体保护焊。焊条焊前在350℃的烘箱内烘烤2.5h。或者用φ1.0mm的焊丝焊接。

　　如内侧梁也需要加长时按图2-27的方式加长，图2-27为组合结构图，图2-28为加强角钢。把外侧梁内侧焊缝磨光，加长部分下料弯曲成内侧梁形状，和纵梁对接焊在一起，放衬里角钢部分磨光。按图2-28加工好衬里角钢，要求配合准确，没有间隙。衬里角钢的定位焊接和纵梁的焊接采用角焊缝和圆孔塞焊，焊接时先分段焊，边焊接边自然降温，最终全部焊牢。

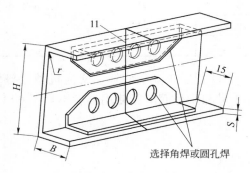

图2-27　内侧梁加长

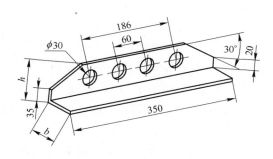

图2-28　加强角钢

加长车架的焊接作业，应该由考试合格、有丰富经验的焊工进行焊接。如果要做大的改动，一定要和汽车制造厂家协商。

2.1.6.3 根据需要要求汽车制造厂家为用户提供相关选用装置

（1）带全程调速器直喷式高压油泵。

（2）适用于高寒地区发动机预热装置和驾驶室加装大功率取暖空调。

（3）适用于沙漠地区的空气过滤装置。

（4）适用于炎热地区的散热装置、蓄电池和驾驶室加装大功率空调。

（5）适用于高寒海拔地区的增压发动机。

（6）适用于危险品运输车要求加装 ABS。

（7）加装电涡流缓速器。

（8）行驶记录仪。

2.1.7 操作与使用

2.1.7.1 定员

该车定员为两人，一人为汽车司机，负责驾驶汽车，启动取力器，操作电气控制系统；一人为装药操作工，负责将侧螺旋口对准炮孔，调整流量控制阀，确保炸药各组分比例正确，炸药合格。

2.1.7.2 开车前的准备工作

操作人员必须经过培训，掌握操作方法后才可上岗。首次试车应在厂方工程技术人员的指导下进行。

（1）按照汽车使用说明书的要求进行维护和保养。

（2）检查灭火器。

（3）制药部分所有油嘴处加润滑脂。常用润滑脂的性能见表2-4，五种都可使用，推荐用3号。

表2-4 润滑脂性能

名　称	牌　号	针入度/mm	滴定/℃	备　注
钙基润滑油	ZG-1	31～34	≥75	推荐用 ZG-3
	ZG-2	26.5～29.5	≥80	
	ZG-3	22～25	≥85	
	ZG-4	17.5～20.5	≥90	
	ZG-5	13～16	≥95	

表2-4中五种润滑脂，具有良好的抗水性，广泛用于工业、农业、交通机械设备使用。1 号和 2 号润滑脂，使用温度不高于55℃；3 号和 4 号润滑脂使用温度不高于60℃；5 号润滑脂使用温度不高于65℃。

（4）检查液压油箱是否缺油。

（5）电气和液压开关是否在关闭状态

（6）取力器加油。取力器与汽车变速器在一起，和变速器一起换油。冬季加 90 号双曲线齿轮油，夏季加 140 号双曲线齿轮油。双曲线齿轮油性能见表 2-5，具有适当的黏度、极强的抗压性、良好的抗氧化性、抗乳化性、防水性好等特点。

表 2-5　双曲线齿轮油性能

名　称	牌　号	运动黏度（50℃）/mm² · s⁻¹	凝点/℃	闪点（开口）/℃
双曲线齿轮油	90	13.5 ~ 24.0	-20	180
	140	24.0 ~ 41.0	-5	200

（7）检查液压油箱的油位，有的混装车出厂时不带液压油，有的出厂试验后油位下降，需要重新加油或补油。根据不同的气候条件更换不同的液压油。在炎热气候和高寒气候条件下还是要更换适用这种环境温度的液压油，特别是出口的设备更换当地普遍使用的液压油。在非洲，气温高达 45℃，在俄罗斯卡其卡纳尔气温达到 -45℃，换了当地的液压油，混装车运转正常，计量准确。总之，根据不同的环境温度选用不同的液压油，表 2-6 列出 4 种液压油技术质量指标供用户参考选择。一般常用的为 L-HM46 号，资料介绍适用环境温度 0℃ 以上，本书著者认为适用环境温度 10℃ 以上；L-HM32 号，资料介绍适用环境温度 -20℃ 以上，本书著者多年的使用经验认为适用环境温度 -10℃ 以上。

表 2-6　液压油性能

名　称		N32 号	N46 号	N68 号	N46D 号
		低凝液压油	低凝液压油	低凝液压油	低凝液压油
代　号		L-HM32	L-HM46	L-HM68	L-HM46D
		（旧）20 号	（旧）30 号	（旧）40 号	（旧）30D 号
运动黏度 /mm² · s⁻¹	40℃	28 ~ 35	41 ~ 50	61 ~ 74	41 ~ 50
	50℃	17 ~ 23	27 ~ 33	37 ~ 43	23 ~ 35
黏度指数		>120	>120	>120	>130
闪点（开口）/℃		>150	>150	>150	>140
凝点/℃		<-35	<-35	<-35	<-45
抗氧化安定性（酸值达 2mg KOH/g）/h		>1000	>1000	>1000	>1000
防锈性（蒸馏水法）		无锈	无锈	无锈	无锈
腐蚀 T3 铜片（100℃，3h）		合格	合格	合格	合格
抗乳化度（40-37-3）/min		<30	<30	<30	<30
抗泡沫性/mL	起泡	<50	<50	<50	<50
	消泡	<0	<0	0	0
抗磨性（四球 PB）N（Y-104C）/mg		<950	<950	<950	<950
		<100	<100	<100	<100
水溶性		无	无	无	无
酸和碱		无	无	无	无
水　分		无	无	无	无
机械杂质/%		无	无	无	无
应　用		适用于环境温度为 -20 ~ ±40℃ 的各类高压系统（适用工作压力 21MPa），其中 L-HM46D 可用于 -30℃ 以上。主要用于矿山机械、工程机械等液压系统			

（8）检查清理各料箱中的异物。

（9）检查各电气开关，液压手柄是否处于关闭位置。

2.1.7.3 空车调试

（1）启动汽车发动机使气压得到 0.7MPa。

（2）启动取力器。

1）踩下离合器踏板。

2）通过翘板开关或操纵离合器手柄接合取力器。

3）挂上 4 挡，缓缓抬起离合器（用底取力器时，放在空挡位置）。

4）用手油门，加速到 1400r/min。

（3）调试结束时，取力器分离。

1）踩下离合器。

2）将变速杆放在空挡位置。

3）通过翘板开关或操纵离合器手柄使取力器分离。

4）缓缓抬起离合器。

（4）调整主油泵的压力。出厂前主油泵的压力已经调好，PVB-45 泵压力为 10.5MPa，PVB-29 泵压力为 10MPa。

从进油分配组件中压力表上可看见上述数字。如和上述压力不符，可重新调整，调整压力调整螺栓，顺时针方向旋转压力增高，逆时针方向旋转压力下降。

（5）用手动指令开启其他所有液压马达，工作正常，可继续往下进行。

2.1.7.4 标定

调节液压系统流量控制阀，使液压马达达到不同的速度，配料机构也达到不同的转速，达到配制炸药各组分的百分比含量。

（1）所需工具及设备包括：1500kg 磅秤一台、50kg 或 100kg 水桶一只（用防腐材料制成）、10kg 水桶一只、10kg 电子弹簧秤一只。

（2）需加的原材料。柴油 200kg（依据环境温度选择柴油牌号）、多孔粒状硝酸铵 1000kg 分别加入车上的各料箱内，加料之前必须先检查各料箱内有无异物。

（3）将混装车停放在平坦位置，根据需要选择配方。

（4）根据炸药配方分别计算出燃油泵及箱体螺旋每分钟所需的转数和千克数。

（5）启动取力器，缓缓加大油门，使发动机转速达 1400r/min，打开电源开关，使所有工作机构处于待命状态。

（6）粒状硝酸铵的标定。

1）称桶自重。操纵十字开关将侧螺旋提升移出，出口对准装料桶。退出燃油输送系统。特别提示：侧螺旋移出时旋转半径内严禁站人。

2）确定效率。多孔粒状铵油炸药一般为 450kg/min；乳化炸药一般为 200kg/min。计数器上置标定（成品炸药）的千克数（如 50kg）。

3）调整箱体螺旋流量控制阀达到计算转速。

4）按下启动键，桶中输入多孔粒状硝酸的量，并称重（炸药中多孔粒状硝酸铵重量）。

5）如果出现少或多时，可适当调整箱体螺旋流量控制阀，增加或减少输送装置的转数，反复多次，直到合格，并记下箱体螺旋转速。

（7）燃油的标定。

1）根据炸药配方，计算出燃油每小时输送量。退出多孔粒状硝酸铵输送系统。

2）称桶自重并记录。

3）将油管卸下，插入桶内。

4）打开燃油箱和燃油泵之间的阀门，打开调节阀。

5）计数器上置标定（成品炸药）的千克数（如50kg），按下启动键，桶中输入燃油的量，并称重（炸药中燃油的重量）。

6）如果出现少或多时，可适当调燃油泵流量控制阀，增加或减少输送装置的转数，反复多次，直到合格，并记下燃油泵转速。

2.1.7.5　试做炸药

（1）所需器材及仪器包括：电子秤1台、爆速仪1台、编织袋3～5个、密度杯一个。

（2）将主、侧、斜螺旋、燃油控制键设为"工作"状态。

（3）按装药量键，置入装药量。

（4）按"运行"键，炸药从侧螺旋中流出，观察炸药的状态，先试做炸药100kg，如质量不合格，可再试做100kg。直到合格的炸药从侧螺旋中流出，可取样进行爆速等性能测试，性能都达到标准要求时方可到爆区装药。

2.1.7.6　爆区作业

（1）在地面站将制炸药的原料分别装入车上的料箱内。

（2）驶入爆破现场。

（3）操纵液压手柄将侧斜螺旋出口对准孔位。

（4）启动发动机，使气压达到0.7MPa。

（5）启动取力器。

（6）先在地面试做炸药，目测炸药形态，合格后方可下孔。

（7）根据爆破工程师的要求将起爆具装入孔内。

（8）在控制装置上设置炮孔的装药量。

（9）启动运行开关，制药开始。炸药送入孔底，当倒计数为"0"时，制药结束。

（10）移孔位，关闭取力器，移动到下一孔位，重复上述步骤。直至最后一个炮孔装完，关闭取力器，工作完毕。

（11）如发现工作异常，关闭紧急停止按钮，制药停止。故障排除后再重新开始装药。

2.1.8　维护保养

设备的可靠性和使用寿命在很大程度上取决于对设备的维护和保养。混装车也是这样，驾驶员和操纵人员开车前一定要仔细阅读《使用说明书》，严格遵守《使用说明书》中操纵、维护、保养等要求。

2.1.8.1　洗车

每次工作过后将整车清洗干净，以免腐蚀机体。

2.1.8.2　汽车的维护保养

按汽车《使用说明书》进行定期维护保养。

2.1.8.3　取力器维护保养

新车累计工作50h，将取力器中的油放掉清洗干净，按表2-5中油的牌号换油，以后每半年或一年更换一次（和汽车变速箱换油周期相同）。

2.1.8.4　液压系统维护保养

液压油的污染对液压系统的性能及可靠性有很大的影响，所以液压油的污染必须引起足够的重视，液压系统的故障70%是由于液压油的污染引起的。液压油的污染会导致泵、阀等元件早期磨损和滤油器堵塞，不但增加了维修、管理工作，同时也缩短了元件的寿命。由于阀口等关键部位磨损，造成了系统或元件性能的改变，引起精度和性能的下降，工作可靠性变坏。污染严重时，则会使滑阀卡死或泵损坏而不得不停止工作，为此，液压油的污染已成为当今一个普遍关注的问题。

液压介质中的污染物总量等于系统中原有的污染物加上侵入系统中的污染物。由此可见，液压中的污染控制，不外乎两个方面，一是防止污染物侵入，二是把系统中的污染物清除出去。这就要求制造者和使用者双方配合，防止污染液压系统。制造者要合理地设计油箱，一定要仔细地清洗元件、管路和系统，正确地选用滤油器。使用者应按照使用说明书的要求做好维护保养工作。

新车累计工作50h将液压油换掉清洗干净，换新油，同时换过滤器的滤芯。以后液压油每一年更换一次，回油滤油器的滤芯每6个月换一次。此滤芯为纸质滤油器，一次性使用。装在油箱的内吸油滤油器每次换油时清洗一次，此滤油器为铜质，清洗时如发现破损应换新滤油器。

下面介绍几种通用的检查液压油污等级的方法，供参考。

（1）目测法。用肉眼直接观察介质污染程度。由于人眼的能见度下限为40μm，所以这种方法只能用于对介质清洁度要求不高的系统。

（2）比色法。把一定体积油样中的污染物用滤纸过滤出来，然后根据滤纸的颜色来判断介质的污染程度。这种方法需要有丰富的有关污染程度的经验，才能做出比较准确的判断，因而也只能用于对介质清洁度要求不太高的系统。

（3）颗粒计数法。用一定体积介质中所含各个尺寸颗粒的数目即"颗粒尺寸分布"来表示介质的污染程度。常用的颗粒计数法有手动显微镜法、自动显微镜法、光散射法和光遮蔽法。

介质颗粒计数法的污染等级标准见表2-7。

表2-7　介质颗粒计数法的污染等级标准

污染等级	颗粒尺寸范围				
	5~15μm	16~25μm	26~50μm	51~100μm	>100μm
00	125	22	4	1	0
0	250	44	8	2	0
1	500	89	16	3	·1

污染等级	颗粒尺寸范围				
	5~15μm	16~25μm	26~50μm	51~100μm	>100μm
2	1000	178	32	6	1
3	2000	350	63	11	2
4	4000	712	126	22	4
5	8000	1425	253	45	8
6	16000	2850	506	90	16
7	32000	5700	1012	180	32
8	64000	11400	2025	360	64
9	128000	22800	4050	720	128
10	256000	45600	8100	1440	256
11	512000	91200	16200	2880	512
12	1024000	182400	32400	5760	1024

（4）颗粒质量法。用阻留在滤油器上污染物的质量来表示介质污染程度。这种方法通常是使100mL的介质通过微孔尺寸为0.8μm的滤纸以阻留污染物。测定方法简单容易，但不能反映颗粒的尺寸分布，不便于污染源的分析。介质质量法的污染等级标准见表2-8。

表2-8　介质质量法的污染等级标准

污染等级	100	101	102	103	104	105	106	107	108
质量/mg	0.02	0.05	0.10	0.30	0.50	0.70	1.0	2.0	4.0

混装车液压油的允许污染度等级应为计数法2级或质量法的102级。

1）定期检查液压油的清洁度及管接头。泵的寿命如前所述主要取决于液压油的清洁度，当液压油污染后，应更换新油并彻底清油箱及管路。如果管接头松动，空气会进入系统引起噪声并产生泄漏。当油箱中液面过低时泵会吸空而损坏。

2）向油箱中加液压油时应通过25μm精度的过滤器，以防止新液压油中的污染物进入油箱。

3）新车长期停放后使用时，应在无负载情况下运转1h，并观察是否正常。

4）液压泵、马达的维护保养。修理液压件时，清洁问题极为重要，修理工作必须在清洁的环境中进行，在拆除管路之前，用钢丝刷刷掉管接头处的污垢。检查轴和键槽，用砂纸打磨刻痕、毛边、尖角等，开始拆卸以前，排掉马达内部的液压油。

①拆装时不要碰伤各结合面，如有碰伤需修整好方可装配。

②装配前应用煤油或汽油清洗各零件，禁止用棉纱或破布擦零件，应使用毛刷或绸布，马达装好后，在装机前应向进出油口注入150mL左右的液压油，转动输出轴如无异常现象，方可装机。

③为保证泵或马达的旋转方向正确，需注意转子配流盘和传动轴的关系。

④后盖螺栓按顺序每隔一个拧一个，要转圈多次拧紧。

⑤后盖螺栓紧固后，打开尚未紧固的前盖，注满液压油后，方可紧固前盖。

⑥损坏的密封圈必须更换。

（5）润滑油换油、清洗及更换滤芯周期见表2-9。

表2-9　润滑油换油、清洗及更换滤芯周期

序号	润滑部位名称	润滑点（过滤器）数量	润滑剂		保养周期		备注
			种类	用量/L	第一次/h	日常保养/月	
1	箱体螺旋	1	ZG-3			3～5	
2	斜螺旋	1	ZG-3			3～5	
3	侧螺旋	1	ZG-3			3～5	
4	主油泵万向传动轴	3	ZG-3			3～5	
5	取力器万向传动轴	1	ZG-3			3～5	
6	液压油箱内吸油过滤器	2			50	6～12	清洗
7	液压系统回油过滤器	1			50	6～12	更换
8	燃油过滤器	1				1～2	清洗
9	取力器换油		齿轮油	20	50	6～12	更换
10	液压油箱换油		液压油	250	50	6～12	更换

现场混装多孔粒状铵油炸药车结构比较简单，只要按照说明书的要求，操作和保养故障率不会太高。

这种侧螺旋式多孔粒状铵油炸药混装车在国内外矿山无水炮孔装药作业均为主力车型，混装炸药速度快，混拌炸药均匀，用人少，已系列化，有装载量为4t、6t、8t、10t、12t、15t、20t、25t 八个品种供用户选择。

2.1.9　故障与排除

故障与排除见表2-10。

表2-10　故障与排除

序号	故障特征	产生的原因	排除方法
液压系统	一个主油泵压力不足	调压装置松动	重新调整
		吸入管路阻力太大	清洗吸油过滤器，检查吸油管是否有过度弯曲处
		吸入管路接头漏气	用清洁的干油涂到各接头上，检查漏气处，加以排除
		油箱液面过低，油温太低，油液黏度太大	增高油箱液面，更换黏度较低的油液或将油加热
		配流盘未安装好	拆泵检查，清洗重装
		变量机构偏角太小	加大变量机构偏角
		漏损太大	拆开检修
		溢流阀建立不起压力或未调整好	检修或调整溢流阀

序号	故障特征	产生的原因	排除方法
液压系统	油泵发出不正常声音	油箱液位过低，吸进系统中空气，管路松动，吸进空气，吸油过滤器堵塞进油不畅	加油，检查管路，清洗滤芯
		泵内有件损坏	拆开检查
		泵和取力器安装不同轴线	重新安装
	控制装置发出停止命令后，仍有马达在转动	电磁阀被油中的污物阻挡不能关闭	清洗电磁阀如查不出污物则更换
	工作时压力下降	供油不足，柱塞磨损，发动机转速不够	更换新泵，增加发动机转速
	流量控制阀打到最大，马达转速达不到要求	压力下降	调高压力
	液压油温度过高	风扇速度低	调整流量控制阀提高风扇速度
	泵温过高	油液温度不高，但泵发热则应检查泵。是否长期在零流量状态下工作，使泵发热	减少零流量工作时间
		泵渗漏严重，效率低	检修泵
液压系统	油泵或马达漏油	轴承或密封件损坏，软管接头松动	更换损坏件，紧固接头
	背压太大	回油滤油器堵塞，油冷却器堵塞	拆下清洗或更换滤芯，反向冲洗清除杂物
供电及控制系统	有的电磁阀打不开	电压下降，阀芯卡死	充电>13V；清洗阀芯
	转速表不显示	传感器间隙过大，磁力传动部件损坏，导线损毁或锈蚀，转速表失灵	调整间隙，更换磁钢。更换或检修导线。更换转速表
配料系统	螺旋转动但不出料	干料箱棚料，料中有异物，马达转向不对	用搅拌杆捅料，清除异物，调整转向
	螺旋输送量不正确	马达转速不正确	调速
	混制出的炸药不合格	配比不合适，液压马达转速不稳，控制器紧固螺钉松动	重新标定，调整流量控制阀，紧固螺钉，使马达转速稳定
动力输出系统	取力器结合与分离不好	气缸漏气，排气不畅	更换O形圈，清除异物或更换电磁阀

2.2　高架螺旋式现场混装多孔粒状铵油炸药车

　　高架螺旋式多孔粒状铵油炸药混装车，是把可以旋转的最后一级输料螺旋放在车厢顶部，围绕转轴可旋转360°。所以称为高架螺旋式现场混装多孔粒状铵油炸药车。它的优点是一次移位可装多个炮孔，缩短了辅助时间。高架螺旋的出料口处装有2m长的输药软管，有利于对准炮孔。同时输药管是由机械转臂拖拽而旋转，因此降低了工人的劳动强度。它的缺点是，输料螺旋放在车厢顶上，增加了车的高度，通过能力下降，如果不增加车的高度，料箱就会降低高度，容积减小。本节介绍老款式和新款式两种高架螺旋现场混装多孔粒状铵油炸药车。老款式，顶部输料螺旋设计不合理，螺旋管直径小，只有 $\phi 160mm$。输送效率低，只有 200kg/min。刚度不够，螺旋叶片和螺旋外壳常有摩擦。举升油缸也设计不合理，动力臂太短，输料螺旋经常断裂。综上所述，适合于装载量 15t 以下的小车，服务于孔网距不太大的中、小型露天矿。美国 AM 公司生产的产品就是这种结构，国内也有生产。另一款为新款式高架螺旋现场混装多孔粒状铵油炸药车，克服了老款式混装车的弊端，是未来现场混装多孔粒状铵油炸药车的主力车型。

2.2.1　老款式高架螺旋式现场混装多孔粒状铵油炸药车

高架螺旋式现场混装多孔粒状铵油炸药车主要由燃油箱、多孔粒状硝酸铵料箱、箱体螺旋（主螺旋）、垂直螺旋、高架螺旋（顶部螺旋）、燃油系统、液压系统和电气控制系统等组成。

2.2.1.1　工作原理

高架螺旋式现场混装多孔粒状铵油炸药车工作原理如图 2-29 所示，动力来源于汽车发动机，驱动汽车变速箱和取力器通过万向传动轴驱动主油泵，产生的高压油驱动各液压马达使输料螺旋和供油泵转动。箱体螺旋把料箱内的多孔粒状硝酸铵按一定的量输送到车厢尾部，由立螺旋提升到高架螺旋内，再由高架螺旋搅拌均匀并送到炮孔中。柴油泵按比例将柴油从立螺旋下部注入，和多孔粒状硝酸铵混合便成为炸药。从这里注入的好处是搅拌的会更均匀，缺点是立螺旋底部会漏油，停车时管路内的剩余燃油会渗到料箱内，增加了设备的危险性。根据本书著者多年的实践经验，燃油加到高架螺旋内，同样会搅拌均匀，还避免了漏油。

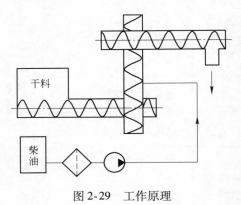

图 2-29　工作原理

燃油箱与多孔粒状硝酸铵料箱连接在一起，多孔粒状硝酸铵料箱内有隔板将料箱隔成容积相同的小料仓。箱底螺旋（主螺旋）贯穿于料箱底部，主螺旋上方有挡板承担物料重量，挡板与侧壁的间隙足以使物料自流入螺旋，挡板与仓壁以螺栓连接，可以拆卸。

螺旋机构是输送硝酸铵的主要部件，用不锈钢材料制成，螺旋心轴选用无缝不锈钢管以减少自重产生的挠度，螺旋两端各有轴头，轴上装有轴承、链轮或马达，不锈钢外壳及轴承支架。垂直螺旋立在料箱后部或前部（这种车垂直螺旋有前后两种结构），两端分别与箱体螺旋、顶螺旋相连接。垂直螺旋外壳分上下两部分，下半部一端固定于车架，另一端固定于料箱伸出的支臂上，上半部可与顶螺旋一起回转，举升油缸的支点位于其上。顶螺旋是螺旋输送的最后一级，它可以垂直螺旋为中心作双向回转运动。顶螺旋出口与下料胶管连接，物料在此因自重流入炮孔，举升油缸装在垂直螺旋与顶螺旋之间，不工作时，顶螺旋放在主药箱顶部的托架上。

2.2.1.2　液压系统

该车工作机构全液压驱动，液压系统工作原理如图 2-30 所示。

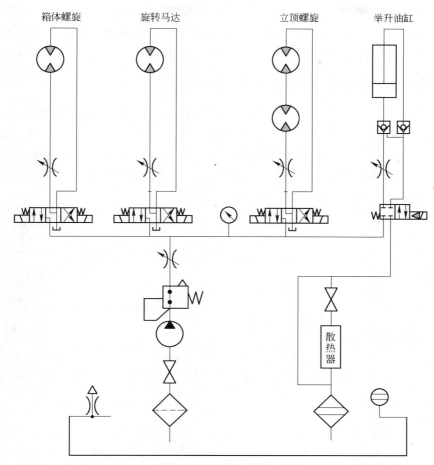

图 2-30　液压系统工作原理

液压系统有两条回路，由同一油箱给柱塞泵提供液压油，通过电磁阀、控制液压马达、驱动底螺旋、垂直螺旋、顶螺旋、举升油缸和旋转臂杆。该液压系统用的是定量柱塞泵，多余的油直接回油箱。回油也是有两条回路，一条经过滤器回油箱，一条经散热器回油箱。

2.2.1.3　燃油系统

燃油系统使燃油和多孔粒状硝酸铵按比例混制。燃油泵输油量由链轮系调定，与主螺旋输药量相关，燃油与粒状硝酸铵的混制比例为 5.5：94.5。燃油泵的供油管路中有滤油器和球阀，回油管路中有一安全阀，其压力预先已标定在 0.1～1.2MPa，保证燃油系统在管路堵塞情况下安全。油泵提供的燃油通过流量计计量后，由喷油嘴喷出，在垂直螺旋下部与粒状硝酸铵混合。该车的燃油泵是链条传动，和主螺旋同步。燃油和多孔粒状硝酸铵的比例有两种调节方法：一是系统中有一个调节阀可以微量调整；二是更换不同齿数的链轮，改变燃油泵转速，从而改变供油量。

2.2.1.4　控制系统

这种高架螺旋混装车是美国 AM 公司技术传到我国的，当时没有电气控制系统，工作时启动取力器使混药系统工作，加大油门发动机转速提高，输药效率随之提高，炮孔的装药量是靠测量药柱高度而定。后来随着技术的发展液压系统增加了电磁阀，也采用了 PLC 控制。设定炮孔的装药量，启动混药系统，装药量倒计数为 0 时，混药系统自动停止。和侧螺旋式基本一样，这里不再介绍。

2.2.2　新款式高架螺旋式现场混装多孔粒状铵油炸药车

山西惠丰特种汽车有限公司设计并生产了 BCLH-15G 型（G 表示高架螺旋）新款式高架螺旋式多孔粒状铵油炸药现场混装车（图 2-31），该车主要由汽车底盘、液压系统、燃油系统、电气控制系统、干料箱、高架螺旋、高架螺旋支撑装置、立螺旋、立螺旋旋转装置、箱体螺旋、动力输出系统等组成。在车的尾部设有爬梯，在车的前部设有工具箱，车厢顶部设有高架螺旋（顶置螺旋）液压锁紧装置等。

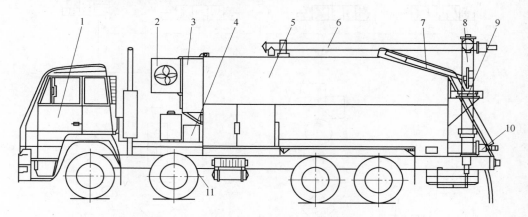

图 2-31　BCLH-15G 型高架螺旋式现场混装多孔粒状铵油炸药车
1—汽车底盘；2—液压系统；3—燃油系统；4—电气控制系统；5—干料箱；6—高架螺旋；
7—高架螺旋支撑装置；8—立螺旋；9—立螺旋旋转装置；10—箱体螺旋；11—动力输出系统

主要有两处重大改进：第一，利用了物料安息角这个概念，料箱尾部切掉了 30°，车厢的装料量并没有减少，反而支撑油缸支点就可支到顶置螺旋的中间，解决了阻力臂过长的问题，为加大输料螺旋的直径创造了有利条件。第二，加大了立螺旋和顶置螺旋的直径，即把侧螺旋式多孔粒状铵油炸药现场混装车三螺旋成熟的技术应用到了这种车上，输药效率同样达到了 450kg/min 以上。新款式高架螺旋混装车是把侧螺旋式混装车输送效率高的特点和高架螺旋式混装车移一次车位可装多个炮孔的优点结合于一身，克服了老款式混装车的弊病。

新款式高架螺旋混装车，运动方位如图 2-32 所示，在装药时顶置螺旋从卡槽内提起，混制和装填炸药时顶置螺旋举起到最高位置。转移到炮孔上方后，举升油缸回收，使顶置螺旋处于向下状态，螺旋的升角为负。减小输料螺旋的阻力，有利于物料的流动。但是在装药过程中顶置螺旋有可能停留在高于水平位置装药作业，所以在设计时，螺旋参数、马达功率等要按 10°升角来计算。

混装炸药时，在控制装置上操纵顶置螺旋解锁键和提升键，先打开顶置螺旋锁紧装置，然后将顶置螺旋提升一定高度，再启动立螺旋旋转装置，把顶置螺旋旋转到炮孔的上方对准炮孔。在计数器上置单孔装药量，按下启动键，柴油和多孔粒状硝酸铵按比例在顶

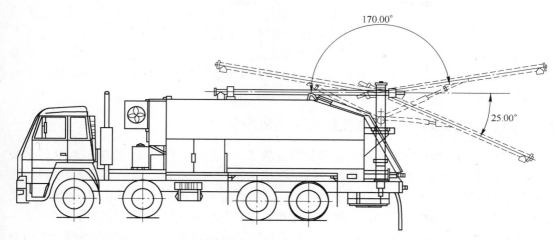

图 2-32　新款高架螺旋式现场混装多孔粒状铵油炸药车顶螺旋方位图

置螺旋内汇合，混合均匀后并输入炮孔，倒计数为 0 时混拌装药机构停止。可装下一炮孔，程序同前。

　　三螺旋叶片直径分别为：箱体螺旋 ϕ203mm，立螺旋 ϕ245mm（直径扩大到 ϕ279mm输送效率会更高），顶置螺旋 ϕ178mm。

　　立螺旋旋转机构有三种形式：第一种为链条传动，大链轮套在立螺旋旋转体上，并紧固在一起，小链轮装在马达轴上，由于链条有松边和紧边之分，转动不稳，有时还会拉断链条，美国 AM 公司最早时就是这种结构；第二种为齿轮传动。大齿轮套在立螺旋机壳上，并紧固在一起，小齿轮装在马达轴上，顶螺旋摆动时阻力臂非常大，有时会把齿轮或马达损坏；第三种采用蜗轮传动，蜗轮套在立螺旋机壳上，并紧固在一起，蜗杆装在马达轴上，蜗轮蜗杆传动有自锁功能，运转平稳，推荐使用。

　　燃油系统、电气控制系统、液压系统、主要技术参数等和 BCLR-15B 型基本相同，本节不在作介绍。

2.3　横螺旋式现场混装多孔粒状铵油炸药车

　　横螺旋式多孔粒状铵油装药现场混装车是结构最简单、用人最少（驾驶员和操作工人合为一人）、效率最高的一种车型。其工作原理如图 2-33 所示。

　　与前两种车的最大区别，它只有两根螺旋，一根箱体螺旋和一根横放在车尾的槽型横螺旋组成。横螺旋由液压油缸控制，工作时油缸将横螺旋推向炮孔，箱体螺旋将料箱内的多孔粒状硝酸铵定量地输送到横螺旋内和燃油系统定量的柴油在横螺旋内混拌均匀输入炮孔，工作过后油缸将横螺旋收回。这种结构的车是本书著者在俄罗斯卡其卡纳尔瓦纳基采选联合公司矿山看到的。有两种车型：一种是用别拉斯 7548A 矿用汽车改装而成，一车可装料 30t；另一种是用公路货车汽车底盘改装而成。目前我国还没有，在大型矿山、孔网距大，单孔装药量多，无论螺旋有

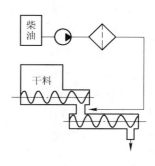

图 2-33　横螺旋式现场混装
多孔粒状铵油炸药车工作原理

多长，能旋转多少度，移一次车也只能装一个炮孔，应采用这样的混装车为最佳。它的特点是：（1）用人少，只有汽车驾驶员一人，电气控制装置安装在汽车驾驶室内，从汽车后视镜中就可看到作业现场（炮孔），操作非常方便；（2）结构简单，故障率低，易于维修；（3）效率高，可达750kg/min以上。这种车和其他混装车一样，也是液压传动、电气控制，料箱用不锈钢板焊接而成等，本节不做详细介绍。

2.4 风力输送式现场混装多孔粒状铵油装药车

风力输送式现场混装多孔粒状铵油装药混装车，和上述三种现场混装多孔粒状铵油装药混装车输送方式完全不同，它是靠压缩空气把物料吹入炮孔内。制药部分主要由料箱、柴油箱及泵送系统、压缩空气系统、混合器、喷嘴和金属输药软管等组成。风力输送式又分为正压和负压式两种输送形式。料箱部分和上述三种现场混装多孔粒状铵油装药混装车基本相同，也是有多孔粒状硝酸铵料箱，料箱底部装有输料螺旋，为减轻输料螺旋的压力上面装有角蓬，角蓬用螺栓紧固在车厢上可拆卸，两边留有足够的缝隙多孔粒状硝酸铵可流入输料螺旋槽内。汽车底盘、液压系统、动力输出系统和电气控制系统和以上几种车基本一样。

风力输送式现场混装多孔粒状铵油装药混装车的工作原理如图2-34所示。先启动空气压缩机，并打开风门，压缩空气在流动过程时，形成一个负压区。物料在输料螺旋的作用下推出料箱，又靠物料的自重，落入负压区，和压缩空气一起输入炮孔。输送效率与风压、风量成正比。加料方式和其他现场混装多孔粒状铵油炸药混装车相同，在地面站将多孔粒状硝酸铵和柴油分别加到车上的料箱内，驶往爆破现场，启动取力器，并启动空气压缩机，使气压达到0.4MPa，把输药金属软管对准炮孔，控制装置上置炮孔装药量，按下启动键。箱体螺旋

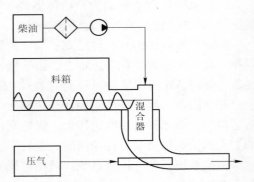

图2-34 风力输送式现场混装多孔粒状铵油炸药混装车的工作原理

将多孔粒状硝酸铵按一定的量经料箱后部的延伸管和燃油系统按一定的量输送来的燃油在混合器内进行混合。压缩空气吹过负压喷嘴，负压喷嘴的上腔形成一个负压区，搅拌均匀的多孔粒状铵油炸药在自重和负压双重作用下进入输药管内，吹入炮孔。它的最大特点是：移一次车可装多个炮孔。如果输药管30m长，在直径60m范围内的炮孔都可一次装完，大大节省了移车的辅助时间。

该车自带空气压缩机，压气机有两种驱动方式：一种用液压马达驱动；另一种是选用带有全功率取力器的汽车，用全功率取力器驱动空气压缩机。这种车的输送方式与20世纪60年代生产的YC-2型和YC-8型装药车基本相同。YC-2型和YC-8型装药车在风力输送过程中有产生静电的问题。众所周知，两种绝缘体的摩擦会产生静电，在风力输送过程中炸药和炸药的摩擦，炸药和输药橡胶管的摩擦都会产生静电，有可能引起电雷管早爆。国内对YC-2型和BC-8型装药车风力输送过程中静电产生做了大量的研究工作。研究是在高度绝缘的情况下进行的，输药胶管放在绝缘橡胶板上，车体上导电链条不接地，人体

离开车体。研究表明，当空气中相对湿度大于70%时没有静电产生。输药胶管中掺入导电剂、胶管放在地上、车体导电链条接地，同样测不到静电电压。风力输送多孔粒状铵油装药现场混装车输药管采用金属软管，车体上导电链条接地，起爆采用非电导爆管雷管，是安全的（静电研究在7.5节中介绍）。

风力输送式现场混装多孔粒状铵油装药混装车，和上述三种多现场混装多孔粒状铵油装药混装车区别于向孔内输送物料的方法。上述三种车型都是通过输料螺旋将物料输入炮孔，移动一次车只能装一至几个炮孔。而本节所讲风力输送式现场混装多孔粒状铵油装药混装车是用压缩空气把物料吹入炮孔内，移一次车可装多个炮孔，除此以外基本相同。

风力输送可采用正压和负压两种形式。负压风力输送结构复杂，很难实现，一般采用正压输送。给料器（喷射器）设计的好坏是关系到这种设备是否好用的关键，下面介绍两种正压给料器（喷射器）的工作原理和设计方法。

2.4.1 正压叶轮式给料器设计

正压叶轮式给料器如图2-35所示，它主要由定子、转子、轴、均气管、端盖、轴承、密封件、传动装置等零件组成。工作时在动力驱动下顺时针方向旋转，物料从进料口落入转子格室中，旋转到下部时，压缩空气把物料吹入输药金属软管内，然后输入炮孔。转子在动力的驱动下继续旋转，旋转到均气管处时转子格室中剩余压缩空气从均气管中排出，以保证物料顺利地落入上部格室内。转子工作时从入料口到出料口至少有两格三道筋板和定子接触，形成一个迷宫式密封。这种给料器密封是关键，端面和中间轴一般是采用填料密封，转子和定子主要靠减小间隙的方法，间隙一般为0.2~0.5mm。有的在叶轮的筋板上装有橡胶板，为防止异物卡死在上口装有弹性防卡挡板。著者根据多年的叶轮给料器研究认为，以上两种方法都有待于商榷，装上橡胶板后增大了摩擦力，很容易拉断链条或打坏齿轮。解决的方法还是提高零件精度，减小间隙。加防异物卡死挡板，不如加料前把异物筛选干净。

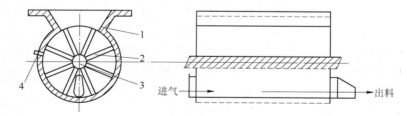

图2-35 正压叶轮式给料器示意图
1—定子；2—转子；3—轴；4—均气管

主要参数的确定：

（1）$Q = 450 \text{kg/min} = 27000 \text{kg/h}$，输送效率和BCLH-15B型多孔粒状铵油装药现场混装车相同；

（2）混合比 $\mu = 12.5$；

（3）空气标准状态的重度 $\gamma = 1.2 \text{kg/m}^3$；

（4）计算风量：$G_{计} = \dfrac{Q}{1.2\mu} = \dfrac{27000}{1.2 \times 12.5} = 1800 \text{ m}^3/\text{h}$；

（5）选择风机时风量应为计算风量的 1.2 ~ 1.5 倍；

（6）输送距离 $L = 15 ~ 30m$ ；

（7）输料管直径 $\phi = 80mm$ ；

（8）压力损失计算。

1）首先计算空气使物料加速度时的压力损失，当空气和物料进入喷射器及连接管路时，在一定距离内，物料的动能增加（速度增加），即物料处在加速过程，这种相应增加输送速度的能量消耗称为加速物料的压力损失，它决定于输送量、输送速度、输送管径等，也可以按下面经验公式计算。

$$H_2 = (c_1 + \mu c_2)\gamma\frac{v^2}{2g} \tag{2-12}$$

式中　H_2——空气使物料加速度时的压力损失；

　　　c_2——系数，取 $c_2 = 0.65 ~ 0.75$ ；

　　　c_1——系数，取 $c_1 = 1$ ；

　　　v——风速，取 $v = 20m/s$ ；

　　　g——重力加速度，$g = 9.81m/s^2$ 。

$$H_2 = (c_1 + \mu c_2)\gamma\frac{v^2}{2g} = (1 + 12.5 \times 0.7) \times 1.2 \times \frac{20^2}{2 \times 9.81}$$
$$= 9.75 \times 1.2 \times 20.39 = 239mmH_2O$$

2）克服管道中摩擦阻力的压力损失 。管道只有水平一段，物料通过这段管路压力损失用式（2-13）计算：

$$H_3 = R[L_{垂}(1 + K_{垂}\mu) + L_{平}(1 + K_{平}\mu)] \tag{2-13}$$

式中　H_3——管道中的摩擦的压力损失 ；

　　　R——纯空气通过单位管长压力损失，$R = 2.22$ ；

　　　$L_{平}$—— 水平管道长度，$L_{平} = 15m$ ；

　　　$K_{平}$—— 阻力系数，$K_{平} = 0.321$ 。

$$H_3 = R[L_{平}(1 + K_{平}\mu)] = 2.22 \times [15 \times (1 + 0.321 \times 12.5)] = 166.5mmH_2O$$

3）总压力损失：$H = H_2 + H_3 = 239 + 166 = 405mmH_2O$

根据上述数据选择风机，风机选用散装水泥泵车的风机，体积小，风量大。在选择风机时为计算风压 2 倍以上，风量要大于计算值 1.2 ~ 1.5 倍。

正压叶轮式给料器技术参数的确定：

（1）转速不能太高，一般取 $n = 15 ~ 30r/min$ 。

（2）物料的容重 $\gamma = 830kg/m^3$ 。

（3）装满系数，根据功能不同系数选择也不同，YC- 2 型和 BC- 8 型装药车具有计量功能，装满系数尽可能达到 1。该车箱体螺旋为计量器具，叶轮式喷射器在这里主要起到隔离空气的作用，和将物料由压缩空气吹入炮孔。叶轮式喷射器是气力输送用的一种独特旋转给料器，外壳的一部分和气管、料管相连。装满系数一般取 $\psi = 0.5 ~ 0.8$ 。为了形成迷宫式密封，转子的格室一般设计 8 个。

（4）根据以上参数可计算出每转的容积：

$$v = \frac{Q}{0.06n\gamma\phi} \tag{2-14}$$

$$v = \frac{Q}{0.06 n \gamma \phi} = \frac{27000}{0.06 \times 30 \times 830 \times 0.7} = \frac{27000}{1045.8} \approx 25 \text{L/r}$$

（5）设计叶轮给料器时，根据上述计算和安装空间来确定转子的直径和长度，一般长度为直径的 $1 \sim 1.5$ 倍。

停机时先停箱体螺旋，再停叶轮给料器，最后关闭气阀，开机时动作相反。

正压叶轮式喷射器的优点是：适用高风压、大风量，空气和物料混合比大，输送效率高，能较长距离输送。缺点是，结构复杂，零件精度要求高，对物料的清洁度要求高。

2.4.2　正压喷射式给料器设计

正压喷射式给料器的喷嘴如图 2-36 所示，正压喷射式给料器是利用高速气流的动能来供给粉粒体在管道中快速运动的一种正压供料器，其工作原理和喷雾器原理基本相同，利用进气口喷嘴收缩，气流速度剧增，是部分静压转化为动压，造成进料口静压等于或低于大气压力。这样管道内的空气不断向料口喷吹，还会有大量的空气和物料一起进入喷射器内。即高压空气从喷嘴 $A—A$ 处喷出，周围空气就被射流引入扩散器，于是供料口处形成低压。利用这一原理，将大气压下的粉粒体吸入管内并进行输送。压缩空气和物料混合物进入供料口后面的渐扩管中，气流速度减小，静压逐渐增高，是物料沿着管道正常输送。空气从这种节流喷嘴射出的速度，以音速为极限，所以扩散器内的压力上升也是有限的。因此，混合比和输送距离就受到了限制，所以它适用于中短距离风力输送。

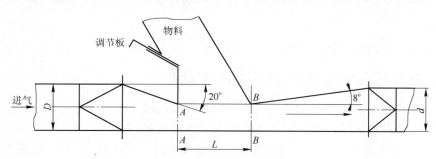

图 2-36　正压喷射式给料器的喷嘴

这种输送方法巧妙地利用了负压式供料器的简便和正压输送混合比大，易输送的优点。结构简单，没有传动件是这种供料器的最大特点；缺点是，当物料落的过多，混合比过大时，会造成输料管堵塞，物料反而从入料口排出。用输料螺旋来控制物料的添加量，可以弥补上述缺点。

正压喷射器技术参数的确定：

（1）输送效率 $Q = 450 \text{kg/min} = 27000 \text{kg/h}$，与 BCLH-15B 型多孔粒状铵油装药现场混装车相同；

（2）输送距离 $L = 15 \sim 30 \text{m}$；

（3）输料管直径 $d = 100 \text{mm}$；

（4）风量、压力损失计算和风机的选择见正压叶轮式给料器。

（5）喷嘴有圆形和矩形两种，为了便于加工，往往把喷嘴做成矩形截面。根据安装空间等因素，取定宽度后，便可按输送风速和风量来确定 $A—A$ 和 $B—B$ 截面的高度。

$$h_1 = \frac{G}{v_1 b} \qquad h_2 = \frac{G + G_{进}}{v_2 b} \tag{2-15}$$

式中　h_1 ——A—A 截面的宽度；

　　　h_2 ——B—B 截面的宽度；

　　　G ——输送风量，m^3/s：

$$G = \frac{1.2 G_{计}}{3600} = \frac{1.2 \times 1800}{3600} = 0.6$$

　　　v_1 ——A—A 截面风速取标准的 2 倍，经验数值，取 $v_1 = 40m/s$；

　　　v_2 ——B—B 截面风速取标准的 1.5 倍，经验数值，取 $v_2 = 30m/s$；

　　　b ——截面的宽度，根据安装空间和经验确定，取 $b = 0.2m$；

　　　$G_{进}$ ——从料斗中进入的风量，一般取 $0.05 \sim 0.15G$ 或 $G_{进} = 0.09m/s$。

$$h_1 = \frac{G}{v_1 b} = \frac{0.6}{40 \times 0.2} = \frac{0.6}{8} = 0.075m = 75mm$$

$$h_2 = \frac{G + G_{进}}{v_2 b} = \frac{0.6 + 0.09}{35 \times 0.2} = \frac{0.69}{7} = 0.098m \approx 98mm$$

（6）图 2-36 中 A—A 截面到 B—B 截面的距离 $L = (0.8 \sim 1.2)d$。

（7）漏斗前的渐缩倾角不大于 20°，漏斗后的渐缩倾角不大于 8°。

（8）调节板实际上是一个闸门，停机时先停箱体螺旋，再关闭闸门，最后关闭气阀，开机时动作相反。

根据上述计算就可设计正压喷射式给料器了。

2.5　水泥罐车式现场混装多孔粒状铵油炸药车

水泥罐车式现场混装多孔粒状铵油炸药车是由水泥罐车改装而成，DYNO 公司就有这样的混装车。这种混装车有单一罐体式和料仓分体式两种。

（1）单一罐体式（即多孔粒状硝酸铵和柴油加在同一罐体内），是用散装水泥运输车改装而成，如图 2-37 所示，稍作改装，罐体用不锈钢板焊接而成，出料口的溜槽加长改为套筒式，能旋转，能拉长，能缩短。在地面站把多孔粒状硝酸铵和柴油按比例加到罐内，驶往爆破现场，边走边搅拌。到现场后，旋转溜槽，并拉出对准炮孔，罐体反转将搅拌均匀的炸药装入炮孔。车上没有计量装置，靠测量药柱高度确定装药量。这种作业方式要和矿山用炸药量结合起来，每次最好用完。

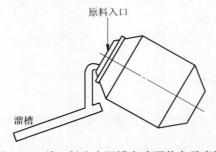

图 2-37　单一料仓水泥罐车式混装车示意图

（2）料仓分体式（即多孔粒状硝酸铵和柴油料仓分为两体料仓），如图 2-38 所示，用水泥罐车改装成现场混装多孔粒状铵油炸药混装车。多孔粒状硝酸铵和柴油分别装在两个料箱内，尾部装有螺旋混拌装置，可旋转，可拉长、缩短。柴油系统装有过滤器、柴油泵和流量计，控制系统采用 PLC，在地面站将多孔粒状硝酸铵和柴油分别装到车上的料箱内，驶到爆破现场，旋转螺旋混拌器并对准炮孔，启动取力器，在计数器上置炮孔的装药量，按下启动键，罐体反转螺旋混拌器同时旋转，把多孔粒状硝酸铵定量地输送到螺旋混拌器内和柴油系统定量输送的柴油进行混拌，并把混拌均匀的炸药输入炮孔，倒计数为 0 时，输送和混拌系统停止，移到下一炮孔重复以上程序。采用这种车型，用不完的多孔粒状硝酸铵还是原料，安全。

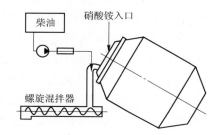

图 2-38　分体料仓水泥罐车式混装车示意图

 3　现场混装乳化炸药车

现场混装乳化炸药车，是在乳化炸药加工厂的基础上发展而来的，把乳化炸药加工厂的设备微缩到车上，把混制炸药的原材料或半成品分别装在车上的料箱内，驶往爆破现场，在车上混制和装填乳化炸药。现场混装乳化炸药车分为车上制乳和地面制乳两种形式。车上制乳是在地面站做好水相、油相和敏化剂，分别装到车上的料箱内，乳化、敏化和装填在车上进行；地面制乳是在地面站做好水相、油相并乳化成乳胶基质和敏化剂，分别装到车上的料箱内，敏化和装填在车上进行。车上制乳混装车有两种型号，BCRH-15B型为纯乳化炸药混装车，BCRH-15C型为可加30%干料的乳化炸药混装车。BCRH-15C型乳化炸药混装车可混制纯乳化炸药，也可混制以乳化为主的重乳化炸药，重乳化炸药威力会高些。输药胶管一般为DN50，长度为30m，适用于中深孔爆破，高温作业。地面制乳的混装车也有两种型号，BCRH-15D型为纯乳化炸药混装车，BCRH-15E型为可加30%干料的乳化炸药混装车，BCRH-15E型乳化炸药混装车可混制纯乳化炸药，也可混制以乳化为主的重乳化炸药。输药胶管根据用户的使用条件，可配用DN50，长度为30m，用于中深孔爆破装药作业；还可配用DN25，长度40~100m，用于小孔径装药作业。

下面分述车上制乳、地面制乳的优、缺点及使用范围。

（1）车上制乳。由于混装车料箱内装载着水相溶液和油相溶液运到现场制乳，敏化后装入炮孔，再经5~10min发泡形成炸药，非常安全。都为高温作业，温度变化小，易高温敏化。

优点：车上制乳，乳化器安装在车上，用不完的原料可返回入库。炸药储存期不要求长，炸药配方特别简单，只有硝酸铵、乳化剂、柴油和敏化剂四组分，炸药成本低，车上技术含量高，安全。

缺点：混装车保温性能要求高，不宜长距离运送，服务半径小。

适用范围：一般适用在一矿一站，服务半径150km左右，特别适用于自产自销的大中型露天矿。

（2）地面制乳。乳胶基质在地面站生产，由混装车装载着乳胶基质到现场敏化后装入炮孔，再经5~20min发泡形成炸药。生产出的乳胶基质根据用户的要求，可高温作业也可常温作业。

优点：地面制乳，工艺参数易于控制，有利于提高乳胶基质的质量，乳胶基质稳定性好，可长途运送。

缺点：乳胶基质装在地面站储罐内或装在混装车上的料箱内，不可能很快用完，特别是一些小的爆破公司，一车乳胶基质要跑好几座矿山（采石场），或好几天才能用完。这就要求乳胶基质稳定性要高，储存期要常，配方比较复杂，炸药成本略高，基质温度变化范围大，敏化有时困难，需加催化剂来促进敏化。

使用范围：适用于一点建站多点配送，规模化生产，一个地面站每年可生产几万吨到

几十万吨乳胶基质。节省了建多个地面站的土地和资金。服务半径大，可达几百千米到上万千米。

现场混装乳化炸药车混制炸药时敏化剂和乳胶基质的搅拌方法有动态式和静态式两种。动态式是在螺杆泵进料口漏斗上方安装一台动态混合器，乳胶基质和敏化剂按比例泵入动态混合器内，混拌均匀的药浆靠自重落入漏斗内，在螺杆泵的推力作用下，通过输药软管，将药浆输入炮孔，经 5~20min 发泡成为炸药。动态混合方式适用于大管径输送，输送效率高，可达 280kg/min 左右，这种高效率的混装车特别适用于大中型露天矿中深孔爆破。这种输送方式也称为直接输送式，我国大中型露天矿炮孔直径为 250mm 和 310mm 两种，单孔装药量都在 400~800kg 左右，装一个炮孔用时 2~3min。静态式适用于装有润滑剂减阻装置的小管径输送方式，敏化剂当润滑剂使用，加在螺杆泵出口处润滑剂减阻装置内。敏化剂均匀地喷洒在输药管的壁上，在螺杆泵的推力作用下和乳胶基质共同前行到出口时，由静态混合器混合均匀装入炮孔内，再经 5~20min 发泡成为炸药。输送效率一般小于 100kg/min，适用于井下或小型现场混装乳化炸药车，炮孔直径 60mm 左右的小型爆破工程。由于采用了润滑剂减阻技术输送距离可达 100 多米，特别适用于现场条件差的爆破工程。

现场混装乳化炸药车，目前基本为四种车型：

（1）BCRH-15B 型，车上制乳，纯乳胶质型，高温作业，高温敏化。

（2）BCRH-15C 型，车上制乳，乳胶质中加 20% 干料，高温作业，高温敏化。

（3）BCRH-15D 型，地面制乳，纯乳胶基质型，可高温作业，可常温作业，可高温敏化，可常温敏化，可大管输送，可小管加润滑剂输送。

（4）BCRH-15E 型，地面制乳，乳胶基质中加 20% 干料，可高温作业，可常温作业，可高温敏化，可常温敏化，可大管输送，可小管加润滑剂输送。

以上四种车型号的混装车统称为现场混装乳化炸药车。已形成系列，按照载量，有 8t、12t、15t、20t、25t 五个品种供用户选择。

3.1　BCRH-15B 型现场混装乳化炸药车

BCRH-15B 型现场混装乳化炸药车，为车上制乳，是在消化吸收引进国外 BCRH-15 基础型和改进型 BCRH-15A 的基础上，紧跟世界科技发展步伐，通过不断创新形成的新一代现场混装乳化炸药车，做了以下重大改进：

（1）乳化系统有了重大突破。提高了乳化器的剪切强度，用电脑控制电液比例阀，使乳化器的转速稳定在工艺要求的范围内，从而提高了乳胶基质的稳定性。在水相和油相管路中增加了电磁阀，解决了移孔停机时水相和油相漏入乳化器内，造成不成乳的物料装入炮孔的现象，提高了爆破质量，做到了和地面制乳质量相同的胶体基质。

（2）水相、油相计量更准确。水相、油相由原手动转速控制改为流量自动跟踪，配比更准确，炸药能量得以充分发挥。

（3）应用了快速乳化技术。乳化时按下初始键，用额定的油相、少量的水相，快速乳化成合格的乳胶基质后自动转换到中速或高速挡上，节省了原材料。

（4）控制自动化。输入炮孔的装药量，按下启动按钮，各系统自动运转，有关工艺参数自动跟踪，并显示在显示屏上。可设打印系统，并可与矿山的网络系统联网，设 GPS

定位，数据和图像上传。

（5）液压系统集成化。选用了叠加阀，各个阀集成在一块集成块上，减小了体积，提高了技术含量。

（6）油相箱内增加了一台搅拌器，解决了油相沉淀问题，提高了炸药的质量。

（7）水相和油相的流量计选用了智能型远传金属管浮子流量计，这种流量计指示的流量值，可线性输出 $4\sim20mA$ DC 标准信号，二线制输出可和计算机机联网。计算机、流量计、电液比例阀和液压马达形成闭环控制。出厂时校准水相密度 $1.4g/cm^3$，油相密度 $0.87g/cm^3$。有的混装车上安装了质量流量计，精度更高，可达到 0.1%，自动检测物料密度，减去了繁琐的标定程序。

（8）进行了人性化设计。在中室内增加了抽风机，在制药过程中产生的有害气体排出室外，保证了工人的身体健康。

（9）增加安全措施。车上制乳是目前最安全的工艺，又增加了超压、断料、超温报警停机等安全措施，从本质上提高了混装车的安全性。

（10）乳化器更安全。大间隙（轴向间隙 5mm、径向间隙 3.7mm 以上），低转速（700 r/min 成乳），大产能（最大可达 18t/h），转子和定子采用钢铝组合，安全，常压乳化。采用复合密封，轴承外移等措施，解决了因胶体外漏而进入轴承的不安全现象。

（11）车厢外包皮更换为复合材料。美观大方，节约了成本，提高了反腐性能。

BCRH-15B 型现场混装乳化炸药车如图 3-1 所示，主要由汽车底盘、动力输出系统、液压系统、水相储罐及泵送系统、油相储罐及泵送系统。乳胶基质制备系统、水清洗系统、空气清洗系统、螺杆泵输送装置、软管卷筒、混合器、微量元素添加系统、微机自动

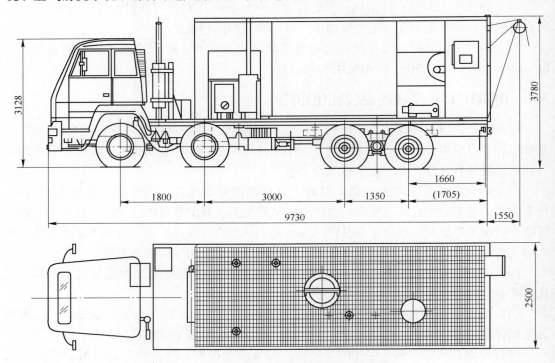

图 3-1　BCRH-15B 型现场混装乳化炸药车

控制系统、灭火器等部件组成。这些系统安装在罩壳内，设计美观大方，技术非常成熟，在国内大型露天矿是使用量最多的车型，江西铜业公司德兴铜矿一家就有 30 多台。

3.1.1 主要技术参数

主要技术参数如下：

(1) 溶液箱：有效容积 $11m^3$，装料 14t。

(2) 燃油箱：有效容积 $1.8m^3$，装料 1.5t。

(3) 敏化剂箱：有效容积 $0.15m^3$，装料 0.15t。

(4) 清洗水箱：有效容积 $0.3m^3$，装料 0.3t。

(5) 输药效率：200~280kg/min。

(6) 计量误差：±2%。

(7) 外形尺寸（长×宽×高）：11280mm×2500mm×3780mm。

(8) 汽车底盘：斯太尔 ZZ3316N3066C 和北方奔驰底盘。

(9) 爬坡能力：40%。

(10) 发动机功率：250.5kW（336hp）。

(11) 最大扭矩：1100N·m。

(12) 技术允许总质量：32t。

(13) 最高车速：90km/h。

3.1.2 工作原理

BCRH-15B 型现场混装乳化炸药车的工作原理如图 3-2 所示，动力来源于汽车发动机，驱动汽车变速箱和取力器通过万向传动轴驱动两台主油泵，产生的高压油驱动各液压马达旋转。为保证计量准确要求转速稳定的马达由一台泵来驱动，如：水相泵、油相泵和乳化器，其余由另一台泵驱动。水相、油相分别在水相泵和油相泵的作用下，经过电磁阀、流量计在三通接头处汇合进入乳化器。乳胶基质和敏化剂同时进入混合器，混合均匀后的药浆靠自重落入螺杆泵漏斗内，靠螺杆泵的压力将药浆压入软管卷筒、输药胶管送入炮孔。再经 5~10min 发泡即成为炸药。

图 3-2 中的所有的工作机构都在微机控制下工作，两个流量计把流量信号传输给微机控制系统，微机根据收到的信号，处理后传输给控制水相泵和油相泵的两只电液比例阀，使油相泵和水相泵按要求旋转。油相和水相的流量实现闭环控制、自动跟踪，炸药配比非常准确。同样乳化器的转速也是在微机的控制下稳定到工艺要求的转速内，使制出的乳胶基质质量非常稳定。串联在油相、水相管路上的两只电磁阀随乳化器的开、停而开、停，防止停车移位时由于水相泵、油相泵渗漏，液体漏入乳化器内，将不合格的药浆装入炮孔，影响爆破质量。

当箱体内缺料或其他原因造成缺料或断料时，水相、油相流量计将这一信号反馈给微机控制系统，并马上报警停机，避免了不合格的炸药输入炮孔，同时也避免了因乳化器和螺杆泵空转而发生的事故。乳化器出口处装有温度传感器，螺杆泵出口处安装有压力传感器，当超过工艺温度或超过工艺压力时都会报警停机，使用时非常安全。

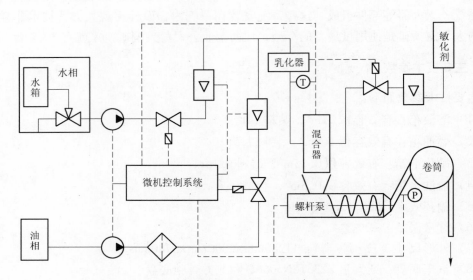

图 3-2　BCRH-15B 型现场混装乳化炸药车的工作原理

3.1.3 液压系统

　　液压系统设计好坏，液压元件选择是否合理、是否匹配，直接关系到混装车运行是否正常，关系到混制的炸药质量，所以液压系统是混装车的关键系统。

　　液压系统如图 3-3 所示，选用两台变量泵驱动所有的液压马达。一台泵驱动油相（燃油）马达、水相（溶液）马达、乳化器马达。这三台马达选用电液比例阀，由 PLC 控制，跟踪配比，运行精度更高。另一台泵驱动软管卷筒马达、油相搅拌器马达、混合器马达、

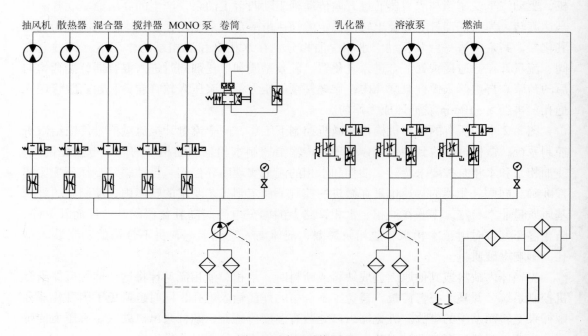

图 3-3　液压系统原理

散热器马达、抽风机马达、螺杆泵马达。采用手动流量调节阀。启动、停止和上述三个马达有 PLC 控制回路中的电磁阀。

吸油过滤器较粗，为 $100\mu m$。回油过滤器为 $10\mu m$。软管卷筒马达回路上安装有双向液压锁，保证了输药胶管自动地平稳地放入炮孔。

液压油箱可装液压油 800L，油箱上装有液位计、空气滤清器，内装吸油过滤器和温度传感器。

3.1.4 水相溶液泵送系统

水相溶液也称硝酸铵水溶液，是制造炸药的主要原料之一，水相溶液泵送系统主要由溶液箱、水箱、三通球阀、溶液泵、电磁阀、流量计等部件组成，如图 3-4 所示。加料时水相溶液要进行过滤，过滤精度为 $0.246 \sim 0.147mm$（60～100 目）。

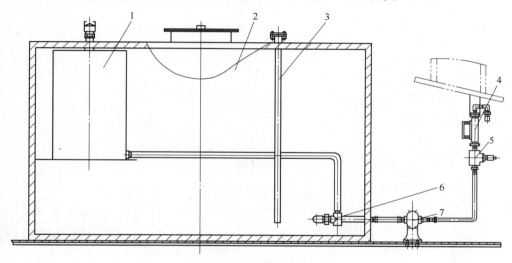

图 3-4　水相溶液泵送装置

1—水箱；2—溶液箱；3—LU-L03M1FZ2C1 液位计（2000）；4—CP50R1DN40M2C1 流量计；
5—KWZQDFDN40 电磁阀；6—三通球阀；7—WAUKESHA130 溶液泵

工作时先打开三通球阀，到溶液位置，溶液在泵的作用下，经过电磁阀、流量计、进入乳化器中，与油相在乳化器内高速搅拌、剪切乳化成乳胶基质。

三通球阀是清洗用水和水相溶液切换装置，工作时打到水相溶液的位置，水相溶液泵出。清洗时打到水的位置，清洗水泵出，把水相溶液经过的管道清洗干净，防止结晶。

BCRH-15B 型现场混装乳化炸药车在水相溶液管路中增加一只电磁阀，防止因水相溶液泵渗漏在停车、移孔时水相溶液漏入乳化器内，不合格的乳胶基质流入下一炮孔，从而保证了爆破质量。

水相箱内装有液位变送器，显示在控制屏上，设有上限和下限两个极限位置的报警信号。

3.1.4.1 溶液箱

溶液箱是存放水相溶液的容器，内衬为优质不锈钢焊接而成，外层为铝合金板制成，中间注有阻火型聚氨酯保温材料，保温性能良好，在常温下 24h 温度不下降 $5\,^{\circ}\!C$。为保证运输的安全性和增加强度，溶液箱四周的立板上有加强角钢，中间有隔板。溶液箱上部装有人孔、排气孔、加水孔和加料孔，溶液箱内装有液位变送器、温度计和清洗水箱。

3.1.4.2 溶液泵

溶液泵安装在溶液箱后侧，选用美国 WAUKESHA 公司生产的耐腐蚀泵，溶液泵型号为 WAUKESHA130 泵。它具有体积小、排量大、流量均匀、耐腐蚀强等特点。为防止水相溶液降温而结晶，溶液泵的后盖设计为空心结构，用汽车发动机的热水自动循环，溶液泵达到了预热，从而保证了水相溶液温度保持在工艺温度以上。

在国外 WAUKESHA 溶液泵不但可以泵送水相溶液，而且还可以泵送液体食物，其结构如图 3-5 所示，主要由机座、主动轴、从动轴、叶轮、轴承、密封套等零件组成。泵的压力范围为 0~1.4MPa，泵的速度范围：0~600r/min，泵的流量范围 0~20m³/h。泵腔和叶轮均为不锈钢材质，适用于输送带腐蚀性的介质。也可用其他泵代替。

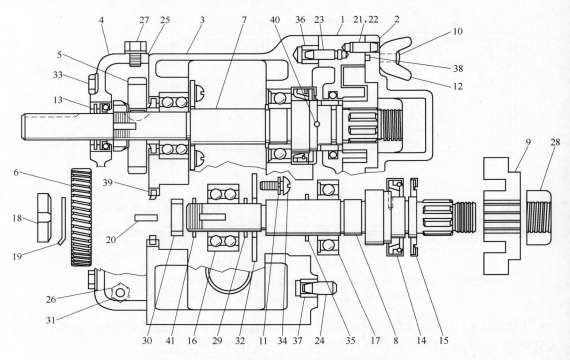

图 3-5 WAUKESHA130 型溶液泵结构

WAUKESHA130 型溶液泵共有 41 种零件组成，零件明细见表 3-1。

表 3-1 WAUKESHA130 型溶液泵零件明细

序号	名 称	数量	序号	名 称	数量
1	机壳	1	6	短轴齿轮	1
2	盖	1	7	传动轴	1
3	轴承座	1	8	短轴	1
4	轴承座套	1	9	双片转子	2
5	传动轴齿轮	1	10	双头螺栓	8

续表 3-1

序号	名　　称	数量	序号	名　　称	数量
11	锁紧垫圈	6	27	通气螺栓	1
12	蝶形螺母	8	28	转子锁紧螺栓	2
13	油封圈-轴承	1	29	薄垫片	6
14	前端油封圈	2	30	垫圈	2
15	压力密封	2	31	胶木垫	3
16	后轴承	2	32	轴承压板	2
17	前轴承	2	33	六角螺栓	6
18	齿轮锁紧螺母	2	34	圆头螺钉	8
19	齿轮锁紧垫圈	2	35	挡圈	2
20	键	2	36	定位轴衬	1
21	上定位销	1	37	定位轴衬	1
22	下定位销	1	38	O 形密封圈-丁腈橡胶	1
23	上机壳定位销	1	39	O 形密封圈-氟化橡胶	1
24	下机壳定位销	1	40	O 形密封圈-硅铜	1
25	垫圈-轴承座	1	41	油封圈-后部	2
26	六角螺栓	2			

溶液泵的维护和保养。溶液泵是否能正常工作，能有较长的使用寿命，及时地维护和保养非常重要。

（1）管路和泵要保持清洁，不能有任何杂物，如焊渣、填料等，严禁系统中的杂物进入泵腔。

（2）一般每工作 500h 要更换齿轮油，但在恶劣条件下使用，如潮湿、多雾等情况下，轴承的润滑脂要 250h 更换一次，换油时间也应根据情况缩短。

（3）泵体在拆卸时一定不能用重锤敲击，应用木槌或橡皮锤等轻敲，并保持清洁，安装时用汽油清洗干净各零件。

（4）对泵的保养是很重要的，极早发现磨损可使修理费用大大降低，及时修理会延长泵的使用寿命。溶液泵容易磨损零件主要有图 3-6 所示的几种。最容易磨损和损坏的零件是传动轴的花键部分、双片转子的花键部分以及转子的外沿（详见图 3-5 WAUKESHA130 型溶液泵序号 7、序号 9）。

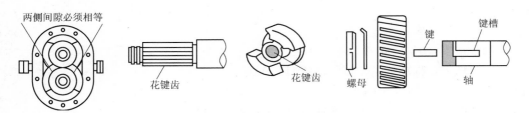

图 3-6　溶液泵容易磨损的零件

检查双片转子尖端和外沿是否有互相接触的痕迹或磨损严重，如有，则泵应该修理或换该件；传动轴整体或花键部分磨损严重需要换轴；齿轮、键槽磨损需要更换齿轮或从新加工键槽。一般是轮及轴两部分都会磨损，有时会是一个零件一个轮松动，齿轮松动，拆下齿轮，检查键和键槽及轴，如均无问题，重新安装，上紧固定螺母。

（5）轴封的更换。溶液泵轴封处漏液也是常见故障（详见图 3-5 WAUKESHA130 型溶液泵序号 41 处）轴封的结构如图 3-7 所示，它有轴套和 4 件 O 形密封圈组成。O 形密封圈的材质一般采用氟橡胶，耐磨、耐高温。两件镶嵌在泵体的沟槽内，另外两件镶嵌在轴套的沟槽内。轴套现在使用的泵有陶瓷和不锈钢两种材质，两种材质各有利弊，陶瓷耐磨，但易碎，价格高，不锈钢容易加工。镶嵌在泵体的沟槽

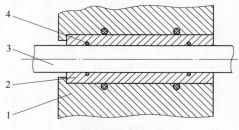

图 3-7　轴封示意图
1—泵体；2—轴套；3—传动轴；4—O 形密封圈

内的两件 O 形密封圈始终处于静止状态，一般不容易坏。镶嵌在轴套的沟槽内的两件 O 形密封圈，相对于轴是圆周运动，损坏率较高。

（6）轴封的安装。

1）清洗所有的密封件，检查是否有裂痕、划伤及裂纹，如有问题及时更换。

2）用锉刀修整所有密封件的沟槽，以利于密封件的安装。

3）密封圈上和轴套上加上润滑油，然后用手将它们分别嵌入泵体或轴套上的密封沟槽内。

3.1.4.3　气动球阀

气动球阀采用电控气动式，气源来自汽车刹车储气罐，电控开关由 PLC 控制和混药装置同步。选择气动球阀要耐高温，耐腐蚀。

3.1.4.4　流量计

有多种流量计可选用，如玻璃管浮子流量计、金属管浮子流量计和质量流量计等。现在市场上多数采用带电远传信号金属管浮子流量计，随着技术的进步，质量流量计也开始采用。带电远传信号金属管浮子流量计是工业自动化过程控制中常用的一种变截面流量测量仪表。它具有结构简单、体积小、测量范围宽，使用方便，稳定可靠，使用寿命长，易于维护等特点。可就地显示和智能远传，带有指针显示瞬间流量，液晶显示累计流量，上下限报警输出，可线性输出 4 ~20mA DC 标准信号，二线制传输，与计算机联网，流量实现闭环控制。流量计上的刻度值是按照水相溶液的密度校验，对于水相溶液的标定非常方便。

A　主要技术参数

（1）测量范围：$0 \sim 17\text{m}^3/\text{h}$。

（2）测量精度：标准型 1.5 级，特殊型 1.0 级。

（3）介质温度：$-80 \sim +200℃$。

（4）环境温度：液晶型 $-30 \sim +85℃$，指针型 $-40 \sim +120℃$。

（5）介质黏度：DN25，介质黏度小于 $250\text{mPa} \cdot \text{s}$；DN40，介质黏度小于 $300\text{mPa} \cdot \text{s}$。

（6）供电电源：直流 24V 二线制。

B 结构及工作原理

智能型金属管浮子流量计的结构如图 3-8 所示，主要由两大部分组成：测量管和 CPD 指示器。测量管包括锥管或孔板、导向器和浮子等零部件。指示器包括磁随动系统、指针、刻盘和线路等部件。

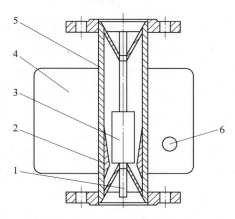

图 3-8 智能型金属管浮子流量计的结构
1—导向器；2—锥形管；3—浮子；4—指示器；
5—测量管；6—磁随动系统

智能型金属管浮子流量计的工作原理：比测介质自下而上流经测量管浮子上下端产生压差形成上升力，当浮子所受上升力大于浸在流体中浮子重量，浮子便上升，环隙面积随之增大，环隙处流体流速迅速下降，浮子上下端压差降低，作用于浮子的上升力随着减小，直到上升力与浸在流体中浮子重量平衡时，浮子便稳定在某一位置，浮子位置的高低即对应着被测介质流量的大小。

浮子内置有磁钢，在浮子随介质上下移动时，磁场随浮子的移动而变化。智能型流量计转换方式如图 3-9 所示。由指示器中的随动磁钢与浮子内磁钢耦合，而发生转动，同时带动传感磁钢及指针，通过一个磁传感器将磁场变化转化成电信号，经 A/D 变换，数字滤波，温度补偿，微处理器处理，D/A 输出，LCD 显示出瞬间流量和累积流量。

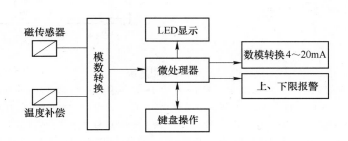

图 3-9 智能型流量计数字转换方式

C 流量计的安装、维护与保养

（1）流量计前端管道应保证不低于 5D 的直管段（D 为流量计通径），并要固定连接流量计的管件，必要时流量计应安装固定支承。

（2）管路中如有倒流，特别是水锤作用，为防止损坏流量计，应在流量计下游阀门之后安装单向逆止阀。

（3）如被测流体含有较大颗粒，应根据需要在流量计上游安装过滤器；如被测液体含有气泡，应根据需要在流量计上游设置排气孔。

（4）流量计应垂直安装：流量计中心线与铅垂线的夹角不应超过 2°。

（5）流量计上游安装的阀门，应安装在流量计上游 5 倍公称直径处。

（6）为保证仪表的正常工作，流量计的锥管、浮子如有沾污，应及时清洗。

（7）要经常注意浮子和锥管的磨损，定期检验浮子的工作直径尺寸和浮子的重量，一旦超出规定即应调换浮子或重新标定。

（8）无机械振动。

（9）流量计的标定，仪表使用时的流体和状态，往往与仪表标定时不一致，因此应将仪表的示值按使用时的流体和状态进行修正，才能求得正确的流量。

（10）使用中的仪表应定期进行检查、校准，如发现渗漏应先将仪表减压，然后均匀地紧固密封盖。应注意避免密封盖过紧而夹坏锥管。

3.1.5 油相系统

油相系统如图3-10所示，油相溶液也是制造炸药主要原料之一。主要包括油相箱、滤油器、油相泵、流量计、电磁阀等部件。

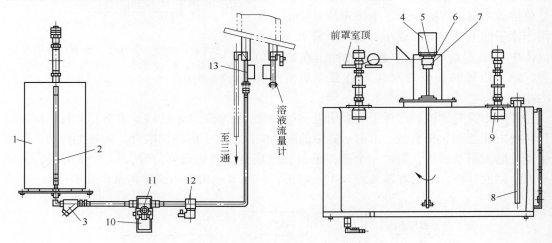

图3-10 油相系统

1—箱体；2—手动阀3/4″；3—Y形过滤器 YWU160×180-J；4—搅拌器；5—联轴器Ⅰ BCRH15. 11. 12. 3-1；
6—联轴器Ⅱ BCRH15. 11. 12. 3-3；7—联轴器Ⅲ BCRH15. 11. 12. 3-2；8—液位计 LU-L03M1FZ2C2；
9—滤油器 100TLW（HY37-100）；10—液压马达 DM1；11—油相泵 DM21；
12—电磁阀 KWZQDF，DN20；13—流量计 CP50R1DN20M2

3.1.5.1 油相箱

油相箱位于混装车前罩室内后部，是一个不锈钢制成长方体油箱，箱内在加料口处装有一只过滤器，在加料时如发现加油不畅，要清洗过滤器。为防止油相沉淀，在箱内装有搅拌器。搅拌器为桨式搅拌器，用液压马达驱动，液压马达和搅拌器轴连接用爪型联轴节相连，速度快慢由液压系统流量调节阀手动调节。寒冷地区油相箱要注意保温。还装有液位计和温度变送器，液位和温度值都显示在控制室的电脑上。箱体下部装有排污口。

3.1.5.2 过滤器

该系统两处加有过滤器，一处安装在料箱内加油口处，为 HY37 型网式过滤器，精度为 0.246mm（60 目）。另一处安装在进油泵前，为一 Y 形过滤器，型号 YWU-160×180-J。本书著者认为这两个过滤器安装位置不妥，不便于清洗，应在加料时过滤即可，可安装在地面站油相泵的吸油管路上。

使用注意事项：

（1）安装过滤器时要注意滤油器壳体上标明的液流方向正确安装在工作系统中，否则将会把滤芯冲坏，造成系统污染。

（2）在清洗或更换滤芯元件时，要防止外界污染物浸入工作系统。

（3）清洗滤芯元件时，需用超净的清洗液或清洗剂。

3.1.5.3 油相泵

油相泵安装在汽车的左边大梁上，滤油器后面。它是油相系统中的动力源。该系统所用燃油泵是美国进口件 DM-21 油泵，排量为 6.8mL/r，最低稳定转速是 400r/min，最高转速为 2800r/min。油相泵是由燃油马达驱动，马达也选用美国进口件，型号为 DM-1，排量为 5mL/r。其间用联轴节连接，泵、马达和联轴节的转轴必须同心，否则会出现转动死点。其中橡胶垫是易损件，需经常检查，如有损坏应马上更换。油相（燃油）泵排量和转速的选择根据生产效率和油相在炸药中的比例确定的。DM-21 和 DM1 均为齿轮泵（马达），完全可用国产 KCB-18.3 型齿轮泵代替 DM-21 进口泵，用国产柱塞马达代替 DM-1 进口马达。

3.1.5.4 流量计

油相流量计和水相流量计为一个系列，量程为 $0 \sim 1.7 \text{m}^3/\text{h}$，其余都相同。

3.1.6 乳化器

乳胶基质又称为乳化液，通常是由两种互不相溶的液体（如油和水），当其中的一种液体经过高速搅拌（剪切）成为细微液滴，并均匀地分散在另一种液体中所形成的分散体系，由于这种分散体系的外观往往呈现乳状，因此称为乳化液，在炸药中称为乳胶基质。成为小液滴的一相称为分散相或内相，而另一相称为连续相或外相。内相液滴越细微胶体质量越稳定，乳胶基质的质量越好。外相强度越大，乳胶基质越稳定，乳胶基质的质量越好，炸药质量越好。

根据上述乳胶基质的乳化机理来设计乳化器，乳化器是乳化炸药生产过程中的关键设备，乳胶炸药的质量好坏，除原材料和配方之外，乳化器起着决定性作用。在同样的配方和工艺条件下，使用不同的乳化器，生产的乳化炸药，其储存期，爆轰性能，物理状态等相差甚远。甚至搅拌叶片的长短、叶片的多少、叶片的角度，转子的旋向、转速，转子和定子的间隙大小等因素都对乳化炸药质量有不同程度的影响。同时乳化器也是乳化炸药生产过程的一个危险点，在乳化器管路上安装有超温、超压、断流，报警停机装置。BCRH-15B 型乳化炸药现场混装车采用的乳化器是在引进美国埃列克公司技术的基础上改进型新一代乳化器。

乳化器如图 3-11 所示，它主要由外壳（定子）、搅拌轴（转子）、液压马达、轴承、支架等件组成。外壳上焊有混合棒，搅拌轴上焊有搅拌叶片，两端装有调心轴承，并轴承外移，解决了因乳胶基质外漏而进入轴承的安全隐患。采用复合密封，乳胶基质不会泄漏。外壳选用铝合金，转子选用不锈钢，是最安全、最佳材质搭配，是一个管状型的结构，两端用轴承支撑着多叶片的转子，转子每一周上有多个叶片，这些叶片与外壳（定子）混合棒错开，（定子）外壳上有进料孔和出料孔，定子由液压马达驱动，旋转的方向和转子上叶片倾角起到阻碍物料顺利流向出口。水相、油相溶液在水相泵和油相泵的作用下从进料口进入乳化器腔内，经交错的叶片和混合棒反复循环、剪切、然后从出料口排出。连续不断地生产乳胶基质。目前 RHQ-10 型乳化器是国内产能最大的乳化器，也是最安全的乳化器。

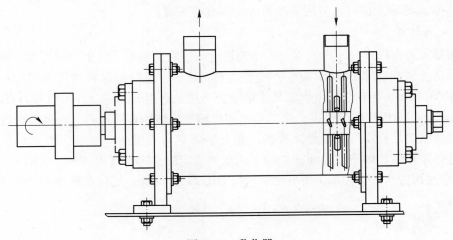

图 3-11 乳化器

这种乳化器适用性强，2001 年在长治金星化工厂乳化炸药连续生产线上生产出了 2 号岩石乳化炸药，煤矿用 1、2、3 级乳化炸药，并送往抚顺煤研所炸药质检中心鉴定合格。产能可在 3 ~ 18t/h 之间调整。

3.1.7 敏化剂添加系统

敏化剂也称微量元素，和水相、燃油相同，是乳化炸药的三大组分之一，用量虽仅有千分之几，但起到了牵一发而动千钧的作用。敏化剂添加系统（图3-12）主要由敏化剂箱、球阀、Y 形过滤器、电磁阀和流量计等主要件组成。敏化剂靠自流，经流量计流到混合器内，和乳胶基质等原料进行混合。其流量大小是通过调节流量计上的调节阀实现。

敏化剂箱固定在后操作室和中罩室的隔板上，用优质不锈钢板焊接而成，上面设有加料口，加料口盖上设有排气口。为防止敏化剂加满后四处乱溢，在加料口周围设有溢流盘。下面设有出料口。箱体上装有液位计。

Y 形过滤器是为过滤敏化剂中的杂质而设置的，过滤精度为 0.246mm（60 目），这种过滤器清洗方便，不需要从管道中卸下即可清洗，清洗时把出料口处的手动阀门关闭，卸下滤网

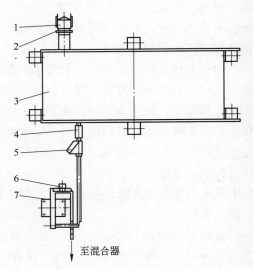

至混合器

图 3-12 敏化剂添加系统
1—防尘盖；2—快速接头；3—敏化剂箱；
4—球阀；5—Y 形过滤器；
6—电磁阀；7—流量计

即可清洗，非常方便。

电磁阀选用 24V 防腐电磁阀，它和其他配料电磁阀联动，保证了敏化剂和其他原料同步启停，加料准确。

流量计选用 LZB-100 型玻璃转子流量计，它由底座、玻璃刻度锥形管、浮子、调节阀和进出料口（进料口在下，出料口在上）等零部件组成。它具有结构简单、操作方便、易于维修、价格便宜等特点。其工作原理是：在垂直、透明、带有刻度的锥管内，装有可上下移动的浮子。当流体自下而上流经锥管时，被浮子节流，在浮子上、下游之间产生压差，浮子受到此压差作用，上下升降。当浮子上升的浮力与浮子的重力相等时，浮子处于平衡位置。因此流经流量计的液体流量与浮子的上升的高度，亦即与流量计的流过面积之间存在着一定的比例关系。这就是玻璃转子流量计的基本工作原理。玻璃刻度管是个带锥度管（上大下小），调节阀开启越大，浮子上升越高，流量越大。

仪表的使用、安装及维修：

（1）被测流体的流动为单向、无脉动的稳定流。

（2）安装时流量计的中心线与铅垂线夹角不大于 5°。

（3）流量计出厂时是用水标定的，使用时要重新标定。

（4）经常观察浮子是否被腐蚀，一旦腐蚀应马上更换。

3.1.8　混合器

混合器是炸药加工中最常用的设备之一，它是把炸药的原材料或炸药的半成品用泵或自流等方法按比例添加在混合器内，搅拌均匀使之成为炸药。混合器有动态式和静态式两种，动态式有立式和卧式两种，BCRH-15B 型现场混装乳化炸药车所用混合器为立式。它具有体积小、混合效果好、接纳原料数量多等特点。

3.1.8.1　结构及工作原理

混合器如图 3-13 所示，它主要由液压马达、轴承、排废气装置、壳体、搅拌轴、卸料门等组成。混合器外壳为铝合金焊接而成，搅拌轴材质为不锈钢。有六个入料口，即可混制六种原料配制的炸药。有乳胶基质入口一个；敏化剂入口两个，可输入催化剂和敏化剂；还有三个干料入口，可输入多孔粒状硝酸铵和铝粉等。为排出有害气体设有排气口，排气口设在活动门的后面，并且在搅拌轴上装有风叶，有害气体排到二次车架下面，保证了操作工人的身体健康。在搅拌轴上焊有三组浆叶式搅拌叶，在壳体上装有四组固定式搅拌杆，搅拌效果令人满意。

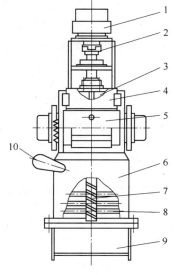

图 3-13　混合器

1—液压马达；2—联轴节；3—风叶；
4—活动门；5—料箱门；6—壳体；
7—动搅拌杆；8—固定杆；
9—卸料门；10—快速接头

乳胶基质、有关干料和敏化剂等按比例同时加入混合器内，搅拌均匀的药浆，靠自重落入螺杆泵漏斗内，再借助螺杆泵的推力，将药浆泵入软管卷筒、输药胶管，最终泵入炮孔。

在工作时调整卸料门的开启大小，确保输入和输出均衡，是物料充分搅拌均匀。中间还开有观察门，随时可观察到搅拌器内的搅拌状况。液压马达装在上面，搅拌轴用两盘法兰轴承架起，马达和搅拌轴之间用爪型联轴节连接。转速设计为 400～600r/min，转速快慢由液压系统的流量控制阀调节。由于搅拌轴是悬臂结构，不可超速运转。混合器的特点：体积小、混合效率高，适用较复杂的炸药配方。

3.1.8.2 安装、维护与保养

（1）混合器的安装是把装有料箱门部位沿水平方向切开，两个半圆套在干料输料螺旋的外壳上，后面有一支点，三点固定，用卡箍卡紧，保证垂直安装。

（2）经常观察固定搅拌杆紧固螺母是否松动。

（3）经常观察卸料门转轴紧固螺母是否松动。

（4）经常检查法兰轴承与搅拌轴紧固螺钉是否松动。

（5）经常观察爪型联轴节是否脱落，或中间橡胶垫是否损坏，如有上述现象应马上更换。

（6）每两个月要给轴承加油一次。

3.1.9 清洗系统

清洗系统也是混装车非常重要的一个辅助部分，它是保证设备正常工作的关键，也是设计者容易忽略的部分。BCRH-15B 型（车上制乳型）乳化炸药混装车设有水、气两套清洗系统。水清洗系统是供每次工作过后，防止硝酸铵在管路中结晶，清洗水相溶液经过的所有管路和乳胶基质经过的所有管路。空气清洗则是把输药软管中的杂物和剩水吹干净，特别是冬天和寒冷地区，空气清洗系统显得更为重要。

清洗系统如图 3-14 所示，主要由水路和气路两部分组成。水路由水箱、管件、阀门等组成。气路由储气罐、气阀、管件等组成。

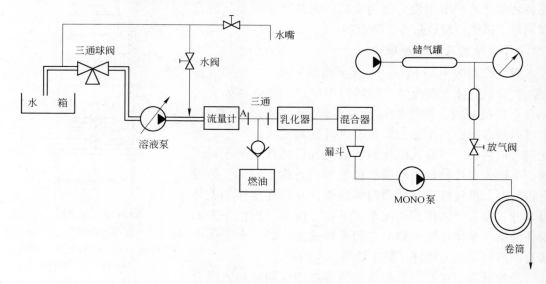

图 3-14 清洗系统原理

水箱装在溶液箱内，水箱中的水在溶液箱中被预热。水清洗系统有四条清洗路径：第一，每车工作完后清洗水相溶液和乳胶基质经过的所有管路，即把三通球阀打到水的位

置，关闭油相泵和敏化剂电磁阀，其他设备都在继续运转，清洗水经三通球阀、水相泵（溶液泵）、水相流量计、乳化器、混合器、螺杆泵（MONO 泵）、输药胶管等全部清洗干净。第二，打开图 3-14 中三通 A 处的快速接头，只启动水相泵，可将后操作室内的污物冲洗干净。第三，在水相泵不启动的情况下，打开水阀，水可自流到流量计、乳化器、混合器内，从而将这些部件及管路清洗干净。第四，还装有一个水嘴，供洗手或其他用水。

空气清洗系统，气源来自汽车发动机的汽车制动气泵，汽车制动系统设有工作罐气筒和备用储气筒，工作储气筒是保证汽车正常行驶之用。备用储气筒的功能是当工作储气筒压力低于备用储气筒压力时向工作储气筒补气。清洗气源一定要接在储气筒上，接入自带 100L 的储气筒内。空气清洗系统有两个用途：一是如果输药胶管发现杂物，打开放气阀，输药胶管即可吹通；二是在冬天或在寒冷地区预防输药胶管结冰，打开放气阀，把输药胶管内的清洗积水吹干净，保证设备下次正常使用。

3.1.10　软管卷筒装置

软管卷筒装置的功能主要是混装车装药时将输药软管送至炮孔，工作完毕后将输药软管收于卷筒上，输药胶管收放时，起导向作用，减小输药胶管与孔壁的摩擦，从而延长了输药胶管的寿命。

3.1.10.1　软管卷筒的结构

软管卷筒装置主要由卷管和吊架两部分组成，卷管部分主要是把输药软管放出和收回。吊架部分主要是起导向和接近炮孔的作用，以减小对软管和孔壁的磨损，从而延长输药软管的寿命。卷筒主要由轮毂、挡板和中间轴三部分组成。中间轴用不锈钢管弯制和焊接而成，它既是物料通道，又是装配轴承的部位，所以焊接时要保证轴的两端同心。吊架部分有多种形式，一是机械手式，液压控制，臂可伸缩，伸向炮孔，著者认为这是最好的一种；二是在车厢尾部有一个半圆形轨道，吊轮在轨道上拖动，接近炮孔；三是目前国内使用最多的固定吊架，即 BCRH-15B 型乳化炸药现场混装车软管卷筒装置（图 3-15），由软管卷筒、导向轮、吊架、滴水槽、链条及链轮张紧装置等组成。软管卷筒由液压马达、链条、链轮传动，卷管的速度是靠调节液压流量控制阀流量大小而实现的。卷管的速度和输药效率应该有机地配合起来，确保炸药输送到有水炮孔水的下面。为保证后操作室清洁卫生在卷筒下方设有滴水槽，滴水槽内装有排污管。卷筒靠两盘吊瓦轴承悬挂于卷筒吊架上，卷筒中间轴为空心轴，装有旋转弯头，保证了卷筒一边旋转，炸药源源不断地流向炮孔。吊架倾角可通过调整拉杆的位置来改变。工作完毕后将软管收于卷筒上。

3.1.10.2　维护与保养

（1）工作数小时，链条会拉长，调整链条张紧装置把链条张紧到合适位置，并要经常加油。

（2）工作两个月吊瓦轴承要加一次油。

（3）工作两个月旋转弯头要加一次油。如发现旋转弯头有漏药时，要马上修理或更换，否则会烫伤操作人员。

（4）为保证后操作室内的卫生，滴水槽内的污物要经常冲洗。

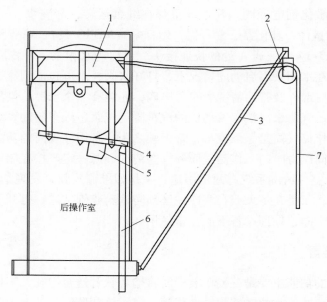

图 3-15 软管卷筒装置

1—软管卷筒；2—软管导向轮；3—吊架；4—滴水槽；5—链条张紧装置；6—排污管；7—输药软管

3.1.11 螺杆泵

螺杆泵的功能是将混合好的药浆通过输药软管输送到炮孔内，螺杆泵是国内外输送乳化炸药最常用的设备，也是最安全的设备之一。目前混装车上用的有两种螺杆泵：一种为英国 MONO 公司生产的 MONO 泵；一种为德国耐驰（NEMO）公司生产的耐驰泵。两种泵结构原理基本相同，区别有三点：（1）定子和原料吸入室连接，MONO 泵是卡环形式；耐驰泵是四条螺杆连接。（2）MONO 泵原料吸入室短，万向联轴杆角度较大，泵的长度短一些；耐驰泵原料吸入室长，万向联轴杆角度较小，泵的长度长一些。（3）MONO 泵只有转子是不锈钢，耐驰泵转子和原料吸入室都为不锈钢制成。耐驰泵在我国兰州生产，所以在乳化炸药生产厂，地面站和混装车上应用较多。山西惠丰特种汽车有限公司生产的混装车早期主要用 MONO 泵，近年来主要采用耐驰泵。在相同安装尺寸，同样输送效率的情况下，耐驰泵额定压力较高，可输送黏度较高的乳胶基质，这样炸药敏化后有利于固泡，从而提高了炸药质量，会改善爆破效果。螺杆泵国内也有很多厂家生产，如天津工业泵厂等。

螺杆泵有以下优点：

（1）与离心泵相比，螺杆泵无需装阀门，但流量是稳定的线性流动。

（2）与柱塞泵相比，螺杆泵具有自吸能力，吸入高度可达 8.5mH$_2$O（1mH$_2$O = 9.8kPa）。

（3）与隔膜泵相比，螺杆泵可输送各种混合杂质，含有气体及固体颗粒或纤维的介质，也可输送各种腐蚀性物质。

（4）与齿轮泵相比，螺杆泵可输送高黏度的物质。

（5）转子为不锈钢，定子为橡胶，摩擦不会产生火花。

3.1.11.1 螺杆泵的结构

下面主要把耐驰泵（NEMO）做一下介绍：

螺杆泵的结构如图 3-16 所示，它主要由定子、转子、吸入室、万向传动轴、轴承架、轴承、密封等零部件组成，零件明细见表 3-2。

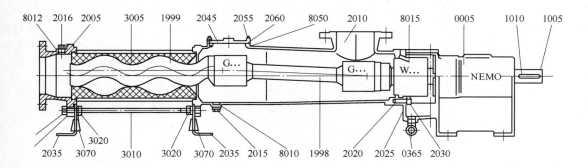

a

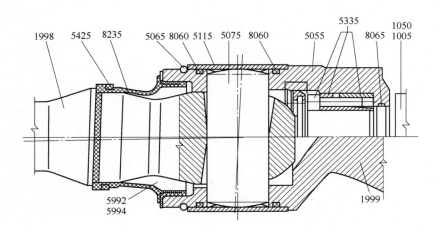

b

c

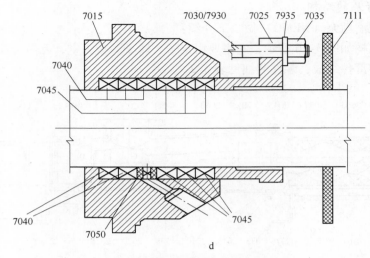

图 3-16　螺杆泵结构示意图

表 3-2　螺杆泵零件明细

位置号	名　称	位置号	名　称
0005	轴承架	3005	定子
0020	双列角接触球轴承	3010	拉杆
0025	调整垫	3015	弹簧垫圈
0030	油封	3020	六角螺母
0035	轴用弹性挡圈	3070	平垫圈
0041	油封	5055	传动接头
0050	挡油盖	5065	钢丝挡圈
0055	调整垫	5075	销
0065	调整垫	5115	销子护套
0110	单列深沟球轴承	5335	锁紧锥套
0135	孔用弹性挡圈	5425	紧箍圈
0310	挡油盖	5500	封油盖
0315	轴用弹性挡圈	7015	填料函体
1005	传动轴	7025	填料压盖
1010	键	7030	双头螺柱
1998	联轴杆	7035	六角螺母
1999	转子	7040	填料
2005	排除体	7111	挡水盘
2010	吸入室	7935	平垫圈
2015	螺塞	8015	O 形密封圈
2016	螺塞	8060	O 形密封圈
2020	双头螺柱	8065	O 形密封圈
2025	弹簧垫圈	8095	O 形密封圈
2030	六角螺母	8235	骨架橡胶防护套
2035	支脚		

液压马达驱动螺杆泵，耐驰泵（NEMO）和 MONO 泵不太一样：MONO 泵由于吸入室短，为一字形排列，液压马达和 MONO 泵用链轮联轴器连接。耐驰泵由于吸入室长，如采用上述连接方式混装车会超宽，而是采用上下链轮链条传动。最近兰州耐驰公司为适应混装车的需要，缩短了泵体部分，也可采用一字连接的方法。

螺杆泵的吸入室上装一个漏斗，混合器装在漏斗上。混合均匀的药浆靠自重流入漏斗，流入吸入室内，借助泵的推力，把药浆推向出口端，输入输药软管，经软管卷筒，把药浆输入炮孔，经 5～10min 发泡成为炸药。出料口处接一三通，上面口和输药软管用快速接头连接，下面口接一防尘帽，为排除故障而用。

使用螺杆泵，必须严格遵循以下几点：

（1）绝不能干运行，即使时间很短，干运行会损坏定子。特别是带料以后，干运转有可能会引起爆炸事故。

（2）在第一次启动前，应在泵腔里灌满介质。如介质太黏稠，可在泵腔里灌注其他液体，如水、机油等。

（3）螺杆泵是一种容积泵，排出管路堵塞可产生很高的压力，会造成输药管路胀裂。也可造成负荷超载，也会使泵的传动件（驱动轴、连杆轴、联轴节、转子）损坏。在启动前，一定要将进出口侧阀门全部打开。在启动前检查泵转向是否正确（点动检查）。

（4）在泵停止运行以后，须将泵内介质排空并清洗干净。如环境温度太低，泵内的介质可能冻结，尤其是室外的泵，应加防冻液等。

（5）防止杂物掉入漏斗，经常检查漏斗上方安装的混合器或漏斗盖板上螺钉等零件是否脱落，以免将转子和定子磨坏。

（6）如备用泵长时间不用，应间隔一定时间开动一次，否则与转子接触的定子橡胶会发生塑性变形。

（7）更换定子和转子时，必须彻底清洗表面油脂及保护层，重新涂上油脂方可装配。

（8）根据输送介质的黏稠度和介质的温度，选择定子和转子合适的间隙。

（9）填料密封处压盖不宜压得过紧，否则会发热；并且要经常加润滑油。

3.1.11.2 维修、保养

A 泵的清洗

泵应经常清洗，以免介质在泵里凝固，清理周期取决于泵和运行方式。如用在地面站和混装车上每次工作过后一定要清洗。

泵的清洗方式有：

（1）泵在运转时通过吸入室加进清洗液（水），或从清理窗加进清洗液清洗泵。

（2）如因停放时间过久，泵不能转动，将泵拆开人工清洗。

B 驱动轴、轴承的润滑

出厂前轴承已加油脂，充分润滑，以提高寿命。

在装配前，须用适当的去油污剂将轴承表面的油脂洗干净，然后重新抹上润滑油脂，每盘轴承所需加油脂量为 70g。

C 销子联轴节的润滑

当更换联轴节部件或因其他原因将泵拆开时，更换油并检查密封。

D 填料式密封调整

耐驰泵装有两种密封,一种为填料密封,另一种为机械密封。混装车和地面站一般选用填料密封。填料密封的填料材质一般为石墨石棉盘根和聚四氟盘根两种。

a 调整

耐驰泵在出厂前已把填料盒加足了油,压盖螺钉都已拧到了合适位置。泵在运行初期有少量泄漏量是允许的。填料密封可减少泄漏量,但不能完全避免泄漏,适当地泄漏可起到冷却与润滑作用,既可减小传动抽的磨损,也可将摩擦产生的热带走。

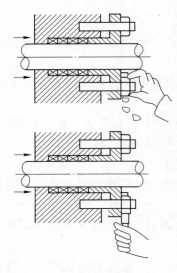

图 3-17 填料密封的调整

不要接触转动的传动轴,以免伤及身体。在运行一段时间后,填料压盖上的螺母应被轻轻拧紧,在运行初期,泄漏量较大,当运行一段时间后,泄漏量将逐渐减小,对于聚四氟乙烯或油浸的聚四氟乙烯填料,每分钟泄漏量为 50~200 滴,泄漏量大小与介质种类、吸入室压力、温度、密封间隙、滑移速度、介质的黏稠度及所使用填料材质有关。输送药浆黏稠度很高,很少有泄漏现象。

在运行 30min 后,再将两填料压盖螺母依次拧紧约 1/6 圈,调整方法如图 3-17 所示,这样将获得最小泄漏量(即正常泄漏量)填料函体的温度不应太高,一般情况下,比介质温度高 20~60℃是允许的。

如果温度突然升高,泄漏明显减少,应立即松开填料压盖螺母,并再次按上述方法寻找正常泄漏量运行点。

如填料函体的外周边缘泄漏突然增大,应立即将泵停止,将填料圈重新压紧,然后松开填料压盖,重新启动,再次寻找正常泄漏量运行点。

b 更换

当运行一段时间后,用图 3-17 所示的方法调整仍不能解决泄漏问题,原因可能是轴和填料磨损,这样就需要拆开检查轴和填料。如果轴和填料都已损坏,就需要全部更换,否则更换损坏的一种。

(1)旧填料的取出。当整个系统的压力释放以后,取下填料压盖,用填料取出器,如图 3-18 所示,将全部旧填料及掉落在填料函体底部的碎末取出。

(2)填料函体的准备。

1)将填料函体腔及传动轴表面清理干净。

2)更换被腐蚀或被磨损的传动轴及轴套。

3)检查传动轴轴承及传动轴的同轴度。

4)检查填料压盖及填料函体与传动轴的间隙。

5)如因磨损造成较大的间隙,就应在全部填

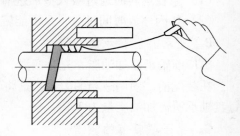

图 3-18 取出填料

料圈的前面或后面加垫片或金属环，否则填料就会因挤压变形进入此间隙。

6）第一个和最后一个填料圈应选择质量较好的无变形填料。

（3）填料类别和尺寸的选择。在装填料前，需再一次检查选用的填料与泵所要求的运行条件是否相符合。

（4）填料圈的切断。填料圈的正确切断方法是：使用专用切填料刀切填料圈。如没有专用切填料刀具，可按如下方法进行：

1）填料圈的长度与传动轴的直径及密封的宽度有关。计算公式如下：

$$L_M = (d + s)X\pi \qquad (3-1)$$

式中 X——系数，当传动轴直径不大于60mm，$X = 1.10$；当传动轴直径不大于100mm，$X = 1.07$；当传动轴直径大于100mm，$X = 1.04$。

例如：传动轴直径 $d = 60$mm，填料函体孔径 $D = 80$mm，因此密封宽度 $s = (D-d) \div 2 = 10$mm，填料长度 $L_M = (d+s) \times 1.10\pi = (60+10) \times 1.10\pi = 242$mm。

2）直线切断。因为转动轴的原因，建议填料应被放成直线方向切断，切割角度应与传动轴相匹配，为了保证切割面在被弯成填料圈时能毫无间隙的平行接触，在两端的切割角度应为45°。

应用以上公式或用专用切填料刀切下的填料，比实际的尺寸要稍微长一点，采用此方法切的填料，当填料圈被装进填料函体腔体内时，由于弯曲产生的内张力使填料圈紧贴在腔体内壁上，这就阻止了填料圈随传动轴一起转动及介质沿腔体孔壁向外泄漏。

（5）安装。首先把轴等零部件擦洗干净。将预先切好的填料圈在轴向和径向搬开一个角度，使其能容易地装入传动轴，注意如填料圈弯曲太厉害，其结构将被损坏。另外填料要放在机油内浸泡几分钟，轴上也要涂上润滑油。

填料圈的安装步骤如下：

1）应先将对接部位装入填料函体腔内。

2）相互靠着的两个填料圈，对接部位应错开90°。

3）用一装配套管，如图3-19所示，或填料压盖将填料圈推进填料函体腔内。

4）千万不要用点接触的物体（如铁棒）砸填料圈，这样会损坏传动轴和造成填料变形。

5）继续装填料圈直至填料压盖前面的导向部分，并多出一部分。

6）压紧填料圈，用手拧紧填料压盖上的螺母，如果要安装填料环，在拧紧填料压盖螺母前先检查填料环的位置是否正确。

7）添料不易压得过紧，没有足够的液体润滑，传动轴处于干运行状态，造成填料被烧，密封部位严重磨损，从而造成更大的泄漏。

表3-3为推荐易损件及储备量备明细表，由用户购买。

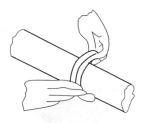
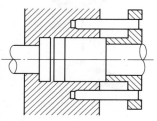

图3-19 填料装配方法

表 3-3　易损件及储备量明细表

名　称	位　置　号	数　量
定子	3005	1
O 形圈	8015	1
连轴杆	1998	1
销	5075	2
骨架橡胶防护套	8236	2
O 形圈	8060	4
铜丝挡圈	5065	2
销子护套	.5215	1
转子	1999	1
紧箍圈	5425	2
油封	0030	2
油封	0041	2
单列深沟球轴承	0110	1

3.1.12　动态监控系统

动态监控系统是混装车的大脑，是混装车的核心技术。动态监控系统由三部分组成，如图 3-20 所示，第一，现场混装炸药车上的电气控制系统是动态监控系统的一个组成部分，为基础级，它不但控制现场混装炸药车的混装炸药作业，而且是信息的源泉，把所有

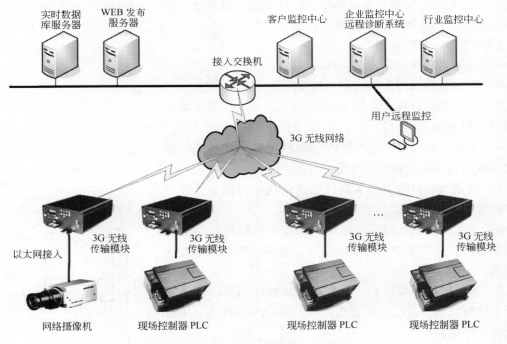

图 3-20　动态监控系统拓扑图

收集到的信息传输到行业主管部门和企业的信息平台上，在这套系统中还有一套专家诊断系统，一旦停机，电脑屏幕上会显示出故障原因等；第二，企业级，包括现场混装炸药车使用单位和生产单位，信息可双向传输，把信息记录在企业级的平台上，现场混装炸药车生产单位和基础级（混装车）配合可以进行故障远程诊断，有利于找准问题，克服了服务人员的盲目性；第三，行业级，把相关信息传输到行业管理部门的信息平台上，有利于行业做出正确的决策。

电气控制系统采用冗余设计，有很高的可靠性和很大的灵活性。选用通用零件，做到了标准化，工作可靠，通用性能良好。

电气控制系统是炸药现场混装炸药车的大脑，油相流量、水相流量、敏化剂流量、乳化器转速信号、液压油的温度，各种电磁阀的开关信号等传给电气控制系统，经处理后把指令在传送给上述系统的执行元件（液压系统的电液比例阀和电磁阀）。再一次把信号传给控制系统，经处理后把指令再次传送给执行机构，形成闭环控制，炸药组分配比非常准确，炸药能量得以充分发挥。

设有一套安全保护系统，螺杆泵超压、乳化器超温、原料断流等报警停机。

混药、装药设有自动运行和手动运行两种工作模式：手动工作模式，主要用于调车，用手动模式做炸药时，各种工艺参数是靠操作工人调整。自动工作模式，各种工艺参数是靠计算机、信号采集系统和执行系统自动调整，工艺参数非常准确。

3.1.12.1 操作系统及画面说明

图 3-21 所示为运行（开机）画面：油相、水相有两行数字，上行为设定值，下行为跟踪值。乳化器：为实测转速。液温度：为液压油的实测温度。装药量：为单孔装药量，前面的数字为千克，后面的数字为用的时间（s）。累计：为累加装药量。按装药量，进入装药量画面，按数字键，输入数字，按返回键，按运行键（装在机箱上），装药开始，运行时装药量倒计数为 0 时，装药系统停止。移车到另一个孔位，重复上述程序，装药开始。

图 3-22 所示为功能选择键画面，按相应键进入相应画面。运行：表示车已调试正常，可进行运行状态，进入运行画面。手动：为手动状态，一般调车时使用。初始：这是为减少初乳化时废料而专门设立的键，按下初始键，油相泵、乳化器首相启动数秒，水相泵启动，并低于工艺流量三分之一左右，乳化器转速略高于工艺转速，数秒成乳后，自动恢复到工艺转速，进入正常制乳、混药和装药阶段。初始键只在每一车第一次使用一次。清除：为清除有关数据。调试：和手动键配合调车。效率：设置装药效率，200 ~ 300 kg/min，分若干挡，置其中一挡。参数：设置有关参数，如按照炸药配方计算油相、水

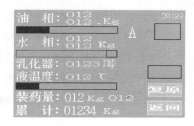

图 3-21　运行（开机）画面

图 3-22　功能选择键画面

相每分钟的量，输入设定值。液位：水相箱、油水相箱都装有带远传信号的液位计，设有上、下限报警等。返回：返回到工作画面。

图 3-23 所示为置数键盘，输入炮孔的装药量，在停止运行状态下，按装药量键，进入该画面。按数字键修改装药量。按返回键，返回运行（开机）画面。

标定车时，在图 3-22 所示的画面，按效率键，进入图 3-24 所示的效率选择键画面，要先选择效率值，如 220kg/min。按返回键，返回到运行（开机）画面。

图 3-23　置数键画面

图 3-24　效率选择键画面

图 3-25 所示的画面用来清除累计值，按清除累计键，再按一下确认键，累计值被清除。按返回键，返回到运行（开机）画面。

图 3-26 所示为功能键画面，该控制装置可控制水相、油相、乳化器、混合器、搅拌器、螺杆泵、敏化剂、氧化剂 A、氧化剂 B、排风扇、散热器共 11 个液压马达。还有手动和自动切换键。运行方式分为自动和半自动两种，按 A/B 键，A 方式选择自动运行，B 方式选择半自动运行。该控制系统为 BCRH-15B 型和 BCRH-15C 型（可加30%以下干料，增加两套氧化剂加料系统）两种乳化炸药现场混装车共用控制装置，采用参与和退出方式，例如：在 BCRH-15B 型纯乳化炸药混装车使用时，氧化剂 A 和氧化剂 B 退出；还有，在清洗或调试时，某一单项需要工作时，其余全部退出。选择自动方式时，制药时水相、油相、乳化器的参数不可调整；选择手动方式时，所有参数都可随意调整。在手动运行时，应记住流量计刻度位置，装药过程中，随着料液面的降低，油相及水相流量会有变化，观察流量计刻度位置，应随时调节相应的阀门，使刻度位置保持在标定好的位置，否则会影响炸药质量，同时也会影响装药量。按返回键，返回运行（开机）画面。

图 3-25　清除累加量画面

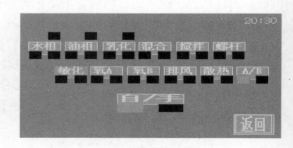

图 3-26　功能键画面

图 3-27 所示为报警画面。按报警键，报警功能进入运行状态，按返回键，返回运行画面，运行进入监测状态。时刻监控着超温、超压、断流是否在工艺要求的范围内。

图 3-28 所示为报警设置画面，可根据不同配方，不同工艺，设置不同的报警参数。按返回键，返回运行画面。

当报警停机后运行画面上显示出故障的原因，排除故障后，方可重新启动。

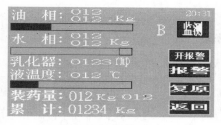

图 3-27　报警画面

图 3-28　报警设置画面

3.1.12.2　注意事项

（1）机箱严禁用水冲淋，严禁敏化剂液体及炸药液体进入机箱。

（2）面板按键要轻，严禁用力过大，以免造成永久变形而失效。

（3）更换保险必须使用相同规格参数的保险，严禁用其他金属丝替代。

（4）更换器件需要焊接的必须焊接，严禁采用剪断拧接的粗暴修理方法。

（5）维修过程中，在带电修理时，严禁金属工具短路任何两个或多个焊点、端子等，防止短路。

（6）维修应由有资质的、有经验的人员进行。

（7）维修时请在仔细阅读维修手册及消化图纸后进行。

（8）正确调节压力控制器超压及欠压保护位置，在超压及欠压情况出现后 3s 时运行停止。欠压具有缺料保护功能。

3.1.12.3　故障排除

缺相是指某个需要转动的马达停止工作，例如：混合器或乳化器停止工作。检查相应的电磁阀是否吸合，可用铁或钢的金属体触摸电磁阀，是否能吸住，如能吸住，进一步拆卸检查相应阀体是否有异物或脏物堵塞。

电磁阀不能吸合，检查 PLC 相应输出灯是否亮，灯亮，检查输出接线是否正常，关掉电源，检测相应输出对地电阻应在 5 ~ 50Ω 之间。电阻大，输出电磁阀线圈开路；对地电阻小于 5Ω，输出电磁阀线圈短路。

如果是液压比例阀，检查电液比例阀放大器工作指示灯是否正常，指示正常，进一步拆卸检查相应阀体是否有异物。

3.1.13　操作与使用

3.1.13.1　定员

该车定员为两人，一人为汽车司机，负责驾驶汽车，启动取力器；一人为装药操作工，负责在后操作室操作电气控制系统，观察各流量计和转速表，调整流量控制阀，确保炸药各组分的比例正确，用密度杯测量炸药密度，确保炸药合格。

另外，爆破工还负责将输药胶管放入炮孔内、下放起爆炸药包、炮孔填塞等工作。

3.1.13.2　开车前的准备工作

（1）操作人员必须经过培训，经考试合格，掌握操作方法后才可上岗。首次试车应在厂方工程技术人员的指导下进行。

（2）按照汽车使用说明书的要求进行维护、保养和使用车辆。

（3）检查清理各料箱中的异物。

（4）检查各电气开关，液压手柄都处于关闭位置。

（5）检查液压油是否在油标的中间偏上位置。

3.1.13.3 空车调试

（1）启动汽车发动机使气压达到0.7MPa。

（2）启动取力器。有三个机构在工作，低取力器、后取力器和汽车空挡开关（其功能是，当变速箱挂挡时汽车原地不动）。

（3）将变速杆放到4挡位置。

（4）用手油门使发动机转速稳定到1450r/min。

（5）调整两个主油泵的压力。出厂前两个主油泵压力已经调好，PVWH45泵压力为10.5MPa，PVBW29泵压力为10MPa。从后操纵室进油分配组件中压力表上可看见上述数字。如和上述压力不符，可重新调整压力调整螺栓，顺时针方向旋转压力增高，逆时针方向旋转压力下降。

（6）溶液箱加入一定量的水，把后操作室中的控制手把打到溶液位置，在电气控制盘上用手动指令转动溶液泵，当水泵入螺杆泵漏斗时开启螺杆泵。

用手动指令开启其他所有液压马达，工作正常，可继续往下进行。

3.1.13.4 标定

标定时铵炸药配方的百分比和输药效率，把水相、油相调整到准确的量，如输药效率为200kg/min，水相为94%、188kg，油相为6%、12kg，敏化剂0.3%~0.6%（不记在总量中）。

A 所需工具及设备

所需工具及设备包括500kg磅秤一台、50kg或100kg不锈钢桶两只、10kg塑料桶一只、电子台秤一台（量程10~20kg）。

B 所需原材料

所需原材料包括水相溶液适量、油相溶液适量以及发泡剂50kg。以上三种原料分别加入车上的各料箱内。

C 炸药各组分流量的确定

炸药各组分流量的确定有两种方法：一种是用泵的转速来确定；另一种是用流量计确定流量。

a 用泵的转速来确定流量

（1）根据炸药配方分别计算出水相溶液泵，油相泵每分钟所需的转数。由式（3-2）计算（效率按200kg/min为例）计算水相泵的转速：

$$n = \frac{Qm}{\gamma q} \qquad (3-2)$$

式中 n——水相溶液泵的转速，r/min；

Q——输送效率，$Q = 200$kg/min；

m——各组分的含量，水相94%，油相6%；

γ——物料的密度，水相1.4kg/dm^3；油相0.87kg/km^3；

q——水相泵每转的输送量，$q = 1.5\text{kg/r}$。

将上述参数代入式（3-2）中：

$$n = \frac{Qm}{\gamma q} = \frac{200 \times 94\%}{1.4 \times 1.5} = \frac{188}{2.1} = 89.5 \approx 90 \text{ r/min}$$

用同样的方法计算出油相泵的转速。

（2）启动取力器，缓缓加大油门，使发动机转速达 1450r/min，打开电源开关，使所有工作机构处于待命状态。

（3）水相软管从后操作三通接管上打开快速接头，插入桶内。

（4）把三通球阀控制杆打到溶液位置。

（5）按下启动键，调节水相泵液压系统流量控制阀，调到 89r/min 左右。并记好流量计的液位。

（6）控制装置上置数 100kg，其余马达控制按键处于退出状态。

（7）按下启动键，水相溶液从输药管中流出，计数器倒计数为 0 时，水相泵停止。称桶中的水相溶液是否为 94kg。如果多或少，调节流量控制阀，改变泵的转速，反复多次即可。

用同样的方式标定油相。

b　用流量计调节流量计方法标定

用式（3-3）计算水相和油相的流量 $G(\text{m}^3/\text{h})$：

$$G = \frac{60Qm}{1000\gamma} \tag{3-3}$$

$$G = \frac{60Qm}{1000\gamma} = \frac{60 \times 200 \times 94\%}{1000 \times 1.4} = \frac{11280}{1400} = 8.06 \text{ m}^3/\text{h}$$

用同样的方法计算油相的流量。

重复上述（2）~（7）。

如果采用质量流量计，可以减去繁琐的标定程序。计算机、电液比例阀和质量流量计三者形成闭环控制。质量流量计自动检测流体的密度，计量精度可达 0.1%。

c　敏化剂的标定

敏化剂是自流的方式，一般为 10% ~ 30%，这个数为参考，敏化剂的添加量，与敏化剂的浓度有关，与要求炸药的密度有关，所以以炸药密度为准。有的矿山根据爆破需要，要求密度大，有的要求密度小。用调节敏化剂的量，从而达到不同的密度。

3.1.13.5　试做炸药

（1）所需器材及仪器。所需器材及仪器包括：φ150mm×1000mm×4mm PVC 塑料管子 3 根、密度杯（容积 1L）1 个、电子台秤（500 ~ 1000kg）1 台、爆速仪（单段）1 台、编织袋 3 ~ 5 个。

（2）将各键置入参与状态。

（3）置数 100kg。

（4）按"运行"键，药浆从输药胶管中流出，观察药浆的形态，如质量不合格，可再试做 100kg。用密度杯和电子秤测量炸药的密度。如果密度小或大时，可调节发泡剂的量来调整。直到合格的药浆从输药管中流出，可取样，进行爆速、密度等性能测试。各项性能都达到标准时方可到爆区装药。

3.1.13.6 爆区作业

（1）在地面站将制炸药的原料分别装入车上的料箱内驶入爆破现场。

（2）启动发动机和取力器。

（3）打开软管卷筒换向阀，先在地面试做炸药，测量炸药密度，并目测炸药形态，合格后方可下孔。将输药胶管缓缓送入孔底，然后再提起1m左右（如果孔中无水可将输药胶管插入孔口）。

（4）根据爆破工程师的要求将起爆器材装入孔内。

（5）控制装置上置炮孔的装药量。

（6）按动运行开关，制药开始。药浆送入孔底，同时缓缓上提输药胶管。上升的速度和药柱高度提高的速度相当。当倒计数为"0"时，制药结束。

（7）移孔位。移一次车可装数个炮孔。选择合理的位置，减少对输药胶管的磨损。关闭取力器，移动下一工作点，重复上述步骤。

（8）每车的最后一个炮孔装药时控制装置上少置100kg（输药软管中存料100kg），倒计数到0时，打开水清洗阀，将输药胶管中的剩药输入炮孔。在打开气清洗阀，将管路中的剩水吹干净。收起胶管，关闭取力器，工作完毕。

3.1.14 故障与排除

混装车的常见故障与排除的方法见表2-10。

3.2 BCRH-15C型现场混装乳化炸药车

BCRH-15C型现场混装乳化炸药车也是车上制乳型，是在BCRH-15B型车的基础上，为适应矿岩硬度较硬的爆破工程而开发的一种现场混装乳化炸药车。和BCRH-15B型现场混装乳化炸药车相比，最大区别是增加了两个1.75m³干料箱和与其配套的两套螺旋输送系统。它可以在乳化装药中添加两种干料，如多孔粒状硝酸铵和铝粉等，有利于调整炸药配方。BCRH-15C型现场混装乳化炸药车可生产纯乳化炸药和加20%～30%干料（多孔粒状硝酸铵和铝粉等）的重乳化炸药。使用这种重乳化炸药有利于提高炸药威力，扩大孔网参数，降低炸药单耗，减少大块，克服根底，改善爆破效果，降低采矿成本，是岩石较硬矿山首选车型。

3.2.1 总体结构

BCRH-15C型现场混装乳化炸药车总体结构如图3-29所示，主要由汽车底盘、动力输出系统、液压系统、电气控制系统、燃油（油相）系统、溶液（水相）系统、乳化系统、水气清洗系统、干料配料系统、水暖系统、微量元素添加系统、备胎装置、软管卷筒、洗车系统和软管卷筒等部件组成。

水相、油相、敏化剂的配制和干料的添加在地面站进行。乳胶基质的乳化、干料和敏化剂的添加、混拌等工序均在车上进行。车上配有乳化器，乳化器特点：低转速、大间隙设计，高效率（每分钟可乳化胶体200～280kg）。该车考虑到冬季寒冷，特意在后操作室内安装了水暖系统。该车广泛适用冶金、煤炭、化工、建材等部门，大中型露天采场有水

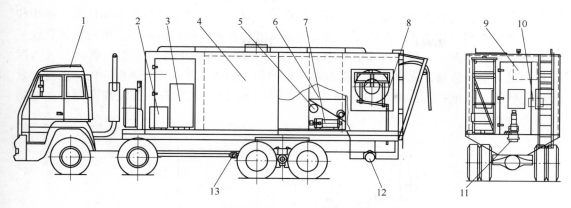

图 3-29 BCRH-15C 型现场混装乳化炸药车

1—汽车底盘；2—液压系统；3—油相系统；4—水相系统；5—水、气清洗系统；6—干料输送系统；7—乳化系统；
8—软管卷筒；9—敏化剂添加系统；10—电气控制系统；11—混合器；12—乳胶基质泵送系统；13—动力输出系统

炮孔混制、装填乳化炸药和重乳化炸药作业，炮孔直径在 100mm 以上。

在地面站把有关原料加在车上的相关容器中，地面站加料方式如图 3-30 所示。驶到爆破现场，启动取力器，把输药软管伸入孔底，在计数器上输入炮孔的装药量，按下启动按钮各配料和混药机构开始工作。将输药软管慢慢提起，炸药装在水的下面，水被排出地面。炸药装完后，配料和混药机构自动停止，移到下一个孔位，重复以上程序，下一个孔开始装药。

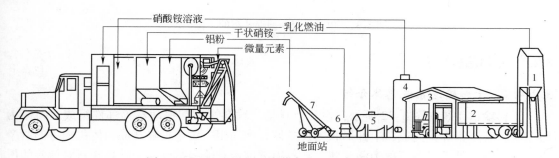

图 3-30 BCRH-15C 型混装车在地面站上料示意图

1—上料塔；2—辅助装置；3—车库；4—水相罐；5—油相罐；6—敏化剂箱；7—螺旋上料机

3.2.2 主要技术参数

主要技术参数如下：

（1）水相溶液箱：有效容积 $10m^3$，装料 13.5t。

（2）干料仓：有效容积 $1.75m^3 \times 2$，装料 3t。

（3）清洗水箱：有效容积 $0.7m^3$，装料 0.7t。

（4）其余同 BCRH-15B 车。

3.2.3 工作原理

BCRH-15C 型混装车的工作原理如图 3-31 所示。由水相箱、水相泵、水相流量计、油相箱、油相泵、油相流量计、敏化剂箱、敏化剂流量计、电磁阀、乳化器、干料箱、输料螺旋、混合器及管路等组成。工作前首先将溶液箱中的三通球阀打到水相位置，水相和油相分别在水相泵和油相泵的作用下按比例泵入乳化器内，经高速搅拌、剪切形成乳胶基质并进入混合器内，干料（如多孔粒状硝酸铵）在输料螺旋的作用下按比例同时进入混合器，敏化剂经流量计靠自重流入混合器。搅拌均匀的药浆流入螺杆泵漏斗内，由螺杆泵经输药软管送入炮孔，再经 5～10min 发泡成为炸药。该车的配料、混装炸药都是在电脑控制下进行的。

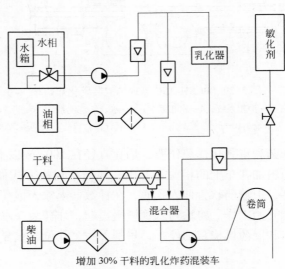

增加 30% 干料的乳化炸药混装车

图 3-31　BCRH-15C 型混装车的工作原理

3.2.4　干料输送系统

3.2.4.1　干料输送系统总体介绍

干料输送系统如图 3-32 所示，主要由料箱、输料螺旋和振动器等部件组成。料箱为漏斗状，合金铝焊接而成，上部形状为长方体，中间用一块铝板隔开成为体积相等的两个料箱，可装两种干料。下部为漏斗状。在料箱下部装有输料螺旋，为减轻物料对螺旋的压力在螺旋上方装有角棚。为防止物料结块、成拱，安装有振动器。

输料螺旋由液压马达驱动，马达和螺旋本体由联轴节连接。输送螺旋外壳将料仓和混合器连接在一起。把料仓内的物料定量地输送到混合器内，和乳胶基质、敏化剂搅拌均匀，由螺杆泵把药浆经输药软管输入炮孔。当物料结块时打开振动器使物料顺利流入输料螺旋内。

输料螺旋装置如图 3-33 所示，主要由液压马达、联轴器、螺旋本体、螺旋外管、轴承等部件组成。螺旋本体为优质不锈钢加工而成，螺旋外管为铝合金管加工而成。螺旋本体左端装有法兰轴承架（图 3-33 中 3），右端装有无油润滑轴承架（图 3-33 中 6）。在联轴节部位装有转速传感器。螺旋叶片螺距误差越小计量精度就越高。

3.2.4.2　干料标定

（1）确定效率，例如：200kg/min。

（2）确定干料比例并计算重量。例如：20%，重量为 40kg/min，每一套输送螺旋为

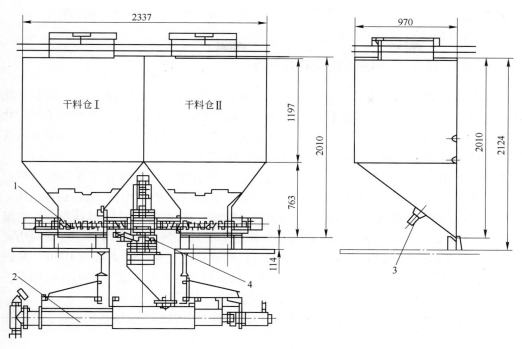

图 3-32　干料输送系统

1—输料螺旋；2—螺杆泵装置；3—振动器；4—混合器

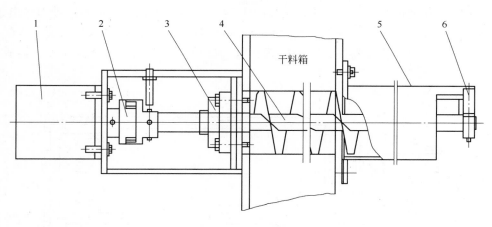

图 3-33　输料螺旋

1—液压马达；2—联轴节；3—法兰轴承架；4—螺旋本体；5—螺旋外壳；6—轴承架

20kg/min。如果是两种干料（如多孔粒状硝酸铵和铝粉），按照配方比例两套系统分别标定。

（3）根据输料螺旋螺距、直径等参数计算输料螺旋转速。

（4）卸下漏斗，用一编织袋或一塑料桶置于搅拌器之下。

（5）在电气控制装置上置装药量 100kg。

（6）按下启动键（只启动一套输料装置），倒计数为 0 时，输料螺旋停止。称多孔粒状硝酸铵量，并记录螺旋的转速。如果硝酸铵多或少，调节螺旋转速，直到称量准确。

（7）控制装置在编程时，两套输料螺旋要晚启动数秒，否则会堵塞输药胶管。

（8）其余部分和 BCRH-15B 型车完全相同，不再作介绍。

3.3 BCRH-15D 型现场混装乳化炸药车

BCRH-15D 型现场混装乳化炸药车是一种纯乳胶基质型乳化炸药混装车，乳胶基质在地面站制成，装到车上的乳胶基质箱内。同时敏化剂也在地面站制成，装到车上的敏化剂箱内，驶到爆破现场，敏化后装入炮孔。这种混装车的功能只是把乳胶基质和敏化剂按比例混合均匀并泵送到炮孔内，是一种功能比较简单的混装车。

BCRH-15D 型现场混装乳化炸药车，按乳胶基质温度可分为高温作业和常温作业两种。高温作业车一般用于大型露天矿，高温敏化，炸药是靠螺杆泵直接输送到炮孔内，输送效率可高达 200~280kg/min。配置一根直径 ϕ50mm，长度为 30m 的输药胶管。常温作业车是在地面站将高温胶体冷却到常温后再装到车上的乳胶基质箱内，一般采用小管输送，直径一般为 ϕ19~ϕ25mm，采用润滑剂减阻技术输送，输送距离可达 100m，输送效率一般小于 100kg/min。特别适用于现场道路条件不好，混装车无法开到炮孔周围爆破作业，如公路建设、机场建设、开山采石和一些小型采石场等。

大直径输药胶管输送和小直径输药胶管输送配置是根据爆破现场条件而定，一台车上可具备两种管径的输药软管。

3.3.1 总体结构

BCRH-15D 型现场混装乳化炸药车如图 3-34 所示，主要由汽车底盘、动力输出系统、液压系统、乳胶基质箱、乳胶基质泵送系统、敏化剂（微量元素）添加系统、水气清洗系统、螺杆泵装置、软管卷筒、输药软管、电气自动控制系统、混合器和灭火器等部件组成。

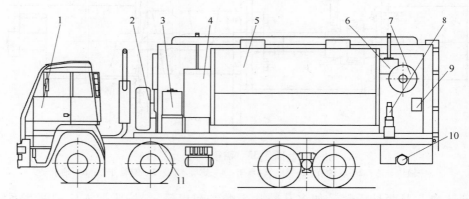

图 3-34　BCRH-15D 型现场混装乳化炸药车

1—汽车底盘；2—备胎装置；3—液压系统；4—水清洗系统；5—乳胶基质料箱；6—敏化剂添加系统；
7—软管卷筒；8—混合器；9—电气控制系统；10—螺杆系统；11—动力输出系统

乳胶基质料箱用不锈钢板焊接而成，上部为长方体，下部为漏斗状。漏斗的下部有集料池用不锈钢管和乳胶计量泵相连，在料箱和乳胶计量泵之间安装有蝶阀和清洗水阀门。微量元素添加系统设有两套，一套为催化剂，另一套为敏化剂。催化剂的功能是，当乳胶基质在料箱内存放时间较长，温度较低时，加催化剂来促进炸药敏化。清洗水箱也设有两个，一个设在乳胶基质箱内，为热水，用于清洗输药管道，特别是在寒冷地区热水显得更加重要；另一个设在乳胶基质箱外，配一台高压水泵，用于洗车之用。动力输出系统采用一体取力器，驱动一体主油泵。动态监控系统安装在后操作室内。所有装置用复合板包起来，整车看去像一台集装箱运输车。

3.3.2　主要技术参数

主要技术参数如下：

（1）乳胶基质箱：有效容积 $12m^3$，装料 15t。

（2）清洗水箱 A：有效容积 $0.6m^3$，装料 0.6t。

（3）敏化剂箱：有效容积 $0.12m^3×2$，装料 0.12t。

（4）清洗水箱 B：有效容积 $0.5m^3$，装料 0.5t。

（5）输药效率：200~280kg/min。

（6）计量误差：±2%。

（7）外形尺寸（长×宽×高）：10250mm×2550mm×3800mm。

（8）汽车底盘：标配为斯太尔底盘，可根据用户的要求选配不同的汽车底盘。

（9）技术允许中后轴承载质量：13t×2。

（10）前轴承载质量：6.5t×2。

（11）技术允许总质量：31t。

（12）爬坡能力：40%。

（13）发动机功率：250.5kW（336hp）。

3.3.3　工作原理

工作原理如图 3-35 所示，乳胶基质通过乳胶基质计量泵输送到混合器内，同时加入敏化剂，在混合器内进行充分搅拌后，药浆靠自重落入螺杆泵漏斗内，在靠螺杆泵的推力将药浆压入软管卷筒、经输药软管输出至炮孔，再经 5~10min 发泡即成为乳化炸药。

图 3-35 所示的所有的工作机构都在电脑控制下工作，乳胶基质的输入量靠调节液压系统流量控制阀，调整马达转速而达到不同的量。

螺杆泵出口处装有压力传感器，当缺料时（小于 0.2MPa 持续 10s），或超压时（大于 1.5MPa 持续 5s）都会报警停机，使用时非常安全。

3.3.4　乳胶基质箱

乳胶基质箱如图 3-36 所示，主要由料箱、支架、料箱上部的加料口、人孔、排气孔和防滑走

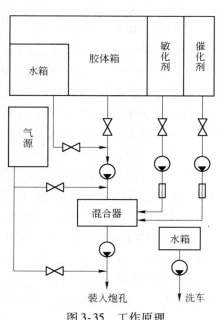

图 3-35　工作原理

台板，下部的排料口等组成。全部用不锈钢板焊接而成，箱体里面设有防波板，用防波板将料仓隔成相通的几个小料仓。车厢上部为长方体，下部为漏斗状，出料管安装在集料池内，车厢内残留料很少。

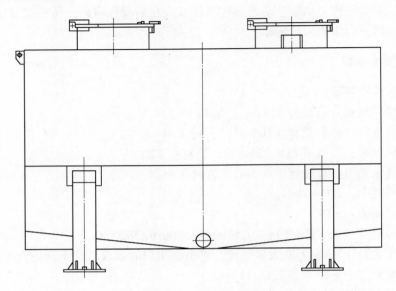

图 3-36 乳胶基质箱

　　根据高温作业和常温作业，有保温型和非保温型两种。高温型为双层结构，夹层中注有聚氨酯阻火型保温材料。常温型为单层结构。

3.3.5 乳胶基质泵送系统

　　乳胶基质泵送系统如图 3-37 所示，主要由蝶阀、乳胶基质计量泵、快速接头和输送管路组成。乳胶基质出料管安装在料箱集料池内，在管路中间安装一只蝶阀，又接一只四通，一通接清洗水，一通为排除故障使用，用一防尘帽盖上。乳胶基质计量泵选用一台橡胶齿轮泵，非常安全。乳胶基质经计量和泵送到混合器中，和敏化剂等物料搅拌均匀，药浆靠自重落入螺杆泵漏斗内，在螺杆泵的推动下将药浆经输药软管输入炮孔。乳胶基质的输送量通过调整液压马达来达到，工作过后关闭蝶阀打开清洗水阀，将管路清洗干净。

　　在这套系统中，关键部件就是乳胶基质计量泵。下面把乳胶基质计量泵的维护、保养等做一介绍。选用美国进口 Raven 泵，两件泵盖中间安装有泵体，泵体内安装一对齿数相等的齿轮，齿轮的材质为丁腈橡胶，输送乳胶基质非常安全。齿轮轴一件为短轴，一件为长轴，长轴为驱动轴。轴承有滚针轴承和锡青铜滑动轴承两种。轴承部位有润滑脂注射油杯，俗称黄油嘴。齿轮在旋转过程中，进料口端形成低压区，物料被吸入泵腔内，随着齿轮的旋转，出料口端形成高压区，物料被排出。转速小于 150r/min，压力小于 $3kg/cm^2$，输送量 1.568L/r，旋向，可以反转或正转。注意：不同的旋向，吸料口和排料口则不同。

　　Raven 泵由液压马达驱动，马达和泵的驱动轴用爪型联轴节连在一起（图 3-37 中序号 8、9 和 13）。要求泵和马达要安装在同一块底板上。马达、泵的驱动轴和爪型联轴节保证同心。

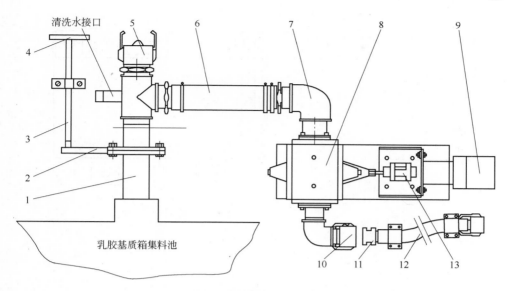

图 3-37　乳胶基质泵送系统

1—基质箱引出管；2—蝶阀；3—蝶阀开关加长杆；4—蝶阀开关手轮；5—防尘帽；6—管；
7—弯头；8—乳胶计量泵；9—液压马达；10, 11—快速接头；12—软管；13—爪型联轴节

泵的维护与保养。四个轴端有四件润滑脂加注器，1～2月注油一次。泵体和泵盖之间垫有不同厚度的石棉密封垫三层，当发现泵的压力下降时，齿轮有可能磨损，需要调整垫片。当工作 30～40h，要检查轴与轴套间隙，是否有磨损，如有磨损就需有更换轴套。

3.3.6　敏化剂添加系统

敏化剂是乳化炸药重要原材料之一。敏化剂添加系统如图 3-38 所示，主要由敏化剂（催化剂）箱、Y 形过滤器、电磁阀、流量计等主要元件组成。

敏化剂箱共有两个，在混装车后操纵室内顶部。敏化剂添加方法有自流和泵送两种。

（1）自流方式。敏化剂经 Y 形过滤器、流量计、电磁阀经软管进入混合器。其流量大小通过调整流量计上的调节阀来达到，软管插入混合器内，进入混合器后微量元素与乳胶基质混合，然后流入螺杆泵漏斗内。这种方法简单，但是随液位的下降，流量会减少，就需要工人经常调整流量控制阀。

（2）泵送方式。在管道中串联了一台蠕动泵，流量的多少靠调节泵的转速来达到。泵送方式受液位下降因素小，计量准确，提倡用这种方式。

3.3.7　卷筒装置

BCRH-15D 型现场混装乳化炸药车软管卷筒装置和 BCRH-15B 和 BCRH-15C 型混装车不同，前两种车支架为外置式。BCRH-15D 型现场混装乳化炸药车软管卷筒装置如图 3-39所示，为内置式。安装在操作室内部，打开门后，液压油缸把支架推出。软管卷筒装置主要由软管卷筒、软管导向轮、卷筒支架、吊架、快速接头和液压油缸等零部件组成。工作时打开后门，把支架推向炮孔，将输药软管送至孔内，将炸药送入孔底，并根据输药效率、炮孔直径、提管速度三者有机结合，把输药软管缓缓提起。工作完毕后将软管收于

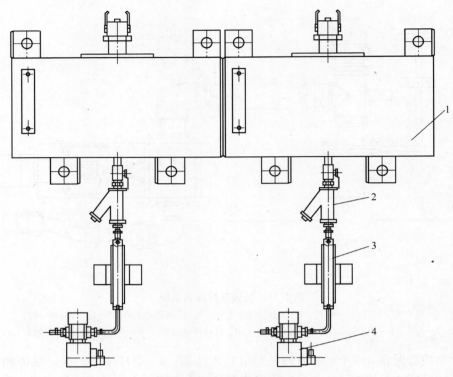

图 3-38 敏化剂添加系统

1—敏化剂（催化剂）箱；2—Y 形过滤器；3—流量计；4—电磁阀

卷筒上。卷筒由一液压马达驱动，装药时，开动换向阀，缓缓调整流量控制阀，将输药软管放入炮孔中，吊架倾角可通过调整油缸的位置来改变。

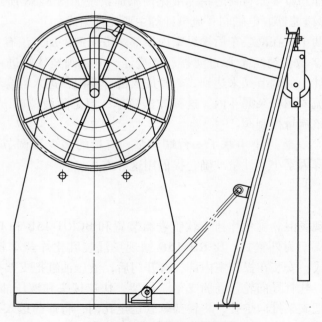

图 3-39 软管卷筒支架装置

液压系统、取力器、混合器、螺杆泵系统和 BCRH-15B 和 BCRH-15C 型乳化炸药现场混装车基本相同，这里不再介绍。

3.4 BCRH-15E 型现场混装乳化炸药车

BCRH-15E 型现场混装乳化炸药车如图 3-40 所示，是 BCRH-15D 型混装车功能和 BCRH-15C 型混装车添加干料功能两者的结合，即在 BCRH-15D 型混装车的基础上增加了两套添加干料系统，可混制纯基质型乳化炸药，也可混制加 20% 干料重乳化炸药。其功能和 BCRH-15C 型混装车基本相同，区别于 BCRH-15C 型混装车为车上制乳，BCRH-15E 型混装车为地面制乳。详见 3.3 节 BCRH-15D 型乳化炸药现场混装车和 3.2 节中干料输送系统。BCRH-15E 型混装车混装重乳化炸药有利于提高炸药威力，改善爆破效果，降低采矿成本。

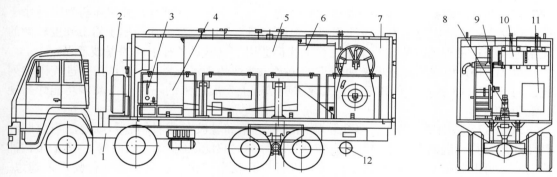

图 3-40 BCRH-15E 型现场混装乳化炸药车

1—汽车底盘；2—备胎装置；3—液压系统；4—水清洗系统；5—乳胶基质箱；6—干料箱；7—后操作室；
8—混合器；9—软管卷筒；10—微量元素添加系统；11—电气控制系统；12—螺杆泵系统

主要技术参数如下：

（1）乳胶基质箱：有效容积 $10m^3$，装料 13.5t。

（2）干料箱：有效容积 $1.75m^3 \times 2$，装料 $1.4t \times 2$。

（3）微量元素：有效容积 $0.12m^3 \times 2$，装料 $0.12t \times 2$。

（4）清洗水箱：有效容积 $0.7m^3$，装料 0.7t。

（5）输药效率：200kg/min。

（6）计量误差：±2%。

（7）外形尺寸（长×宽×高）：10250mm×2550mm×3800mm。

（8）汽车底盘：斯太尔 ZZ1316N3066C　8×4（可根据用户要求选择其他底盘）。

（9）爬坡能力：40%。

（10）发动机功率：250.5kW（336hp）。

（11）最大扭矩：1100N·m。

 4　现场混装重铵油炸药车

现场混装重铵油炸药车也称多功能现场混装炸药车，是现场混装乳化炸药车和现场混装多孔粒状铵油炸药车两种车功能的结合，而结合后功能大大增多。可混装纯乳化炸药、多孔粒状铵油炸药、重乳化炸药和重铵油炸药。并且乳化炸药和多孔粒状铵油炸药的比例可在100∶0和0∶100之间随意调整。以乳化炸药为主（大于等于50%），多孔粒状铵油炸药为副（小于等于50%），这种炸药称为重乳化炸药，常用比例为7∶3，适用于岩石硬度较硬的有水炮孔。以多孔粒状铵油炸药为主（大于等于50%），乳化炸药为副（小于等于50%），这种炸药称为重铵油炸药，常用比例为5∶5，这种炸药用于岩石硬度较硬的无水炮孔。这种现场混装炸药车水孔、干孔都适用，可满足各种不同的爆破工程。

BCZH-15B型现场混装重铵油炸药车（多功能炸药现场混装车），是在引进美国埃列克公司BCZH-15基本型和BCZH-15A改进型基础上发展起来的一种全自动多功能炸药现场混装车。

BCZH-15基础型混装车，多孔粒状硝酸铵料箱和乳胶基质料箱容积固定。当混制纯乳化炸药时只能混制5t，当混制多孔粒状铵油炸药时只能混制10t，当混制7∶3的重铵油炸药时才可混制15t。混制前两种炸药时汽车重心发生变化，给汽车安全行驶带来隐患，汽车的载重能力造成很大浪费。液压系统控制元件为单体式。电气控制系统以钮子开关和继电器为主。

BCZH-15A改进型，车厢结构没有变化，液压控制阀采用了叠加式，电气控制系统采用了单片机和PLC。

BCZH-15B型现场混装重铵油炸药车如图4-1所示，主要由汽车底盘、输药软管卷筒、

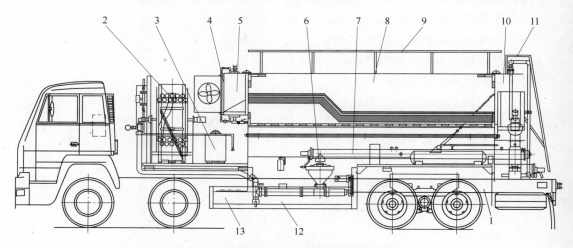

图4-1　BCZH-15B型现场混装重铵油炸药车

1—汽车底盘；2—输药软管卷筒；3—液压系统；4—水清洗系统；5—敏化剂添加系统；6—螺杆泵输药装置；7—螺旋输送系统；8—多功能料箱；9—安全护栏；10—燃油系统；11—爬梯；12—乳胶基质泵送系统；13—动力输出系统

液压系统、水清洗系统、敏化剂添加系统、螺杆泵输药装置、多功能料箱、安全护栏、燃油系统、爬梯、乳胶基质泵送系统、动力输出系统等部件组成。

BCZH-15B 型现场混装重铵油炸药车，料箱结构做了重大改进，根据炸药配方不同，车厢容积可以随意调整，始终保持装载量为 15t。可混制乳化炸药 15t，可混制多孔粒状铵油炸药 15t，可混制重乳化炸药 15t，可混制重铵油炸药 15t，比例可以随意调整。还应用了润滑剂减阻技术，可输送黏度较大的乳化炸药和重乳化炸药。还可安装小管径输送系统，输送长度可达 100m。还安装有空气间隔器施放装置，可间隔装药。

4.1 总体结构

BCZH-15B 型现场混装重铵油炸药车如图 4-1 所示，主要由汽车底盘（可根据用户的要求选用北方奔驰、斯太尔、陕汽德龙等）、动力输出系统（包括取力器、万向传动轴、联轴节、油泵支架）、液压系统（主要包括液压油箱、PVWH45 轴向柱塞泵、控制组件、侧操总装置、管路、马达、散热器）、乳胶基质泵送系统（包括乳胶基质箱、RAVEN 泵、管路）、燃油系统（包括燃油箱、泵、智能金属管浮子流量计、管路）、干料输送系统（包括干料箱、箱体螺旋、斜螺旋、侧螺旋）、微量元素添加系统（包括微量元素箱、流量计、计量泵）、水气清洗系统（包括水箱、泵水装置）、螺杆泵装置（包括螺杆泵、软管卷筒、输药软管等）、润滑剂减阻系统（润滑剂箱、润滑剂泵、减阻装置）、梯子、电气自动控制系统、灭火器、间隔器施放装置等部件组成。车厢顶部设有安全护栏，为平行四边形结构，行车时自动放下。这种车外观看去和多孔粒状铵油炸药现场混装车相似，有漏斗状的料箱、箱体螺旋、斜螺旋、侧螺旋、燃油系统等。当全部混装多孔粒状铵油炸药时，上述部件功能和多孔粒状铵油车相同。当全部混装乳化炸药时，车厢经过调整，全部装乳胶基质，乳胶基质经计量装置按比例泵送到侧螺旋混拌器内和敏化剂混合，将混拌均匀的药浆落入螺杆泵漏斗内、靠螺杆泵的推力，经输药软管输送到炮孔，它的功能和 BCRH-15D 乳胶基质型乳化炸药混装车基本相同。当混制重铵油炸药时，首先确定比例，调整料箱容积。如果混制重铵油炸药，由螺旋输送到炮孔。如果混制重乳化炸药，由螺杆泵经输药软管输送到炮孔。液压系统采用电液比例阀，控制系统采用了 PLC，配料系统采用闭环控制，计量非常准确。

这种车输药软管卷筒放置位置有两种，一种放在车的前面，一种放在后面。前置只能装右侧炮孔，后置能装多排炮孔。三螺旋的放置也要根据输药软管卷筒的位置不同需要调整。卷筒前置，三螺旋应为图 4-1 所示的位置。卷筒后置，三螺旋调整 180°，即斜螺旋放置在前面。

4.2 适用范围

BCZH 系列混装车可广泛适用于冶金、煤炭、化工、建材等部门大中型露天矿山作为单排孔或多排孔装填炸药之用，炮孔直径在 100mm 以上。还广泛应用于开山筑路，道路条件不好的爆破作业工程装药之用。特别适用于岩石较硬的爆破工程或一些特殊的爆破工程，如抛掷爆破等。

4.3 主要技术参数

主要技术参数如下：

（1）料箱有效容积：

1）5.4m³，装胶体7t，装干料4.5t。

2）4.8m³，装胶体6.5t，装干料4t。

3）7.9m³，装胶体10t，装干料6.5t。

（2）燃油箱：有效容积1.2m³，装料1t。

（3）微量元素箱Ⅰ、微量元素箱Ⅱ有效容积均为0.12m³，装料均为0.12t。

（4）装药效率：装水孔200～280kg/min，装干孔300～450kg/min。

（5）计量误差：±2%。

（6）外形尺寸（长×宽×高）：11500mm×2493mm×3900mm。

（7）汽车底盘：斯太尔 ZZ1316M4669F。

（8）发动机功率：252kW。

（9）爬坡能力：40%。

4.4 工作原理

首先确定炸药品种及比例，调整车厢结构，满足乳胶基质和多孔粒状硝酸铵的比例。

水相、油相在地面站做好，并制成乳胶基质，泵送到车上的乳胶基质箱内。把多孔粒状硝酸铵由地面上料装置装入车上的多孔粒状硝酸铵料箱内。燃油和敏化剂等炸药原料分别装入混装车上的料箱内。驶到爆破现场，开始启动取力器，对准炮孔，混制装填炸药。

混制多孔粒状铵油炸药和重铵油炸药。当混制多孔粒状铵油炸药时，首先调整车厢结构，全部装多孔粒状硝酸铵。图4-2中只有干料箱、三螺旋和燃油系统工作即可。多孔粒状硝酸铵由箱体螺旋按比例输送到料箱尾部延伸管内，再由斜螺旋提升到侧螺旋混拌器内和柴油进行混拌均匀，装入炮孔。

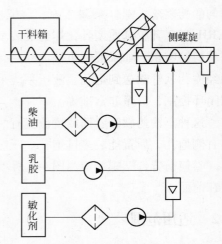

当混制重铵油炸药时，确定比例，调整车厢结构。多孔粒状硝酸铵由箱体螺旋按比例输送到料箱尾部延伸管内，再由斜螺旋提升到侧螺旋混拌器内，先和柴油进行混拌均匀成为多孔粒状铵油炸药。乳胶基质、敏化剂同时也按照比例泵送到侧螺旋混拌器内，混拌均匀后装入炮孔。炮孔

图4-2 重铵油炸药混制原理

装药量倒计数为0时，工作系统停止。移到下一孔位，重复上述程序。

混制乳化炸药和重乳化炸药。混制乳化炸药和重乳化炸药工作原理如图4-3所示。当

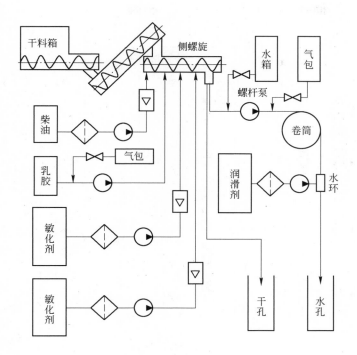

图 4-3　乳化炸药和重乳化炸药混制原理

混制乳化炸药时，首先调整车厢结构，全部装乳胶基质。乳胶基质和敏化剂按比例分别泵送到侧螺旋混拌器内，混拌均匀的药浆靠自重落入螺杆泵漏斗内，在螺杆泵的推力下经过输药软管将炸药输入炮孔。

当混装重乳化炸药时，首先按比例调整车厢结构，多孔粒状硝酸铵和燃油在侧螺旋混拌器内先混拌成多孔粒状铵油炸药。乳胶基质和敏化剂分别从侧螺旋的中部按比例加入，和多孔粒状铵油炸药混拌均匀，落入螺杆泵漏斗，在螺杆泵的推力下经过输药软管将炸药输入炮孔。如果乳化炸药或重乳化炸药黏度大时，启动润滑剂减阻装置，炸药可顺利地输入炮孔。工作过后用空气清洗装置或水清洗装置将输药管道清洗干净。

微量元素设有两套系统，一套为敏化剂添加系统，一套为催化剂添加系统。有了这两套微量元素添加系统，胶体不受温度的限制，温度高时，只要按比例添加敏化剂即可，当温度低时，再按比例可添加催化剂就可把炸药敏化到理想的密度。

4.5　液压系统

混装车液压系统是运动部件的动力来源，由电气控制系统发出指令，使混装车正常工作。液压系统的设计好坏，直接影响到混装车是否运转正常、混制的炸药是否合格等问题。

液压系统如图 4-4 所示，每一套配料机构都设有手动和自动两套控制回路。自动控制回路为电液比例阀、控制电脑、相关传感器和液压马达形成一个闭环控制，从而保证了炸药原料配比准确，炸药获得最大爆破能量。手动系统一般用于调车和自动系统万一发生故障时用手动机构混制炸药，不会影响爆破作业。

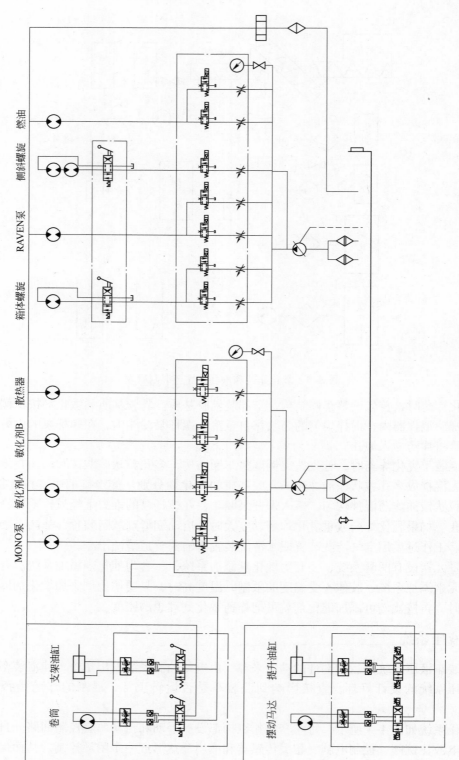

图 4-4 液压系统原理

所用胶管为扣压式胶管，用 O 形圈密封。选用两台变量泵驱动所有的液压马达。液压油箱可装液压油 $0.4m^3$，油箱上装有液位计，空气滤清器，内装吸油过滤器和温度传感器。

4.6 间隔器施放装置

该车上安装的间隔器施放装置（只能施放空气间隔器），主要由气源、气管卷轮、气阀和气嘴等零件组成，气源来源于汽车发动机。将空气间隔器放在炮孔间隔位置，接通气源，打开气阀，几秒钟把气充满，再重新放起爆器材和混制炸药。

4.7 减阻输药装置

散装乳化炸药首先要有良好的流动性，黏度低，易泵送，但固泡能力差，敏化后小气泡聚集成大气泡，从而排入大气。众所周知，大气泡是无用气泡，从而降低了炸药的做功能力，不能获得满意的爆破效果。如果黏度高，固泡能力提高，敏化后炸药质量提高，会获得满意的爆破效果，但泵送压力高，甚至泵不出去，可以用减阻技术内解决这一难题。减阻方法一般有两种：一种是润滑剂减阻法，适用于小管径长距离输送装药作业；另一种是加大管径，降低流速达到减阻的目的，一般适用露天矿高效率装药作业。

润滑剂减阻技术，也称水环减阻技术，是在炸药输送管路上串联一套润滑剂输送装置，在炸药和管壁间形成一层薄薄的润滑剂膜，减阻装置一般安装在泵出口处，减少对水环的破坏。把润滑剂均匀地喷洒在管壁上，炸药在润滑剂中间通过，起到了减阻的目的（详见 6.1.3 节）。润滑剂减阻技术来源于瑞典诺贝尔公司。在露天矿混装车引进成功后，山西惠丰特种汽车有限公司，决定研制井下现场乳化炸药混装车。首先调研了国内井下矿装药现状，和引进多台装药车没有应用的原因，决定引进国外井下乳化炸药混装车。由原机械部重型矿山局组团，山西惠丰特种汽车有限公司、中国机械进出口公司参加，带着小管径长距离输送乳化炸药和上向炮孔输送乳化炸药等问题先后考察了瑞典诺贝尔公司、芬兰诺麦特等公司，引进了润滑剂减阻输送技术。

实际上是一个夹套管，内管输送炸药，夹套中间输送润滑剂。夹套管间隙大小是这项技术的关键，要做到周圈都有润滑剂并均匀。安装位置也很重要，减少中间环节对水环的破坏，安装到距输药胶管最近的位置。润滑剂的添加量要根据输药管的直径和长度来确定，内径 $\phi22mm$ 和内径 $\phi25mm$ 输药胶管，当长度 30m 以内，根据著者的经验润滑剂添加量为 1% ~ 1.5%、长度 30 ~ 50m 添加 2%、长度 50 ~ 70m 添加 2.5%、长度 70 ~ 100m 添加 3%。内径 $\phi50 - \phi65mm$，长度 30m 添加 3%（以上数据供参考）。

国外乳化炸药一般采用物理敏化，用玻璃微珠混拌成成品炸药，用水作润滑剂。著者认为这种方法不算最优，一是炸药成本高；二是水会混到炸药中间，爆炸时会消耗一部分能量。我国乳化炸药一般采用化学敏化，或物理敏化和化学敏化相结合，把敏化剂当润滑剂，二剂合一，在管道出口处用静态混合器混合均匀，在炮孔内数分钟后敏化成为炸药，炸药成本低，也非常安全。

第二种减阻的方法是增大输药胶管的直径，降低流速，从而达到减阻的目的。目前输药胶管一般为内径 $\phi50mm$，长度为 30m。山西惠丰特种汽车有限公司出口到老挝的重铵油炸药现场混装车，混装 7:3 的重乳化炸药，需要 1.2 ~ 1.4MPa 压力才能输送到炮孔，螺杆泵在超负荷工作，输药胶管长时间受压，减短了泵和胶管的寿命。后改为内径 $\phi 80mm$ 输药胶管，输送压力只有 0.4MPa，收到了明显的效果。出口到俄罗斯 BCZH-25 型现场混装重铵油炸药车也装了 $\phi 80mm$ 的输药胶管收到了明显的效果。BCRH-15C 型（车上制乳加 20% 干料）、BCRH-15D 型（地面制乳纯乳胶基质车）、BCRH-15E 型（地面制乳加 20% 干料）和 BCZH-15B 型重铵油现场混装车（多功能炸药混装车）为大型露天矿服务的乳化炸药、重乳化炸药现场混装车，输药效率高达 200~300kg/min，应该装内径 $\phi 65mm$ 输药胶管为好。

其余工作机构及部件和多孔粒状铵油炸药现场混装车、胶体型乳化炸药混装车基本相同，这里不再介绍。

 **露天矿用现场混装车的选择**

露天矿用现场混装炸药车实现了露天矿山混装药机械化，混制炸药的原料分别装填在车上的料箱内，驶到爆破现场才混装炸药，它是集原材料运输、炸药混制、炮孔装填于一体的机电、化工一体化集成产品，可谓移动式微型高效炸药加工厂。以它独特的混药工艺，提高了爆破作业自动化水平和安全性。根据各个矿山地质、水文等条件不同，岩石硬度不同，作业方式不同等因素，选择不同的炸药，提高爆破效果，所以选择合适的混装车非常重要。

为了选择方便，再把上述三大系列的混装车主要性能及用途在这里简要地归纳一下，供选择参考。

5.1 现场混装多孔粒状铵油炸药车简述

现场混装多孔粒状铵油炸药车主要适用于冶金、煤炭、水利、交通、化工、建材等大中型露天采场无水炮孔装填铵油炸药之用。表 5-1 为 BCLH 系列现场混装多孔粒状铵油炸药车基本参数。

表 5-1　BCLH 系列现场混装多孔粒状铵油炸药车基本参数

型　号	装载量/t	装药效率/kg·min⁻¹	计量误差/%
BCLH-4B	4	200	
BCLH-6B	6	200	
BCLH-8B	8	200	
BCLH-12B	12	200～450	±2
BCLH-15B	15	200～450	
BCLH-20B	20	450～750	
BCLH-25B	25	450～750	

目前现场混装多孔粒状铵油炸药车按输料螺旋的形式有侧螺旋式和高架螺旋式。侧螺旋式多孔粒状铵油炸药混装车，表 5-1 中 7 种都有可供产品，它的最大特点是效率高，螺旋低，好操控，载重量大的混装车均为侧螺旋式，用于孔网距较大的大型和特大型矿山。它的最大缺点是，移一次车只能装一个炮孔。高架螺旋式多孔粒状铵油炸药混装车国内只有载重量 8t、12t 和 15t 三个品种可供选择。由于顶置输料螺旋可旋转 360°，移一次车可装 2～4 个炮孔在，这是这种车的最大特点。它的缺点是效率较低，高架螺旋式适用于孔网距较小的矿山、载重量较小的混装车。

5.2 现场混装乳化炸药车简述

现场混装乳化炸药车主要适用于冶金、煤炭、水利、交通、化工、建材等大中型露天采场有水炮孔装填乳化炸药之用。表 5-2 为 BCRH 系列乳化炸药现场混装车的基本参数。

表 5-2 BCRH 系列现场乳化炸药混装车基本参数

型 号	装载量/t	装药效率/kg·min⁻¹	计量误差/%
BCRH-8	8	200	
BCRH-12	12	200	
BCRH-15	15	200~280	±2
BCRH-20	20	300	
BCRH-25	25	300	

现场混装乳化炸药车按制乳方式，有车上制乳和地面制乳两种。车上制乳的混装车料箱内盛装油相和水相溶液，制乳、敏化、装填为一体都在车上进行，车的功能多，安全程度高，温度变化范围小，易敏化。但服务半径小，一般 100km 以内。适用于一矿一站的大、中型露天矿山中深孔爆破，自产自用。地面制乳的混装车料箱内装的是乳胶基质，服务半径较大，可达几百千米到上万千米。适用于一点建站多点配送，规模化生产，节省了大量建设地面站的土地和投资。

目前现场混装乳化炸药车有四种改进型可供用户选择：

（1）BCRH-□B 型车，为车上制乳，纯乳化炸药混装车，高温作业，大直径管输送。

（2）BCRH-□C 型车，为车上制乳，可加 20% 的干料。有利于调整炸药配方，提高炸药威力，改善爆破效果，适用于岩石较硬的矿山。高温作业，大直径管输送。

（3）BCRH-□D 型车，为地面制乳。纯乳胶基质型混装车，这款车安装了大管径（φ50mm，长度 30m）输药胶管。同时也可选装小管径（φ19~25mm，长度 40~100m）输药胶管，安装了润滑剂减阻装置。这款车不但适用于大、中型露天矿，而且适用于开山筑路等爆破工程。既可高温作业，也可常温作业。

（4）BCRH-□E 型车，和 BCRH-□C 型车功能相同，为地面制乳，可加 20% 的干料。有利于调整炸药配方，提高炸药威力，改善爆破效果，适用于岩石较硬的矿山。既可高温作业，也可常温作业。使用输药胶管和 BCRH-□E 型相同。

5.3 现场混装重铵油炸药车简述

现场混装重铵油炸药车也称多功能现场混装炸药车，它可全部混装多孔粒状铵油炸药，可全部混装乳化炸药，可混装重乳化炸药和重铵油炸药，并且混制的比例可以0:100，100:0 随意调整。主要适用于岩石硬度较硬的矿山，或一些特殊的爆破工程（如抛掷爆破等）。表 5-3 为 BCZH 系列现场混装重铵油炸药车的主要参数。

表 5-3 BCZH 系列现场混装重铵油炸药车参数

型 号	装载量/t	装药效率/kg·min⁻¹	计量误差/%
BCZH-8B	8	乳化 200；其他 300	
BCZH-12B	12	乳化 200；其他 450	
BCZH-15B	15	乳化 200；其他 450	±2
BCZH-20B	20	乳化 300；其他 450	
BCZH-25B	25	乳化 300；其他 450	

乳胶基质在地面站制成，其他原料分别装在车上的料箱内。乳化炸药和重乳化炸药使用于水孔。用输药胶管输送，输药效率表中前三款车为 200kg/min，后两款车为 300kg/min。多孔粒状铵油炸药和重铵油炸药适用于无水炮孔。用螺旋输送，后两款车输药效率为 450～750 kg/min。

5.4 选择混装车的原则

选择混装车的原则包括：

（1）因地制宜，根据各单位爆破工程的具体情况，选择适合各单位使用的混装车。

（2）尽量减少混装车品种，这对于建设地面站就可减少了功能，节省投资，减少了炸药原材料的采购品种，还可减少备品、配件的采购品种和数量。江西德兴铜矿大部分为水孔，但也有少量的干孔，全部选用了乳化炸药现场混装车，地面站只生产油相和水相，年生产乳化炸药 40000t 以上。

（3）根据矿山地质水文条件和爆破工程量，选用不同的炸药品种和炸药的用量，在根据炸药品质和炸药用量，选择混装车的功能和数量，使混装车充分发挥它的功能，做到合理性和经济性。河南洛阳钼业集团栾川钼矿约 60% 为干孔、40% 为水孔。年用炸药 18000t，其中：多孔粒状铵油炸药 10000t，乳化炸药 8000t。选用 BCLH-15B 型多孔粒状铵油炸药现场混装车两台，BCZH-15B 型多功能炸药现场混装车两台（只利用乳化炸药功能），并建设了与其配套的地面站。

（4）根据矿山爆破工艺选择混装车，内蒙古准格尔煤矿采用吊斗铲工艺，煤的上面有两层覆盖层，第一层为黄土，厚度约 30m，第二层为岩石，厚度约 40m，煤层平均 28.8m。第一层黄土用斗轮挖掘机剥离。第二层采用高台阶（40m）抛掷爆破，要求把 20% 的岩石抛到 220m 以外。采用预装药，一个月放一次炮，一次装药 1000～3000t 不等。炸药单耗为 0.8～1.2kg/t，需要高威力炸药，每一个孔可装几吨炸药。选用了 BCZH-15B 型重铵油炸药现场混装车（多功能混装车），选用两种配方，水孔采用重乳化炸药（乳化炸药：铵油炸药=7：3），干孔采用重铵油炸药（乳化炸药：铵油炸药=5：5）。采煤仍然采用单斗铲工艺，低台阶爆破。年需要炸药 110000t，建了与其配套的地面站，地面站分别为 20000t 乳胶基质站和 90000t 多孔粒状硝酸铵上料装置。

（5）根据爆破工程的需要选择不同功能的混装车。近年来多功能炸药混装车受到了很多人的推崇，一定要根据爆破工程的需要来选择多功能混装车。河南前进化工厂冷水地面站常年为栾川钼矿装药服务，选择了多功能混装车，只用了混装乳化炸药一个功能，其他功能都在闲置。很多公司购买了多功能混装车，只用了多孔粒状铵油炸药一个功能，其他功能同样在闲置，造成功能浪费，要求卸掉其他功能或多余功能零件返回制造厂，……特别是大中型矿山不可能经常改变配方，更不会按比例 100：0，0：100 频繁地调整。青岛昌龙达化工有限公司，为多个小采石场服务，有水孔，有干孔，也购买了多功能混装车，是根据需求订制的。一台车能混装多孔粒状铵油炸药 7.5t，混装乳化炸药 7.5t，两种固定功能。选择混装车时绝不要跟风，一定要根据本单位的具体需要来选择。德兴铜矿副总工程师简新春 2011 年 10 月份在厦门参加路博润公司 ADEX 炸药乳化剂未来趋势研讨会时讲的好："适用于我的，就是好的"。多功能混装车在世界各地爆破服务中，多数只用两种配方：水孔用 7：3 的重乳化炸药，干孔用 5：5 的重铵油炸药。

（6）混装车（台）数量的选择。根据国内外使用混装车的经验，选择的依据有两点：第一，如果采用预装药，混装车每天都在均衡地生产，数量可以少一些；第二，如果采用当天装药当天爆破，混装车的数量要以满足一次最大装药量来确定。现场混装乳化炸药车一年混装炸药2000～3000t，现场混装多孔粒状铵油炸药车一年混装2000～5000t。现场混装重铵油炸药车，如果混装重乳化炸药一年混装2000～3000t，如果混装重铵油炸药一年混装2000～5000t。建议一种型号的混装车三台备一台，十台备两台，以上以载料量为15t混装车为例。俄罗斯某采选联合公司采用预装药，选用四台25t重乳化炸药混装车一年混装35000t炸药，每台车年平均混装，炸药8750t。蒙古额尔登特铜矿采用预装药，选用四台20t重乳化炸药混装车，一年混装炸药20000t，每台车年平均混装炸药8750t。我国目前采用预装药的矿山很少。栾川钼矿两台多孔粒状铵油炸药现场混装车一年混装多孔粒状铵油炸药10000t。江西德兴铜矿20多台车上制乳的乳化炸药混装车一年混装乳化炸药40000t以上。酒钢集团兴安民爆镜铁山分公司一台纯基质型乳化炸药混装车一年混装2000t以上。

（7）按服务点配车。易普利公司2012年在全国16个省、市、自治区，19个爆破服务点，53台混装车，混装各种炸药80000t，每车平均约1500t，还感到混装数量不足。

以上数字供参考。

 # 6 井下矿用现场混装乳化炸药车

千万吨级露天矿成套设备在"七五"期间成套引进了国外先进技术，从而缩小了与国外的差距。20 世纪 70～80 年代我国虽然自行研制了两轮井下内燃无轨成套设备，但收效甚微，没有引进国外先进技术，与发达国家相比差距还很大。井下矿用高端设备仍被国外几家公司牢牢地占据着我国的市场，特别是电动铲运机、凿岩台车等。爆破工程综合机械化的关键是装药机械化，随着钻孔技术及设备、装运技术及设备的迅速发展，相比之下装药技术及设备就显得比较落后。井下混装车（装药车）虽然多个单位从国外引进，共计进口了二十多台，由于种种原因都没有使用起来。现在多数矿山仍采用装药器装药，返粉率高，污染环境，工人劳动强度大。有的矿山或一些洞式爆破工程甚至仍在采用原始的炮棍向炮孔内捅药的方法。随着钻机、铲运机、运矿车等大型机械在井下采矿作业中大量应用，出现了炮孔装药耗费的时间比钻孔耗费的时间多得多的惊人状况。因此，装药机械的发展已成为当前迫切的任务。井下装药车已被列入公信部"十二五"期间的重点发展项目。山西惠丰特种汽车有限公司和北京矿冶研究总院 2001 年联合研制井下乳化装药混装车，技术已经基本成熟。下面把乳化装药混装车和铵油炸药装药车做一详细介绍。

型号的编制方法，根据《矿山机械产品型号编制方法（GB/T 25706—2010）》如下：

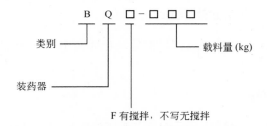

井下乳化炸药混装车按照行业标准，《井下现场混装乳化炸药车（JB/T 10881—2008）》已形成了系列，井下乳化炸药混装车技术参数见表 6-1。

表 6-1　井下乳化炸药混装车技术参数

型　号	BCJ-650	BCJ-1000	BCJ-2000	BCJ-4000
装载量/kg	650	1000	2000	4000
装药效率/kg·min⁻¹	15～50	15～50	15～75	50～100
输药管外径/mm	32～38			
装药平台举升高度/m	1～18（根据爆破工程现场确定）			
装药平台承载重量/kg	井下铰接底盘 300；轻型汽车底盘 1000			
携带雷管数量/发	200			
最小工作断面（宽×高）/m×m	井下铰接底盘 3×3；轻型汽车底盘 4×4			
装药平台回转角度	铰接平台 180°；举升平台 0°			
适应工作类型	可掘进，可回采			

　　BCJ 系列现场混装乳化炸药车，其配套底盘有两种：一种为井下通用铰接底盘，发动机为低污染柴油机，转弯半径小，行走灵活，混药机构驱动形式为外接电源，没有环境污染，特别适用于井下作业；另一种为轻型普通汽车底盘，装药机构驱动形式有液压式和电动式两种。电源有外接电源和自带电源（自带 10kW 小型发电机组）。这种用轻型汽车底盘改装的混装车，不但可以在井下混装炸药作业，而且还可以应用于地面小型爆破工程混装炸药作业，如机场建设、公路建设、铁路建设及小型采石场等，自带电源非常方便，功率小，耗油省。为今后大面积推广散装炸药做好了技术和设备的准备。

　　BCJ 系列乳化炸药现场混装车主要有以下特点：

　　（1）安全可靠，装药车不运送成品炸药，料仓内盛装的只是炸药半成品，这些原料在现场按一定的比例混制装入炮孔后再经 10～20min 发泡才成为炸药。

　　（2）计量准确，结束了一排炮装某某袋炸药的模糊数量。

　　（3）装药效率高，和人工捅药相比提高了数十倍。

　　（4）作业半径大，输药胶管长，减少了混装车移位次数。

　　（5）降低了工人劳动强度。

　　（6）解决了粉尘、粉状铵油炸药返粉率高等问题。后续处理工作基本没有。

　　（7）采用低污染柴油发动机，排放量低，混装炸药时用外接电源，做到了污染物质零排放，优化了井下作业环境。

　　（8）配方简单，材料来源广泛，无 TNT 等有害物质的侵害和污染，保证了工人身体健康。

　　（9）取代了炸药加工厂，占地面积小，投资少，安全级别低。

6.1　铰接底盘现场混装乳化炸药车

　　本节介绍采用井下通用铰接底盘现场混装乳化炸药车，以 BCJ-650 型井下现场混装乳化炸药车为主作详细介绍。

6.1.1　总体结构及工作原理

　　BCJ-650 型井下混装乳化炸药车采用井下通用铰接底盘，总体结构如图 6-1 所示，主要由井下通用铰接底盘、乳胶基质输送系统（包括乳胶基质箱、螺杆泵输送装置）、微量元素输送系统（催化剂和敏化剂添加系统，统称为微量元素系统）、清洗系统、液压系统、电气控制系统、工作平台、配电系统、雷管防爆罐及灭火器等部件组成。

　　采用了润滑剂减阻技术，从而解决了乳胶基质小管径长距离输送的难题。敏化剂和润滑剂二剂合一，在管道出口处用静态混合器把乳胶基质和敏化剂混合均匀，装到孔内 10～20min 发泡成为炸药。

　　BCJ-650 型井下现场混装乳化炸药车工作原理如图 6-2 所示，需要一套地面站（也称地面辅助设施）与其配套使用。乳胶基质在地面配制成并装到车上的料箱内。乳胶基质补给有两种方式：一是用小型乳胶基质补给车补充乳基质；二是配置 3～5 个乳胶基质箱，采取换料箱的方式补充乳基质。微量元素同时也在地面站制成，并装在车上的微量元素箱内。驶到爆破工作面，接上外接电源，启动液压系统的主油泵。启动送管装置，将输药软管连同起爆药具和雷管一起送入孔底。在电脑控制装置上，置单孔装药量，按下启动键，

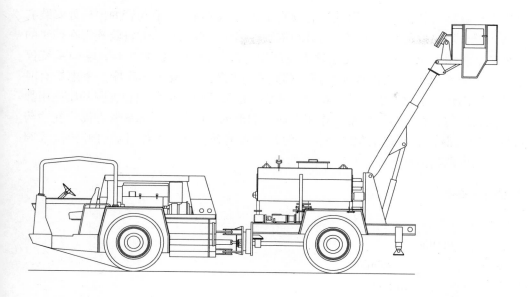

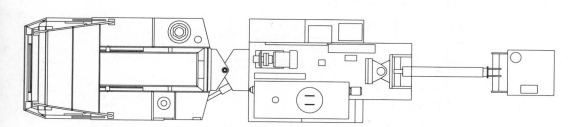

图 6-1 BCJ-650 型井下现场混装乳化炸药车

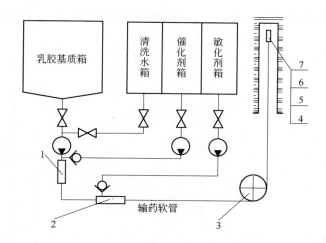

图 6-2 BCJ-650 型井下混装乳化炸药车工作原理

1—静态混合器 I；2—润滑剂减阻装置；3—软管卷筒；4—静态混合器 II；
5—起爆药柱托架；6—起爆药柱；7—雷管

敏化剂泵先启动数秒后乳胶基质泵启动，乳胶基质在水环内通过，输药管的出口处安装有静态混合器，混合均匀的药浆连同起爆药具和雷管一起送入孔底。这时输药软管在药浆的反作用力推动下缓缓退出炮孔，缠绕在软管卷筒上。装药量倒计数为 0 时，输药系统停止。药浆在孔内经 5～20min 发泡成为炸药。移到下一炮孔，重复上述程序。考虑到有时胶体温度低等原因炸药敏化不够充分，特设了催化剂添加系统，催化剂和乳胶基质先用静态混合器 I 混合均匀，在螺杆泵的推力作用下通过润滑剂减阻装置，经软管卷筒，在输药管的出口处由静态混合器 II 把敏化剂混合均匀并送入炮孔。每次工作过后打开清洗水阀门，把输药管中的剩料清洗干净。

6.1.2 主要技术参数

主要技术参数如下：

（1）装载量：650kg。

（2）装药效率：15～50kg/min。

（3）适应孔向：水平和上向。

（4）输药软管内径：ϕ19mm，ϕ22mm，ϕ25mm。

（5）适用炮孔直径：ϕ35～ϕ102mm。

（6）适用炮孔深度：上向炮孔小于 50m。

（7）装药平台回转半径：240°（设限位、制动）。

（8）装药平台举升最大高度：6.4m（根据工程需要配置）。

（9）装药平台承载重量：300kg。

（10）携带雷管数量：200 发。

（11）电缆长（拖拽电缆）：150m。

6.1.3 乳胶基质输送系统

乳胶基质输送系统如图 6-3 所示，主要由箱体和螺杆泵输料总成两部分组成。

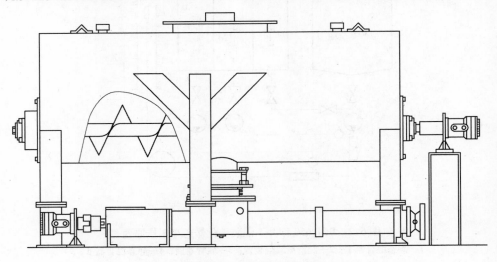

图 6-3 乳胶基质输送系统

6.1.3.1　乳胶基质箱体总成

井下矿空间小，铰接底盘高度低，转弯半径小，行动灵活，是井下采矿机械的首选底盘。但是这种底盘可利用空间小，如何在有限的空间内增加料箱的有效容积，是料箱设计的关键。BCJ-650型井下混装车料箱设计，采用了下部为槽形漏斗状，上部为长方体，增大了料箱有效容积。在料箱底部安装了一台反、正扣螺旋送料器，如图6-4所示。用液压马达驱动，解决了平箱底乳胶基质流动性差的问题。

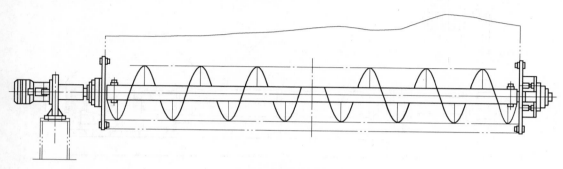

图6-4　螺旋送料器

乳胶基质箱体总成主要由箱体、密封装置和螺旋送料器三部分组成。密封装置是箱体出料口和螺杆泵入料口之间一个过渡装置，如图6-5所示，为快速更换箱体，又不会让乳胶基质泄漏出去而设计的。乳胶基质箱用不锈钢板焊接而作，有效容积0.6m³。箱体上面设有人孔、加料孔和排气孔。出料口处装有一蝶阀，蝶阀与料箱连成一体。螺杆泵上法兰装一套类似机械密封的组件，弹簧将上环托起，下环与螺杆泵连成一体，上、下环之间装有O形密封圈。乳胶基质箱以重心位置配置三条支腿，支腿分成上下两部分，下部分固定于底盘上，上部分焊接于乳胶基质箱上，上下用活节螺栓固定。乳胶基质箱上焊有吊环，这样，每次装药完毕后，只需将活节螺栓松开，将空箱体吊走，将装有乳胶基质料箱装上。对准密封组件，紧固活节螺栓，箱体将上环压下，靠弹簧的弹力密封，更换箱体非常方便。也可做成固定箱体，用小型基质补给车向基质箱内补充乳胶基质。

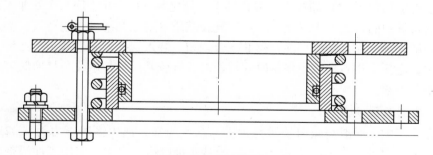

图6-5　密封装置

6.1.3.2　乳胶基质输送系统

乳胶基质输送系统如图6-6所示，主要由液压马达、螺杆泵、催化剂喷射器、静态混合器Ⅰ、润滑剂减阻装置、旋转弯头、软管筒、输药软管、静态混合器Ⅱ、压力变送器以及温度变送器等仪器仪表组成。

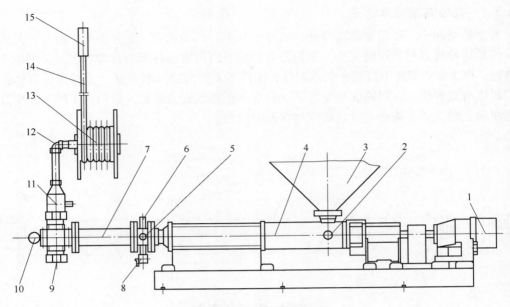

图6-6 乳胶基质输送系统

1—液压马达；2，5—催化剂喷射器；3—乳胶基质料箱；4—螺杆泵；6—温度变送器；7—静态混合器 I；
8—排液口；9—机械防爆片；10—压力变送器；11—润滑剂减阻装置；12—旋转弯头；
13—软管卷筒；14—输药胶管；15—静态混合器 II

螺杆泵选用兰州耐茨泵厂生产的单螺杆泵，进料腔内设有喂料螺旋叶片。压力为2.4MPa，输送效率为 15~50kg/min，最大可到 70kg/min，由液压马达驱动。乳胶基质靠自重落入螺杆泵的进料腔内，在螺杆泵压力作用下将乳胶基质输入到催化剂喷射器，连同催化剂一起进入静态混合器 I 内混合均匀，继续在螺杆泵推力作用下进入润滑剂减阻装置内，乳胶基质从润滑剂中间顺利地通过，经过软管卷筒、输药软管，输送到出口处由静态混合器 II 把乳胶基质和敏化剂混合均匀，喷射在炮孔内，经过 5~20min 发泡成为炸药。催化剂添加有以下两种方法：（1）先和乳胶基质混合均匀，催化剂从图6-6中序号2处加入混合的会更加均匀。（2）卸掉静态混合器 I，催化剂从图6-6中序号6处加入到乳胶基质中心。输料管中的物流处于层流状态，和乳胶基质一起在润滑剂中间通过，输送到输药胶管口部和敏化剂一起，经静态混合器 II 混合均匀，装入炮孔。著者认为第二种方法好于第一种方法，避免了物料在管中停留时间较长时，乳胶基质局部敏化、堵塞胶管、输送压力增大等不利因素。

A 润滑剂减阻装置

在这套系统中，润滑剂减阻技术是关键。众所周知，选用输送压力为 0.12MPa 的螺杆泵，输药胶管内径 ϕ25mm，长度 5m，乳胶基质难以输送出去。采用了润滑剂减阻技术后能轻松地输送到 100 m 以上，图 6-7 所示为润滑剂减阻装置示意图。润滑剂在润滑剂泵的作用下输送到减阻装置内形成一个水环，润滑剂均匀地喷洒在管壁上，乳胶基质在螺杆泵推力作用下输送到减阻装置内，从水环中通过，从而降低了输送压力，增加了输送距离。

润滑剂减阻装置目前常用的有间隙式和沟槽式两种。图 6-8a 所示为间隙式润滑剂减阻装置示意图。它主要由内套和外套两部分组成，内套由间隙部分和定位部分组成。外套上焊接有润滑剂加注管。在间隙式减阻装置中，内外套之间的间隙、润滑剂添加量和定位部分的加工精度是这项技术的关键。内外套定位部分加工精度要高，定位部分要有足够的长度（图6-7），否则起不到定位的作用。只有确保间隙均匀，润滑剂才会均匀地喷洒在管壁上。图6-8b所示为沟槽式润滑剂减阻装置示意图，这种结构简单，减少了定位部分的尺寸，体积小，容易加工，润滑剂喷洒均匀。沟槽式减阻装置，沟槽的数量、沟槽的深度和润滑剂的添加量是这种减阻装置的技术关键。山西惠丰特种汽车有限公司已报了沟槽式润滑剂减阻装置专利（专利号为2011202467693），著者推荐用这种减阻装置。无论采用何种方式、如何设计，保证润滑剂均匀，是目的、是关键。

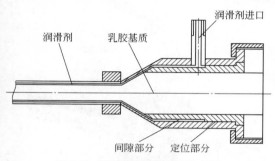

图6-7 润滑剂减阻装置示意图

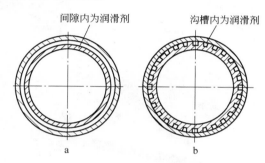

图6-8 润滑剂减阻装置
a—间隙式润滑剂减阻装置；b—沟槽式润滑剂减阻装置

用敏化剂作润滑剂，二剂合一，是我国润滑剂减阻技术的一大特点，国外大多数炸药都用玻璃微珠敏化，用水作润滑剂。水混在炸药中爆炸时会消耗部分能量，从而影响爆破效果。润滑剂的添加量要根据输药管的直径和长度来确定，根据著者的经验，内径 $\phi19mm$，内径 $\phi25mm$ 输药胶管，当长度 30m 以内，润滑剂添加量为 1% ~ 1.5%，长度 30 ~ 50m 添加2%，长度 50 ~ 70m 添加2.5%，长度 70 ~ 100m 添加3%。安装位置尽量安装在靠近输药管接口处，减少一个接头或一个弯头就对水环减少一次破坏。软管卷筒中间空心轴，要求圆滑过渡。

催化剂喷射装置（图6-6中序号2或6）是为了降低胶体温度或水相中没有加酸等原因，使炸药能敏化充分而设计的。在安装时喷头要伸到管道中间，催化剂从周边喷出，均匀地喷射到乳胶基质中间，使静态混合器很容易地把乳胶基质和催化剂混合均匀。

B 管道式静态混合器的种类和选择

管道式静态混合器的种类很多如图6-9所示，管道式静态混合器广泛地应用在食品、炼油和化工等领域中，连续输送，达到气-气、气-液、液-液反应过程混合、乳化和溶解的目的。静态混合器的混合过程是靠固定在管道内的混合元件进行，由于混合元件的作用，使流体时而左旋，时而右旋，不断地改变流动方向，不仅将中心液体推向周边，而且将周边液体推向中心，从而造成良好的径向混合效果。还可以强化传热过程，常用的换热方式有夹套式和盘管式两种换热装置，提高换热效率的方法有搅拌器式和静态混合器式两种。用静态混合器，设备紧凑，效果良好。一些导热性能差的物质（如乳胶基质等）特别适用于管道式换热器。将静态混合器元件装入管道内，增加了物料与管壁的接触机会，与空管式换热器相比可提高换热效果5 ~ 8倍。气-液、液-液反应过程涉及两相传递的反应过程，静态混合器对多相流体能提供良好的分散和混合效果，可大大提高相间接触和界面更新，达到强化传递和混合速率。同时还保证了物料的温度、浓度的均匀性，缩短了物料的停留时间，提高了生产效率，节省了能耗。混合元件有七种型号可供选择，静态混合器的型号、用途和相关技术性能见表6-2。

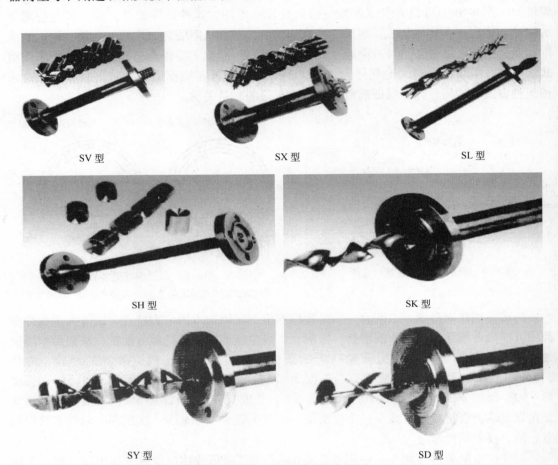

SV 型　　　　　　　　SX 型　　　　　　　　SL 型

SH 型　　　　　　　　　　　　SK 型

SY 型　　　　　　　　　　　　SD 型

图6-9　静态混合器的型号和种类

表6-2　静态混合器型号、用途与技术性能

型　号	用　途	性　能
SV	用于黏度不大于0.1Pa·s，液-液，混合乳化	最高分散程度1~2μm，不均匀度系数≤1%~5%
SX	用于黏度不大于10Pa·s，液-液，混合	
SL、SY	用于黏度不大于1000Pa·s，液-液，混合	不均匀度系数≤1%~5%
SH	用于黏度不大于1000Pa·s，液-液，混合	
SK、SD	用于黏度不大于1000Pa·s，液-液，混合	

　　在国内多数混装车车上选择了SX型和SH型两种，著者认为，SX型产生的输送阻力小，一般要装三件混合单元以上才会混合均匀。SH型产生的阻力较大，一般要装两件混

合单元就混合的非常均匀。图6-6中静态混合器Ⅰ选择了SX型，两端法兰连接，长度为300mm。图6-6中静态混合器Ⅱ选择SX型或SH型均可。一端为螺纹连接，螺纹和输药胶管螺母配套（为A形扣压式接头），用O形密封圈密封。装了2~3套混合单元，都可以获得满意的混合效果。图6-10所示为正在使用的SH25型静态混合器，适用于内径ϕ25mm输药胶管。在混合器体内放置了两件SH型混合单元，中间用一个套筒隔开，积木式设计，把套筒一分为二，就可装三件混合单元。把SH型混合单元换为SX型混合单元就变成了SX25型静态混合器。这两种静态混合器混合效果均良好，输送压力只有0.4MPa，启动压力也只有0.8~1MPa（内径ϕ25mm，长度40m的输药胶管）。

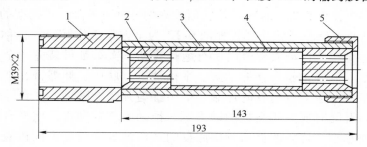

图6-10 SH25型静态混合器

1—连接螺母；2—混合单元；3—混合器体；4—套筒；5—螺母

6.1.4 敏化剂添加系统

敏化剂也称微量元素，敏化剂添加系统如图6-11所示，由微量元素箱、过滤器、流量计、计量泵、单向阀及管路等组成。为适应不同矿山和不同的炸药配方，配备两套微量元素输送装置，可分别装催化剂和敏化剂，可同时使用，也可单独使用。

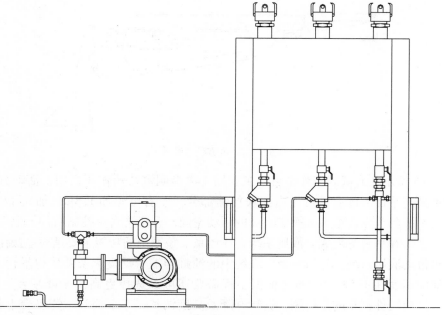

图6-11 敏化剂添加系统

微量元素添加系统为三箱（敏化剂箱、催化剂箱和清洗水箱）合并在一起，中间用隔板隔开，容积各15L，分别装有敏化剂、催化剂和清洗用水。微量元素计量泵选用计量活塞泵，液压马达驱动。添加量可由两处调整：一是调整流量控制阀；二是计量泵本身就带有微调装置。计量泵选择时压力要高于螺杆泵的压力。在工作完后，先关闭乳胶基质料箱阀门，然后打开清洗水箱阀门，将管路中的剩药清洗干净。注：由于敏化剂和润滑剂二剂合一，清洗时敏化剂泵不能停止。

6.1.5　工作平台

工作平台是供操作工人接近装药炮孔而设立的一种可升降、可摇摆的装置，为液压驱动。有两种工作平台供用户选择。如图6-12为全方位工作平台，也称吊篮式，可左右、前后、上下全方位运动，巷道内所有炮孔移动一次车都可装完。全方位工作平台主要由转向油缸、升降油缸、伸缩油缸、平衡油缸、底座、伸缩臂、工作平台等部件组成，在工作平台上还装有雷管防爆罐。平衡缸与升降缸随动，平台浮动组成闭式回路，在工作平台升降时成为平衡缸的动力源，推动平衡缸动作，使平台随工作平台的升降而自动保持水平。转向油缸和铰接底盘的转向油缸同时受方向机液压控制组件控制，当混装车在井下转弯时，随着驾驶员方向机的转动，平台和底盘同时摆动。该工作平台回转半径大，左右最大240°（设限位、制动），下降能落到地面，举升最大高度为6.4m，可为全方位工作平台。

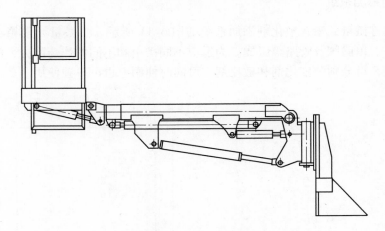

图6-12　全方位工作平台

图6-13所示为升降式工作平台，主要用于大型硐室装药作业之用，活动方位小，但举升高度高。平台上部有手动左右两块伸缩部分，左右可延伸1.8m，加大了平台宽度，从而扩大了装药范围，增大了操作人员的活动空间。升降平台由控制组件、电动机、液压系统、支承架和平台等组成，液压系统自成体系。该系统的功能主要是通过操作控制组件由电动机带动液压系统，然后由液压系统中的油缸伸缩带动支承架并使得平台上下运动，平台距地面高度在1.53~5.1m（根据工程需要还可以选择更高的升降平台）可自由调节。平台控制组件在车的左后侧，进行升降及高度调整，车下面和工作平台上都可控制，电动机启停在地面进行。

6.1.6 液压系统

液压系统工作原理如图 6-14 所示，采用一台变量轴向柱塞泵驱动所有液压马达和液压缸。与底盘共用一台液压油箱，油箱上装有液位计、空气滤清器、吸油过滤器、温度计和回油过滤器。液压集成组件上装有温度传感器。

乳胶基质马达与微量元素马达采用了电液比例阀控制，使得乳胶基质泵与微量元素泵的转速更加稳定，乳胶基质和微量元素的配比加准确，从而获得高质量的炸药性能。

6.1.7 铰接底盘

井下装药车、运人车、加油车、检修车等辅助服务车辆共用底盘称为井下矿用铰接式通用底盘。这种底盘有两种形式：一种是由发动机、变速箱、万向传动轴、驱动桥和

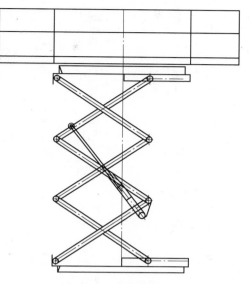

图 6-13　升降式平台

车架组成，方向机为液压传动，即常规汽车形式；另一种是全液压式，发动机驱动主油泵，驱动桥两个轮毂装两个液压马达，行走、转向均为液压传动。两种形式国内外都有生产，都有采用。目前国内青岛中宏、金湘中科也生产这样的底盘，但发动机、桥、方向机、部分液压件等大部分为进口件，自己只生产了铆焊件和组装成车。BCJ-650 型井下乳化炸药混装车的底盘就是青岛中宏公司提供的。

6.1.7.1　主要技术参数

主要技术参数如下：

（1）发动机（低污染）：道依茨 Deutz F6L912W。

（2）输出功率：65kW/2500r/min。

（3）废气净化：催化净化器。

（4）变速箱：CLARK，FHTR18421。

（5）动力换挡：前后三速。

（6）驱动桥总成：CLARK，HURTH172。

（7）轮胎：10.00-20PR14。

（8）制动器：工作制动为湿式多盘液压制动器；停车制动为液压释放弹簧制动器。

（9）液压系统：工作泵（双联）：齿轮泵，17MPa，65L/min/2500r/min。

（10）转向器：全液压转向器 BZZ1-500。

（11）电气系统：直流 24V，负极搭铁。

（12）交流发电机：35A。

（13）电瓶：2×110A·h。

（14）轴距：3420mm。

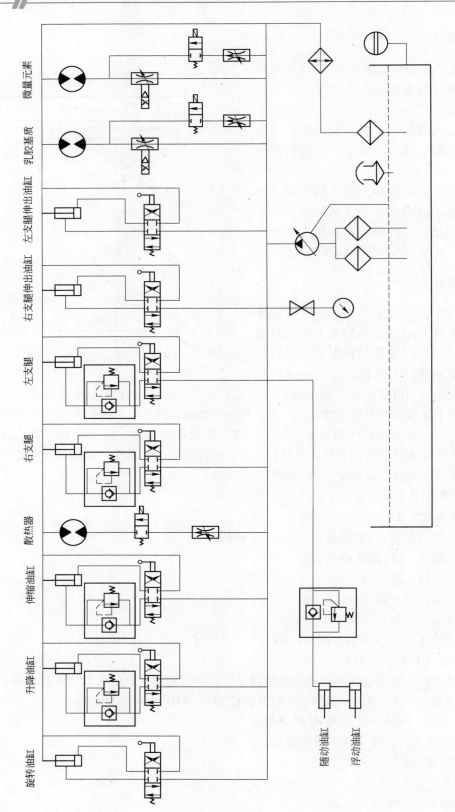

图 6-14　液压系统原理

（15）轮距：1570mm。

（16）离地高度：260mm。

（17）横向摆动角：±10°。

（18）中间铰接转动角度：±40°。

（19）最大车速：

1）Ⅰ挡：1.4km/h。

2）Ⅱ挡：8.7 km/h。

3）Ⅲ挡：19.2 km/h。

4）Ⅳ挡：26.41 km/h。

（20）最大爬坡能力：25%。

（21）车重：8500kg。

6.1.7.2 车架

A 车架结构

多功能服务车由前后车架组成，即前车架（发动机端）和后车架（载物端）组成。两车架采用中间铰接，这种形式允许前后车架沿上下铰销中心线所形成的垂直线转动，同时又能允许前、后车架沿水平方向相对转动。这种形式能够使服务车在不平路面上行驶时充分发挥四轮驱动的能力。

B 前车架

前车架由钢板焊接而成其上安装有发动机、变矩器、司机室和前桥等主要元件。

C 后车架

后车架同样由钢板焊接而成，其上安装有后桥及附件：如中空架、车厢等。前、后车架用铰接部件连接起来，铰接部件如图6-15所示。

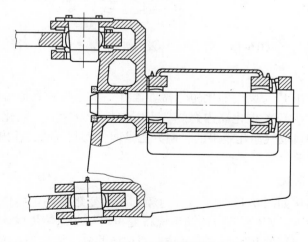

图6-15 车架铰接部件

6.1.7.3 发动机

该发动机为适应于井下作业，具有二级燃烧系统的风冷式低污染柴油发动机。

　　A　空气冷却系统

　　直冷式发动机由其负载直接控制温度，在升温阶段，由于无冷却发动机很快达到工作温度，因此会大大降低升温工况下的摩擦损失，而且发动机所排出的废气，与其他直冷式发动机相比减少50%。发动机的风冷系统只能满足其相应工作循环的要求。在每一种工况下，保持最佳的发动机油温，可避免不必要的损失。

　　B　二级燃烧系统

　　二级燃油系统将燃油喷入热的涡流室，涡流室中只含有大约一半的燃烧所需的热空气量。在预燃烧开始阶段的空气量不足会限制氧化物的产生，因此只能生成很少的有害物质。

　　随着预燃烧过程的压力增加，会将未完全燃烧的混合气体压入双涡流燃烧室进行燃烧，燃烧是在空气充足的条件下进行的，但在相对低温、高涡流的条件下，同样限制了氮氧化物的形成，有害物质进一步减少了。

　　燃烧分为二级以及燃油与空气的充分混合，不仅有助于减少结炭，而且使碳氧化物废气显著降低，所以消除了由直喷柴油机引起的典型的油味。发动机缸体两级燃烧基本结构如图6-16所示。

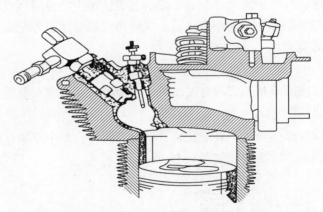

图6-16　发动机缸体及两级燃烧基本结构

　　C　废气净化系统

　　废气净化系统使用PTX废气催化净化器。含有一氧化碳和其他可燃性物质的柴油机废气进入排气系统并在PTX催化器内燃烧。废气中相对较少的一氧化碳限制了催化床温度的升高。检查柴油机废气净化效果的普遍方法是闻一闻其气味，在出口处，被净化的废气含有二氧化碳和水蒸气等最终产物。

6.1.7.4　液力传动系统

　　变速箱的基本结构如图6-17所示。变速箱和液力变矩器的主要作用是将发动机的动力连续传递到驱动轮上。HR型液力传动系统将变矩器与变速箱集成为一体，直接与发动机相连接。变速器与变矩器共用一液压系统，换挡控制阀总成装配在变速箱外壳一侧，其作用是控制压力油进入要求的方向和速度离合器，速度和方向离合器安装在变速箱内，并直接由齿轮传动控制动力流向，以提供要求的速度和方向。

　　在发动机运转过程中，变矩器转换泵经可拆卸吸油管、滤网从变速箱油池吸油，并经

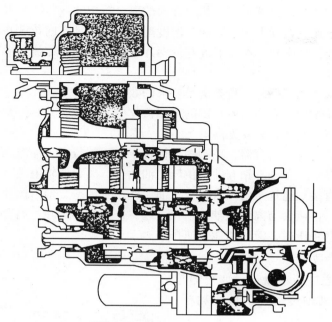

图 6-17　变速箱的基本结构

调压阀和过滤器进入变矩器。调压阀为变速箱提供足够的控制压力，以操纵速度、方向离合器，这只需要系统总流量的一小部分，大部分则直接经变矩器油路流到冷却器，最后返回变速箱用以润滑。调压阀由硬质滑阀阀芯及与之相配合的阀腔组成。阀芯在弹簧作用下处于自由位置，当达到调定压力后，滑阀沿阀腔压缩弹簧直到漏出排油口，这一过程为系统提供了合适的压力。

液压油进入变矩器泵轮后，直接通过固定的涡轮导向片进入变矩器的涡轮。一部分沿变矩器的循环圈外壳与涡轮轴之间的出口排出；然后进入冷却器，从冷却器流出的液压油直接流回变速箱内的润滑装置，经润滑管路和通道润滑变速箱的轴承和离合器，最后由重力作用流回变速箱油池。

液力变矩器由三个部件组成，它们相互作以增大发动机扭矩，发动机功率由发动机飞轮经泵轮壳传递到泵轮，该原件在变矩器中起到泵的作用，并且是变矩器的初始元件，液压油经该元件作用进入其他元件以使力矩增大，该元件与离心泵相似，从中间部分吸取液体，而从外边缘流出。变矩器涡轮与泵轮面对面安装并与变矩器输出轴相连。液体经泵轮驱动导入涡轮内特殊设计的叶片和导轮元件是变矩器放大力矩的手段。导轮安装在泵轮及涡轮的内侧的中心之间，其功能是使从涡轮排出口液体改变方向，使之被正确地导入泵轮。

当输出轴转速为空时，变矩器将按其设计的最大变矩系数增大发动机扭矩，因此当输出轴转速减小时，力矩增大。

换挡控制阀由阀体与选择阀块组成，选择滑阀的销球和弹簧对应于每一速比有一个相应位置。针对前进、中位、后退，方向槽中的销球和弹簧提供了三件选择方式。当发动机运转而手柄处于中位时，调压阀调定的压力油在控制阀内被锁定，从而使变速箱处于空挡；当滑阀处于前进、后退位置时，液压油靠压力流入相应的离合器换向位置。

　　当某一方向的离合器被选定时，相反方向的离合器中的液压油被释压并经选择阀出口流出。用同样适于速度选择滑阀。方向、速度离合器包含具有内花键并能安装液动活塞的轮毂，活塞通过密封环密封，离合器外花键钢片嵌在轮毂内并靠放在活塞上，然后插入具有内花键的摩擦片。

　　应交替放置钢片和摩擦片，直到满足要求的数量为止。压入加厚止推盘并用弹性挡圈固定，将具有外花键的接套插入内花键的摩擦盘片中，接套和其摩擦钢片能够在没被施压的条件下自由增速、旋转，改变方向。

　　如前所述，为了合上离合器，控制阀应被置于合适的位置，油流在压力作用下经通路流到选择的离合器轴上。轴上钻有油道供压力油通过，离合器轴上装有油压密封圈，这些密封圈使压力油直接到达选定的离合器上。油压作用于活塞，使摩擦片靠紧止推盘，从动钢片压紧摩擦片，使接套与离合器轴被锁在一起，作为整体运转。离合器活塞上有排油球或排油孔，当活塞释压时，液压油能快速排出。

6.1.7.5　机械传动

　　柴油机运转通过传动盘带动变矩器与变速箱，再经传动轴传动到前后驱动桥。图6-18所示为驱动桥总成。

　　（1）变速箱参考液力传动系统一节。

　　（2）在动力传动系统中有两根轴，一根连接到变速箱输出轴至后桥主传动及差速器，一根连接到变速箱输出到前桥主传动及差速器。

　　（3）桥总成。该车采用双桥驱动，采用双级减速装置，初级减速由螺旋伞齿轮减速，二级由轮边行星减速器减速。

　　1）桥壳及安装臂。桥壳和安装臂制造成分隔的刻度。铸铁的壳体，定位止口用螺旋连接。中间体壳是标准的，用这种方法可得到多种桥的安装宽度。

　　2）差速器。差速器有四个小锥齿轮，每个锥齿轮背后有一个止推垫。在锥轴承上安装上大螺旋伞齿轮和一个小齿轮，动力的传动经一对螺旋伞齿轮传递到半轴和轮边减速器上。

　　3）轮边减速器。轮边减速齿轮是安装于滚针轴承上的三个圆柱齿轮并在与半轴相连的内齿圈内转动。轮边减速器是在大负载下运转，选用寿命长的锥滚轴承。端面轮毂油封用唇式密封，避免密封问题。

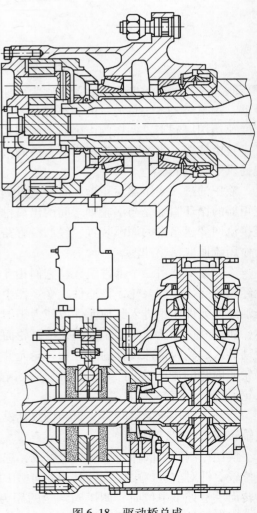

图 6-18　驱动桥总成

4）制动总成。制动总成为多盘湿式制动器，安装在壳体中间，液压操纵，由于采用密封结构，浸在油液中有效防止灰尘等杂物。因此非常适合于矿山使用，该壳体应有足够的油量以利于散热。

6.1.8 电缆卷筒装置

电缆卷筒装置如图 6-19 所示，电缆卷筒安装在车厢后部。电缆卷筒主要由弹簧箱、底座、电缆卷筒和排线器等部件组成。电缆卷筒的作用是将矿井中的电源接到井下混装车的动力箱上，供井下混装车使用。电缆卷在筒体上，使用时将电缆拉出到指定长度后，由下部插销定位，不用时，抽出插销，卷筒靠弹簧的力量将电缆收回并卷在卷筒上。驱动卷筒的动力有两种：一种为板弹簧驱动，一种为液压马达驱动。液压马达是由汽车取力器驱动油泵产生的高压油驱动的。电缆较短（如 150m 左右）时用板弹簧驱动为好，结构简单。电缆较长（200m 以上）时就要用马达驱动，动力强，结构紧凑。该电缆卷筒特别设计了排线器，把电缆整齐地排在卷筒上。选用拖拽电缆，特别适用于井下作业。

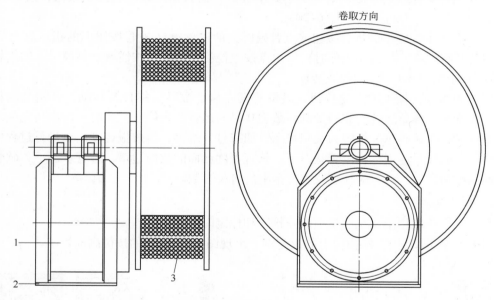

图 6-19 电缆卷筒

1—液压马达驱动装置（板弹簧箱）；2—底座；3—电缆卷筒

6.1.9 电气控制系统

井下现场乳化炸药混装车在地面站装上物料，开到井下工作面后，挂上取力器，把电缆拖到井下现场配电柜并接好电缆，关闭发动机。启动电动机，主油泵开始工作，进行混装作业。电控系统总体有两部分组成：第一部分为动力柜，相当于车间的配电柜，将现场的高压电接到柜内，高压电直接供给油泵电动机，配电柜内装一台变压器，低压电（24V）供给主控柜、电磁阀和照明；第二部分为电脑控制系统。

6.1.9.1 各部分组成及功能介绍

动力柜位于车体内，在动力柜底部装有主电源开关，动力柜内部有空气开关、交流接触器、电动机启停按钮和电机正反转倒顺开关等。

电脑控制系统也称主控制柜位于车厢的右侧面，主控柜面板设有电源钥匙开关，电源指示灯，装药启（绿）、停（红）按钮，进管（绿）、收管（红）按钮以及触摸屏等元器件。通过触摸屏输入有关数值；通过装药启、停按钮实现装药工作；通过收管、进管按钮完成装药软管的收与放。主控柜内部装有主控单元，控制液压泵的启停和各运转机构马达转速的控制、各配药机构数字量的监视。

6.1.9.2 操作步骤

A 开机

（1）开机前先检查各线路有无破损，电源是否（接通）正常。

（2）打开动力柜底部的主电源开关，合上动力柜内部的各断路器开关。注意观察有无异常。

（3）打开主控柜上钥匙开关，此时主控柜上指示灯亮。出现开机画面（图 6-20）。

（4）用手点触装药量键，出现一小数字键盘，输入相应炮孔装药量数值，按 ENTER 键结束输入。返回开机画面（图 6-20）。

（5）点按主控箱上的进管按钮或点触摸屏上的进管键（进管按钮上的指示灯点亮），正向转动开始进管，进到孔底部时，再次点按主控箱上的进管按钮或点触摸屏上的进管键（进管按钮上的指示灯灭），停止转动。

（6）点按主控箱上的启动按钮，微量元素先启动数秒后螺杆泵转动，开始装药，数秒后，收管装置开始运转。装药量倒计数为 0 时，运转机构停止，此时一次装药完成。

开机时，默认状态下报警为关闭状态，如需打开报警，请按报警键。在运行过程中装药量递减，累计量递增。在出管状态下，软管深度后面的数值递增，进管状态下，软管深度后面的数值递减。运行时注意观察屏幕上的有关参数。

B 手动操作

手动操作一般用于调车、单项故障排除和标定时使用。

（1）在图 6-20 中点触摸屏上的设定键，出现图 6-21 所示的按键画面。

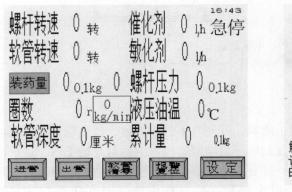

图 6-20 开机画面

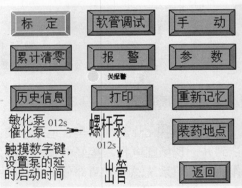

图 6-21 设定按键画面

（2）在图 6-21 中点触摸屏上的手动键，出现图 6-22 画面。

（3）在图 6-22 中点触摸屏上的自动/手动键，切换到手动状态。

（4）点触摸屏上的相应功能键，相应键处于压下状态，此时相应的工作机构开始运转。再次点按相应功能键，相应功能键处于弹起状态，此时相应的工作机构停止工作。

C　自动工作

控制系统正常开机时，默认处于自动状态。根据炸药配方和炸药工艺不同，有的工作机构不需要参与，仍采取退出的方法。例如，有的配方中不需要加催化剂，催化剂功能退出。

D　设定功能

依据生产效率，根据炸药配方设计中各种组分的百分比和各个工作泵的参数，计算出各组分的量，或泵的转速。在开机画面（图6-20）点按设定键进入图6-21画面，点按标定键，进入图6-23参数设置画面，设置相应的值。

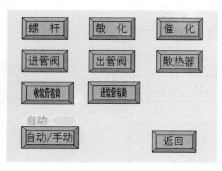

图6-22　手动按键画面

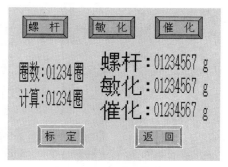

图6-23　参数设置画面

（1）螺杆泵、敏化剂泵、催化剂泵延时时间的设定在图6-21画面中，点触敏化泵右侧箭头上的数字区，出现数字小键盘，输入需要延时的秒数，自动运行时系统对螺杆泵、敏化后泵、催化剂泵进行自动延时启动。

（2）输药软管管长度设定。输药软管管长度设定有两种设定方法。第一种方法：直接修改参数。在图6-21画面中点触参数键，进入图6-23所示的画面。在图6-23画面中点触管子（圈数）参数后的数字键，根据实际情况修改管子参数值，单位为收管电动机每旋转10圈，管子伸出长度多少毫米。第二种方法：在图6-21画面中点触软管调试键，进入图6-24输药管设置画面。点触软管后的数字区，出现数字键盘，输入电动机转动的圈数，此时在某一特定位置上对管子做一标记，点触标定键，收管电动机开始转动，同时转动圈数开始递减，递减到零时，收管电动机停止工作，此时测量特定位置到达所做标记处的长度，单位为厘米，输入到画面中的厘米数字区，点触确定键完成，系统自动计算出相应参数。为保证数字的准确性，可反复多次，取平均值。

图6-24　输药管长度设置画面

在图6-20画面中的软管深度可粗略反映出炮孔的深度，由于起始点不同或其他原因，在非运行状态下，点触软管清零键，使软管深度值归零，从头开始工作。

E 报警

（1）开机情况下，报警默认为关闭状态，在图6-20画面中点触报警键，使报警打开。

（2）在图6-20画面中点触参数键，进入图6-25画面，点触螺杆低压、螺杆高压、敏化流量后的数字区，出现数字键盘，输入相应的报警值，设定完成后，点触返回键，返回图6-20画面。

（3）自动状态下工作时，报警打开，有关数值低于或高于设定值时，系统自动停止工作，发出相应报警信息。

（4）根据提示检查故障，故障排除后，点触图6-20画面中的报警复位，清除报警信息，开始下一次工作。

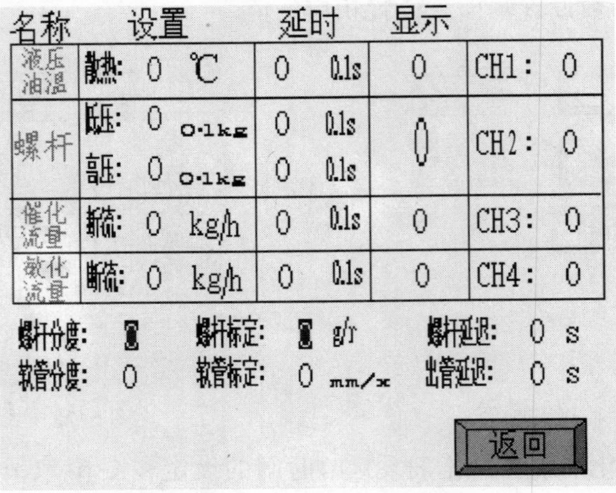

图 6-25 报警画面

6.1.10 操作与使用

操作人员必须经过培训，掌握操作方法后才可上岗，首次试车应在厂方工程技术人员的指导下进行。

6.1.10.1 开车前的准备工作

（1）检查灭火器。

（2）制药部分及底盘部分所有油嘴处加润滑脂。

（3）液压油箱加油，根据不同的环境温度选用不同的液压油。

（4）检查清理各料箱中的异物。

（5）检查各电气开关，液压手柄都处于关闭位置。

6.1.10.2 标定

A 所需工具及设备

所需工具及设备包括500kg磅秤一台、50kg或100kg不锈钢桶一只、10kg不锈钢或塑料桶一只、电子弹簧秤一只。

B 原材料

原材料为乳胶基质适量和发泡剂适量。以上两种原料分别加入车上的各料箱中，加料之前必须先检查各料箱，箱内不得有异物。

C 具体操作

（1）将装药车停放在平坦位置。

（2）启动电动机，打开电源开关，使所有工作机构处于待命状态。用支腿油缸将车托起。

（3）选择装药效率，在控制装置上置数 10kg。

（4）标定乳胶基质时，其余键全部退出。标定微量元素时，其余键全部退出。

（5）将输料胶管插入桶内，按启动键。称量是否和要求相同，否则调整泵的转速，反复多次，调整准确为止。

D 装药工作

（1）先在控制盘上选择自动或手动。

（2）将输药管放入炮孔底部，置单孔装药量。按下控制面板上的运行按钮，输药管会随输药的进行自动退出，在设定的输药量输出后，输药机构会自动停止。

（3）将输药管放入第二个炮孔底部，重复上述程序，进行第二个炮孔装药。

（4）装药完毕后将输药胶管清洗干净，收起电缆。

6.1.11 设计与计算

6.1.11.1 乳胶基质输送系统

该车的输药过程采用液压驱动，基本输药过程如下：乳胶基质靠液压马达驱动的螺旋推进器推向乳胶基质箱的下料口，乳胶基质通过下料口进入螺杆泵的进料口，通过螺杆泵的输送，乳胶基质在螺杆泵的出口处与经连接盘与由液压马达驱动的精密计量泵输送过来的经过过滤、计量后的催化剂汇合，在螺杆泵的压力作用下进入静态混合器，第一步混合均匀。再与由液压马达驱动的精密计量泵输送过来的经过过滤、计量后的敏化剂汇合，敏化剂在润滑剂减阻装置内形成薄膜环状水流，乳胶基质从环状水流中间通过，在输药软管的出口进入静态混合器，在混合器内实现乳胶基质与敏化剂的充分混合，充分混合后的乳胶基质输入炮孔，在炮孔中形成乳化炸药。

装药作业完成后，打开清洗水阀门，将清洗水注入螺杆泵，启动螺杆泵，清洗螺杆泵及输药软管。

乳胶基质是乳化炸药的基础，能否顺利的运载、输送乳胶基质是实现装药工作的重要环节，选择合理的零部件和合理的参数非常重要。

A 乳胶基质箱容积的确定

根据设计大纲需要，装药量 $G = 650\text{kg}$，乳胶基质箱体的容积 $V(\text{m}^3)$ 可由式（6-1）计算：

$$V = \frac{G}{\rho y} \tag{6-1}$$

式中 ρ——乳胶基质的密度，取 1400kg/m^3；

y——充满系数，取 0.8。

$$V = \frac{G}{\rho y} = \frac{650}{1400 \times 0.8} = 0.58\text{m}^3$$

根据容积要求和底盘的有限空间确定长、宽、高尺寸，乳胶基质箱体设计为非对称型长方体，箱体长度 L 等于1600mm，其端面尺寸如图6-26所示。

经计算，端面面积 S 等于3632421.60mm^2，则箱体的体积为：

$$V = SL = 0.36324216 \times 1.6 = 0.5812 \mathrm{m}^3$$

所以，除去螺旋推进器所占体积，基本满足设计要求。

乳胶基质箱上部为长方体，下部为非对称型，锥度收缩到圆弧，锥角为47°。乳胶基质箱下部放置一螺旋推进器，螺旋推进器采用正反螺旋将料推向乳胶基质箱出料口，出料口下设一76.2mm（3in）蝶阀，蝶阀与乳胶基质箱连接为一体。螺杆泵上法兰安装一类似机械密封的组件，弹簧将上环托起，下环与螺杆泵连于一体，上、下环之间装

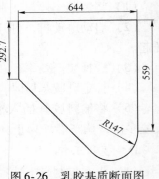

图6-26　乳胶基质断面图

有O形密封圈。螺旋推进器驱动马达与螺旋推进器轴采用快速连接联轴器，连接方便。

　　B　螺旋推进器参数的确定

　　a　计算螺旋有关参数

首先确定螺旋的外形尺寸，按最大输药速度50kg/min计算，输药量应为3t/h，因此输药螺旋选择输送速度为4t/h，可满足要求。在确定螺旋外径和螺距时尽可能选用工厂现有产品，不增加原材料品种，不新做工装，螺旋外径越大车厢容积也会相应扩大。按螺旋外径φ230mm，螺距为230mm。计算螺旋有关参数：输送量由式（6-2）计算，螺旋转速由式（6-3）计算，所需功率由式（6-4）计算。

$$Q = \pi \frac{D^2 - d^2}{4} sn\rho l \tag{6-2}$$

式中　Q——输送速度，$Q = 4\mathrm{t/h}$；

　　　D——螺旋直径，$D = 0.23\mathrm{m}$；

　　　d——螺旋芯轴直径，$d = 0.06\mathrm{m}$；

　　　s——螺距，$s = 0.23\mathrm{m}$；

　　　n——螺旋转速，r/min；

　　　ρ——乳胶基质密度，$\rho = 1.4\mathrm{t/m}^3$；

　　　l——充满系数，取0.95。

$$n = \frac{4Q}{\pi (D^2 - d^2) spl} \tag{6-3}$$

$$n = \frac{4Q}{\pi (D^2 - d^2) s\rho l} = \frac{4 \times 4}{3.14 \times (0.23^2 - 0.06^2) \times 0.23 \times 1.4 \times 0.95 \times 60} = 6\mathrm{r/min}$$

$$N = \frac{QL\omega_0}{367} \tag{6-4}$$

式中　N——功率，kW；

　　　L——螺旋长度，$L = 1.7\mathrm{m}$；

　　　ω_0——乳胶基质的总阻力系数，$\omega_0 = 1.3$。

$$N = \frac{QL\omega_0}{367} = \frac{4 \times 1.7 \times 1.3}{367} = 0.024\mathrm{kW}$$

b　驱动螺旋推进器马达的选择

（1）型号选择。根据螺旋推进器的技术参数，选择伊顿公司摆线马达 JS-100，技术参数如下：

1）排量：100mL/r。

2）最大工作压力：15.5MPa。

3）实际工作压力：10.5MPa。

4）最高转速：550r/min。

5）使用转速：6r/min。

（2）功率计算。功率用式（6-5）计算：

$$N_0 = \frac{\Delta p Q \eta}{612} \qquad (6\text{-}5)$$

式中　N_0——功率，kW；

　　Δp——进出口压力差10MPa（计算中采用100kg/cm²，下同），进口10.5MPa，背压0.5MPa；

　　Q——输入流量，$Q=0.6$L/min；

　　η——总效率，取0.8。

$$N_0 = \frac{\Delta p Q \eta}{612} = \frac{100 \times 0.6 \times 0.8}{612} = 0.078\text{kW}$$

（3）扭矩计算。马达的输出扭矩是指马达轴上实际输出的扭矩，用式（6-6）计算：

$$M = \frac{\Delta p q}{2\pi}\eta = 1.59 \Delta p q \eta \times 10^{-2} \qquad (6\text{-}6)$$

式中　M——输出扭矩；

　　q——马达的排量，100mL/r；

　　η——总效率，取0.8。

$$M = 1.59 \Delta p q \eta \times 10^{-2} = 1.59 \times 100 \times 100 \times 0.8 \times 10^{-2} = 127.5\text{N} \cdot \text{m}$$

通过上述计算 JS-100 型马达满足工作要求。

（4）马达液压油管进出口直径的计算。不同的资料有不同的计算公式，但计算结果基本相同。液压油管进出口直径按式（6-8）计算。

由
$$v = \frac{Q_1}{A} \times 10^{-2} = 21.2 \frac{Q_2}{d^2} \qquad (6\text{-}7)$$

得：
$$d = \sqrt{\frac{Q_2}{21.2}} \qquad (6\text{-}8)$$

$$A = \frac{Q_2}{6v} \qquad (6\text{-}9)$$

式中　v——管内液压油流速，一般不大于6m/s；

　　Q_1——流量，cm³/s；

　　A——面积，cm²；

　　Q_2——流量，按250r/min计算，$Q_2=25$L/min；

　　d——管子内径，cm。

用式 (6-8) 计算 d：

$$d = \sqrt{\frac{Q_2}{21.2}} = \sqrt{\frac{25}{21.2}} = 1 \, \text{cm}$$

选择一层钢丝编织橡胶软管内径 ϕ10mm，设计工作压力 16MPa。满足强度和流量要求。

C　输送设备选择

a　基本参数

(1) 输送量 $Q = 15 \sim 50$kg/min $= 0.64 \sim 2.14$m³/h。

(2) 动力黏度 $\mu = 30$Pa·s。

(3) 运动黏度 $\gamma = \mu/H = 30 / 1400 = 0.021429$m²/s。

(4) 输药软管中乳胶基质流动状态为层流。

b　螺杆泵的选择

根据输药量 50kg/min 计算，选择螺杆泵型号：E4R-375-V-W111，技术参数如下：

(1) 螺杆泵压力：2.4MPa。

(2) 螺杆泵转速：135 ~ 665r/min。

(3) 螺杆泵流量：0.21 ~ 3.02m³/h。

(4) 轴功率：0.63 ~ 3.10kW。

(5) 电动机功率：5.5kW，转速：472r/min。

c　驱动螺杆泵马达的选择

(1) 型号选择。根据螺杆泵的技术参数，选择伊顿公司摆线马达 JS-100。

(2) 功率按式 (6-5) 计算。

当马达 472r/min 时，输入流量 $Q = 0.1 \times 472 = 47.2$L/min，则：

$$N_0 = \frac{\Delta p Q \eta}{612} = \frac{100 \times 47.2 \times 0.8}{612} = 6.2 \, \text{kW}$$

螺杆泵配装电动机 5.5kW，JS80 马达能够满足螺杆泵工作要求。

(3) 用式 (6-8) 计算马达液压油进出口直径。由 $Q_2 = 47.2$L/min，所以：

$$d = \sqrt{\frac{Q_2}{21.2}} = \sqrt{\frac{47.2}{21.2}} = 1.5 \, \text{cm}$$

选择两层钢丝编织橡胶软管内径 ϕ16mm，设计工作压力 20MPa。可满足强度要求。

6.1.11.2　微量元素添加系统

A　微量元素箱

微量元素与乳胶基质之比约为 2：98。当乳胶基质输送量为 15 ~ 50kg/min 时，微量元素的配比量为 0.3 ~ 1kg/min。乳胶基质的输送速度为 0.364 ~ 1.213m/s，当微量元素在输药软管内壁形成 $\delta = 0.1$mm 厚的薄膜时，微量元素溶液的输送量为 0.171 ~ 0.571 kg/min，微量元素溶液的密度取 1000kg/m³。乳胶基质装载量为 650kg，约需微量元素 13kg，以微量元素装料一次配一罐乳胶基质计算，设计微量元素箱容积为 13L，微量元素箱体积设计为 15 ~ 20L。

考虑到不同矿山乳胶基质的不同，低温敏化有可能在不同的矿山不能很好地实现，故设计两个各为15L的微量元素箱，当低高温敏化效果好时，两箱中均装微量元素，当低温敏化效果不好时，一箱中装敏化剂，另一箱中装催化剂，两种物料分别进入混合器和润滑剂减阻器内。

B　微量元素输送设备选择

a　微量元素计量泵

根据以上计算选择柱塞计量泵型号：JZA104/5.0，该计量泵具有计量精度高、调节性能好、结构紧凑、质量小等优点。其主要技术参数如下：

（1）排出压力：5MPa。

（2）转速：135r/min。

（3）流量：104L/h（1.73L/min）。

（4）轴功率：0.55kW。

（5）进出口直径：10mm。

b　驱动微量元素泵马达的选择

（1）型号选择。根据计量泵的技术参数，选择伊顿公司摆线马达 DM-21，其主要技术参数如下：

1）排量：$q = 6.73$mL/r。

2）最大工作压力：10.5MPa。

3）最高转速：3000r/min。

（2）扭矩和功率计算。

1）该马达采用电液比例阀控制，转速范围为 1200～1500r/min，当最小转速时，马达的输出扭矩 M 可用式（6-6）计算：

$$M = 1.59\Delta pq\eta \times 10^{-2} = 1.59 \times 6.73 \times 100 \times 0.8 \times 10^{-2} = 8.56\text{N} \cdot \text{m}$$

2）功率 N_0（kW）用式（6-5）计算。由于输入流量 $Q = 0.00673 \times 1200 = 8.076$L/min，则：

$$N_0 = \frac{\Delta pQ\eta}{612} = \frac{100 \times 8.076 \times 0.8}{612} = 1.056\text{kW}$$

满足工作要求。

（3）用式（6-8）计算马达液压油进出口直径 d。

$$d = \sqrt{\frac{Q_2}{21.2}} = \sqrt{\frac{8.076}{21.2}} = 0.62\text{cm}$$

选择一层钢丝编织橡胶软管内径 ϕ10mm，设计工作压力 16MPa，可满足强度要求。

6.1.11.3　工作平台分析

（1）工作平台各油缸的基本技术参数列于表6-3。

（2）工作平台的运行速度。由于平台工作时不会出现多缸同时动作的情况，因此对单缸最大油流量进行计算。所需流量为：

$$Q = Sv = \pi r^2 v = 3.14 \times 0.045^2 \times 0.02 = 0.00012717\text{m}^3/\text{s} = 7.6302\text{L/min}$$

式中　Q——流量，L/min；

　　　S——面积，m^2；

　　　v——运动速度，m/min。

表 6-3　工作平台各油缸的参数　　　　　　　　（N）

名称	型　　号	速比	16MPa 推力	10.5MPa 推力	16MPa 拉力	10.5MPa 拉力
平衡缸	HSG * 01-φ80/φ45E-EC	1.46	78865	51755	53917	35383
伸缩缸	HSGK * -φ90/φ50AE-E	1.46	99822	65508	67000	43969
举升缸	HSGK * -φ90/φ50AE-E	1.46	99822	65508	67000	43969
平行缸	HSG * 01-φ80/φ45E-EC	1.46	78865	51775	53917	35383
转向缸	HSGK * -φ90/φ50AE-E	1.46	99822	65508	67000	43969

（3）液压支腿。液压支腿与工作机构不同时工作，不进行计算。

6.1.11.4　液压系统设计

考虑到井下的通风情况及动力配置，如果使用汽车底盘的发动机带动油泵，必定会对井下的工作环境带来极大的污染，因此选用防爆电动机带动油泵。

A　散热器的选择

为保证液压系统的液压油能在最佳状态下工作，需要在液压回路中加入散热器，为提高散热效率，考虑到整车的配制，采用风扇辅助散热的方法。散热风扇采用液压马达驱动。

根据散热器的需要，选择伊顿公司摆线马达 DM-21，其主要技术参数见 6.1.11.2 节。

（1）扭矩和功率计算。

该马达采用流量控制阀控制，转速范围为 1200～1500r/min，当最小转速时，马达的输出扭矩可用式（6-6）计算（见 6.1.11.2 节）。

功率用式（6-5）计算。由于马达为 1500r/min 时，输入流量 $Q = 0.00673 \times 1500 = 10.01$ L/min，则：

$$N_0 = \frac{\Delta pQ\eta}{612} = \frac{100 \times 10.01 \times 0.8}{612} = 1.31 \text{kW}$$

满足工作要求。

（2）用式（6-8）计算马达液压油进出口直径 d。

$$d = \sqrt{\frac{Q_2}{21.2}} = \sqrt{\frac{10.01}{21.2}} = 0.69 \text{cm}$$

选择一层钢丝编织橡胶软管内径 φ10mm，设计工作压力 16MPa，可满足强度要求。

B　油泵的选择

因为平台工作和装药工作不会同时进行，而且装药工作所需液压油的量大于工作平台的需要量，因此油泵的排量需满足装药工作的需要。

装药工作时，所需的最大瞬时流量为：

$$Q = 0.6 + 47.2 + 8.076 + 7.6 + 10.01 = 73.5 \text{L/min}$$

选择 PVB-29 变量柱塞泵，其主要技术参数如下：

（1）排量：61.60mL/r。

（2）转速：1440r/min。

（3）最高出口压力：21MPa。

（4）其每分钟的排量为：$Q = 61.60 \times 1440 = 88.704$ L/min，可满足系统要求。

C 验证温升及散热器的设计

a 验证温升

由液压阻力而产生的压力损失，以及整个液压系统的机械损失和容积损失组成了总的能量损失。这些能量都转变为热能，使油温升高。这不仅使油的物理性能发生变化，从而影响液压系统的正常工作，甚至会引起热膨胀系数不同的运动件之间的间隙变小而卡死，失去工作能力；还可能引起其间隙增大和油的黏度因热而降低，从而使系统的容积损失增加。所以，保证系统良好的工作性能，在设计液压系统时，如何使系统产生的热少，如何把产生的热散掉，保证液压系统的油温恒定在最佳范围内非常重要。液压系统产生热的原因主要有以下几方面：（1）油泵的选择功率过大。（2）油泵的流量过大。多余的功率，多余的流量都会变成热能。该系统选用了变量泵，流量会基本平衡。多余的功率是本系统产生热的主要原因之一。（3）全部流量通过阀孔时会产生热量。（4）由于管道等损失而产生热量。

柱塞泵的驱动功率 N_i：

$$N_i = \frac{p_0 Q_p}{\eta_t} = \frac{10.5 \times 10^6 \times 1478.4 \times 10^6}{0.8} = 15523.2\text{W} = 15.5232\text{kW}$$

输药工作时系统有效功率 N_e：

$$N_e = \sum n = 0.78 + 6.2 + 1.056 + 1.3 = 9.336\text{kW}$$

系统发热功率 N_k：

$$N_k = N_i + N_e = 15.5232 + 9.336 = 24.8592\text{kW}$$

系统散热功率所产生的热量 H，用式（6-10）计算：

$$H = N_k(1 - \eta) \times 860 \tag{6-10}$$

$$H = N_k(1 - \eta) \times 860 = 24.8592 \times 0.2 \times 860 = 4275.7824\text{kcal/h}$$

其他温升忽略。

油箱尺寸为 670mm×760mm×470mm，有效容积 190L。

油箱的散热面积为：

$$A = 2(0.67 \times 0.76) + 2(0.67 \times 0.47) + 2(0.76 \times 0.47) = 2.3626\text{m}^2$$

系统的温升 $\Delta\theta$（℃）：

$$\Delta\theta = \frac{H}{KA} \tag{6-11}$$

式中 K——散热系数，周围通风条件差时 $K = 7 \sim 8\text{kcal/(m}^2 \cdot \text{h} \cdot \text{℃)}$，周围通风条件良好时 $K = 13\text{kcal/(m}^2 \cdot \text{h} \cdot \text{℃)}$，用风扇冷却时 $K = 20\text{kcal/(m}^2 \cdot \text{h} \cdot \text{℃)}$，用循环水冷却时 $K = 95 \sim 150\text{kcal/(m}^2 \cdot \text{h} \cdot \text{℃)}$。

$$\Delta\theta = \frac{H}{KA} = \frac{4275.7824}{13 \times 2.3626} = 139.2\text{℃}$$

通过上述计算，用液压油箱和管路自然散热不能达到热量平衡，还需要增加散热器来达到热量平衡。液压油的散热有水冷和风冷两种方式。水冷式散热器为蛇形管散热器，有的安装在液压油箱内，有的安装在回油管路上。有储水箱和循环水泵。风冷式是借助风扇的转动使空气流通把油温散去，从而达到热量平衡。风冷式散热器散热效果取决于散热器的散热面积和风量，简单地说就是相同的散热面积，风量越大散热效果越好；相同的风量，散热面积越大，散热效果越好。著者不提倡用水冷式散热方式，如果用水冷式，车上体积小，冷却水箱不可能做大，水温会很快升高，影响散热效果。风冷式散热器体积小，结构简单，散热效果好。

液压油温度过低时，油的黏度增大，影响马达的平稳运转，如果油温过高，油的黏度变小，甚至液压油会乳化变质，同样会影响系统正常工作。一般液压油温在 40～60℃ 之间为最佳工作温度。现场混装车液压油散热系统的设计采用了智能化设计。风扇转速（风量）根据液压油温变化实现自动控制，从而使液压油的温度控制在合理的范围内。特别是混装车较长时间工作的液压系统，这种设计更为合理。对于井下混装车而言，井下常年温度在 3～15℃，对液压油散热非常有好处。

b 散热器设计

在选用或设计风冷式散热器时应注意：环境温度、液压油流量、散热器的材质、选用合理的风量等。

常用散热器几种常用材质的热导率见表6-4。

表6-4 几种常用材质的热导率

材质	热导（传热）率 λ/kcal $\cdot$ $(m^2 \cdot h \cdot ℃)^{-1}$	材质	热导（传热）率 λ/kcal $\cdot$ $(m^2 \cdot h \cdot ℃)^{-1}$
铝	175	黄铜	75
紫铜	330	钢铁	40
青铜	55		

几种常用风扇的风量见表6-5，现场混装车的风叶选用阔叶形轴流风机风叶，具有体积小、风量大等特点。

表6-5 几种常用风扇的风量

风扇编号	2.5	3	4	5	6	7
风量/$m^3 \cdot h^{-1}$	2100	2000	5300	9300	18700	24500
转速/$r \cdot min^{-1}$	2800	1450	1450	1450	1450	1450
电动机功率/kW	0.25	0.37	0.55	0.75	2.2	3

散热器的面积用式（6-12）计算：

$$A = \frac{H - H_1}{\lambda \left(\dfrac{\tau_1 + \tau_2}{2} - \dfrac{\tau_3 + \tau_4}{2} \right)} \cdot c \qquad (6-12)$$

式中 A——散热器的面积，m^2；

      H——液压系统的发热量，kcal/h；

      H_1——液压系统自然散热量，kcal/h；

      τ_1——液压油的入口温度，一般取 70～75℃；

      τ_2——液压油的出口温度，一般取 50～60℃；

      τ_3——冷却介质（水或空气）入口温度，如果冷却介质为水，一般取 20～25℃，如果冷却介质为空气，由环境温度来定，井下矿可取 7～15℃，在露天使用一般取 40℃；

τ_4——冷却介质（水或空气）的出口温度，一般取 50~60℃。

λ——散热系数，查表 6-4；

c——系数，$c = 1.1 ~ 1.3$，环境温度低时取小一些，环境温度高时取大一些。

风扇大小的选择要考虑以下两种因素：第一，根据计算风量；第二，当散热器面积确定以后，根据散热器的体积，确定风扇的直径和风筒的尺寸，风扇直径尽可能大，确保液压油的温度控制在合理的范围内。

D 液压系统设计与安装要点

（1）液压油箱设计要点。

1）油箱的用途主要是储油和散热。如果容量过大，就会占过多的空间，增加设备的重量，从而减少混装车的载重量。如果容量太小，油温升高过快，会影响系统的正常工作。容积一般为油泵每分钟流量的 2~3 倍，考虑到混装车空间狭小，一般容量为两倍为宜，但要外加散热器，散热器的面积和风量又足够大，保证系统正常运转。

2）油箱中要设置吸油过滤器，其精度为 0.147~0.074mm（100~200 目）。要有足够的通过量，一般为每分钟流量的 2~3 倍以上。过滤器装在油箱内，清理不太方便，著者认为最好为 3 倍。

3）油箱底部最好设计为有一定的斜度，并设计放油塞。

4）从结构上要考虑换油方便，要设计有液位指示仪，最低油位要高于吸油过滤器 50mm 以上。还要设温度指示仪和温度变送器。还要设呼吸式空气过滤器。吸油口和回油口要用隔板隔开，用以分离回油带来的气泡和污物，隔板的高度不小于油箱高度的三分之二。

（2）液压管路安装时，应注意下列事项：

1）根据系统压力选择油管，如果选用钢管，管子内壁要清洗干净，最好选用不锈钢管。如需弯曲小直径管，如 $\phi14$ 以下，可用手工和简易工装模具弯曲成型；较大的管径，要用专用工装或弯管设备弯曲，弯曲半径不小于管子直径的 3 倍。允许椭圆度不超过 10%，弯曲部分的内侧不允许有锯齿形，弯曲部分的内侧不允许有扭坏和压坏现象，弯曲部分的内侧不允许有波纹凹凸不平现象，弯曲部分的最小外径不得小于原直径的 70%。推荐钢管的弯曲半径见表 6-6。

表 6-6 钢管的弯曲半径 （mm）

管子外径	10	14	18	22	28	34	42	50	63
弯曲半径	50	70	75	75	90	100	130	150	190

2）为防止振动，要用管卡固定牢固。支架过少，距离过大，将会发生振动和管子下垂。支架过多，会造成浪费。推荐支架的距离见表 6-7。

表 6-7 推荐管子支架之间的距离 （mm）

管子外径	10	14	18	22	28	34	42	50	63
最大距离	400	450	500	600	700	800	850	900	1000

3）选用软管时，两头最好选用一直一弯，或两直，否则会有方向性。把管内清理干

净，并有一定的长度余量。安装时要远离转动零件，防止把软管磨破。软管在高温下工作会缩短寿命，所以要远离热源，如汽车发动机和排烟管等。

4) 使用软管时，应避免急转弯，其弯曲半径要大于等于 9~10 倍软管外径。

(3) 安装吸油管路时，应注意下列事项：

1) 吸油管不得漏气。在泵的吸入部分的螺纹、法兰结合面上要缠好密封胶带和密封胶，法兰连接要垫好 O 形圈或垫片，否则会有空气进入，从而影响液压系统的正常工作。

2) 吸油管压力不应过大，否则吸油困难，会产生空蚀现象。根据不同的泵有不同的吸程，一般不超过 500mm。否则同样会影响系统正常工作，会产生噪声。

(4) 安装回油管时，应注意下列事项：

1) 回油管口不应对准吸油口。液压油包括泵和马达泄油经散热后再进入油箱。

2) 油缸的回油管，要伸到油面以下，防止飞溅引起气泡。

3) 电磁阀的泄油口与回油管接通时，不应产生背压，否则应单独接到油箱内。

(5) 全部管路安装完后，应进行打压实验，实验压力一般为工作压力的 1.25 倍。处理完漏油现象后进行运转实验，应运转 1~3h，系统工作正常后，把油换掉，同时也清洗了管路和油箱。要求严格的液压系统、液压管路要进行第二次安装，清洗干净，系统换油后重新装配。

(6) 液压元件的安装时，应注意下列事项：

1) 安装前要仔细阅读元件的使用说明书。

2) 安装前要用煤油清洗干净。

3) 安装仪表前应进行校验，这对以后调试工作非常重要，以避免仪表不准确造成事故。

4) 安装液压元件时，不得用大力敲击，以免损坏元件。

5) 将铭牌和手把或手轮安装在容易看到和容易调整的方向。

6) 进出油口不得接反，否则会造成严重事故。

(7) 液压系统的一般使用与保养：

1) 油箱中的液压油要经常保证在正常液位。第一次加油要加到正常液位的上限油位。工作一段时间，因液压元件中储存了部分液压油，如果油位低于正常油位，需要补油到正常液位。

2) 液压油要保持清洁，经验证明，液压系统的故障 80% 以上是液压油的污染引起的，按照使用说明书的要求，定期换油，一般第一次工作 30~50h 后换油，以后每一年换一次。如果在高寒地区，要换低温液压油，如果在炎热地区，要换适用于炎热地区使用的液压油。换油时先把油箱清洗干净，加进新油，加油时要用 0.147mm（100 目）的过滤器过滤后加入油箱。

3) 液压油温保持在 35~60℃之间，温度低时要迅速加温，特别是在寒冷地区或冬季对液压油的升温显得格外重要。温度高时要迅速散热，特别是在炎热地区或夏季液压油的散热显得格外重要。

油温过高，有以下几种原因：有的黏度过高，回路设计不合理，效率太低，有的元件选择太小，流速过高引起系统发热。液压油箱容量太小，阀的性能不好，也会引起系统发热。油质变坏也会引起系统发热。冷却器性能不好，或污垢太多等都会引起系统发热，从而影响系统正常工作。

4）管路中的空气必须排掉，否则会产生噪声，引起管路振动等现象，影响系统正常工作。产生漏气的主要原因有：有的管路连接不牢，油箱内油位太低，入口处滤油器堵塞，吸入阻力大大增加，溶解在油中的空气分解出来，产生所谓空蚀现象。回油管带入空气，回油管必须插入油面以下。一般液压系统设计时，在管路的最高处设有放气阀。

5）易损零件，如密封圈、滤芯等，要有备件存放在车上，以便及时更换，不致影响正常工作。

6.1.11.5　电气控制系统

将众多功能凝聚在超小型箱体内，采用多微处理机设计，输出采用可编程控制器，为适应井下矿山的潮湿性，在箱体内设一微型电加热器，使之具有较大的可靠性、灵活性。

在车的下部和工作平台上均设有操作装置，两处均可进行装药操作，以先启动者为主。操作屏上设有预置装药量键、数字置入键、自动/手动选择键、联动/单动选择键、运行键、螺杆泵进入退出键、微量元素进入退出键、停车键及紧急停车键等按钮。

设有螺杆泵超压、欠压及断料装药机构自动全线停车功能。

6.1.11.6　防爆雷管罐

在工作平台上布置一个防爆雷管罐，可装雷管 200 发，防爆雷管罐外购，强度符合民用爆破器材要求。

6.1.11.7　底盘载荷分析

为便于布置，全部系统装于汽车底盘上，应对底盘进行强度与刚度校核，但考虑金湘重科所提供底盘承载量为 5t，而装药机构满载时也只有 2.5t 左右，不计算前后轴载荷及铰接中心承载能力。

6.1.11.8　防静电

混装车上盘部分和汽车底盘部分用等电位导线连接，液压支腿用铜导线、紫铜板与车架可靠相接，还装有拖地导电橡胶带与地面连接。装药车所产生静电通过车架、紫铜板导入地下。在装药系统前侧及工作平台上均设有灭火器。

6.1.11.9　清洗系统

在乳胶基质箱内设有清洗水箱，清洗时，关闭乳胶基质箱体蝶阀，打开清洗水阀，清洗水进入螺杆泵入口，靠泵的压力泵入输药软管中，把乳胶基质经过的管路清洗干净，确保下次正常工作。

6.1.11.10　电缆卷筒装置

电缆采用井下电动设备通用的拖拽电缆，长度 150～300m。电缆随混装车的前进或后退，能自动的放出或收回，并始终保持一定的张紧度，避免过紧拉坏或过松拖地磨损。电源接上后，电流经接线柱、引线、炭刷、滑环，给入电动机和控制系统。液压马达通过小链轮带动与电缆卷筒连接在一起的大链轮，使卷筒转动缠绕电缆。不致因惯性和电缆张力使卷筒自由转动，出现电缆松卷现象。电缆收放速度与装药车行驶速度同步。

6.2　轻型汽车底盘井下现场混装乳化炸药车

轻型汽车底盘和井下铰接底盘相比，第一个优点是载货部分空间大，有利于增大料箱容积；第二个优点是价格较低。它的缺点是，转弯半径较大，有的位置需要倒几次车才能通过，特别是老的矿山巷道断面小，根本无法通过。井下铰接底盘转弯半径小，底盘低，运动灵活，通过性能好，是井下矿首先底盘。国外井下装药车都是采用井下铰接底盘改装而成。为了满足不同用户的要求，满足不同矿山和不同爆破工程的需求，最大限度地提高混装车的使用效率，降低造价，在前几种车的基础上设计了两款用轻型汽车底盘改装的现场混装乳化炸药车。下面就介绍这两款用轻型汽车底盘改装的现场混装乳化装药车 BCJ-1000 型和 BCJ-2000 型井下现场混装乳化装药车做一介绍。

BCJ-1000 型混装车是用东风多利卡轻型汽车改装而成，装料量 1000kg。动力采用全电动式，采用电动机直接驱动工作泵和转动元件，用变频器调速，电源为外接电源，车上自带 250m 拖拽电缆，并自带 10kW 发电机，两种供电形式。乳胶基质料箱形状上部为圆柱体，下部为圆锥体，罐体内安装有乳胶基质刮料装置，适用于黏度大的乳胶基质输送。软管卷筒和电缆卷筒动力采用板弹簧，有利于和输药效率匹配。平台采用剪切式升降平台。BCJ-2000 型混装车是采用江淮鼎力 HFC1061K93 轻型货车底盘改装而成，装料量 2000kg。动力采用全液压式，用一台 15kW 电动机驱动一台 PVBW-29 加仑（110L）轴向柱塞变量泵，产生的高压油再驱动液压马达从而带动工作泵和转动元件。电源为外接电源，车上自带 250m 拖拽电缆。乳胶基质料箱上部为长方体，下部为漏斗状。电缆卷筒和软管卷筒动力采用液压马达，再通过液力耦合器驱动卷筒转动。并带有排管、排线装置。平台采用自制折叠式升降平台。配套底盘可根据用户的要求选配，可采用的底盘还有轻型解放牌汽车、轻型江铃牌汽车等，供选择的车型很多。BCJ-650 型、BCJ-1000 型、BCJ-2000 型部分部件的功能区别见表 6-8，可根据用户和爆破工程需要选配。

表 6-8　BCJ-650 型、BCJ-1000 型、BCJ-2000 型主要结构区别

车　型	底　盘	动　力	电　源	料箱形状	卷筒动力	平台形式
BCJ-650	井下铰接式	液压	外接	长方形	弹簧	吊篮式
BCJ-1000	东风多利卡	电动	外接、自带	圆锥形	弹簧	剪切式
BCJ-2000	江淮鼎力	液压	外接	长方形	液压	折叠式

下面主要把 BCJ-2000 型现场混装乳化炸药车和 BCJ-1000 型部分部件结构做一介绍。

6.2.1　总体结构

BCJ-2000 型井下现场混装乳化炸药车见图 6-27，主要由汽车底盘、动力输出系统、液压系统、箱体外罩总成、料箱总成、催化剂系统、敏化剂系统、螺杆泵送系统、软管卷筒装置、升降平台、送管装置、电气控制系统、电缆卷筒装置、水清洗系统、灭火器等部件组成。

该车广泛适用于钢铁、有色、化工、建材等部门大中型井下矿山，向平向炮孔和上向炮孔装填防水炸药，要求炮孔直径在 40mm 以上。还适用于公路、铁路、国防工程等一些洞式爆破工程。也适用于机场建设和一些小型采石场的爆破工程等。

BCJ-2000 型井下现场混装乳化炸药车和 BCJ-650 型混装车相比，除底盘有区别外，其余功能基本相同。但有些部件选择不太一样，电缆卷筒和输药软管卷筒用液压马达通过

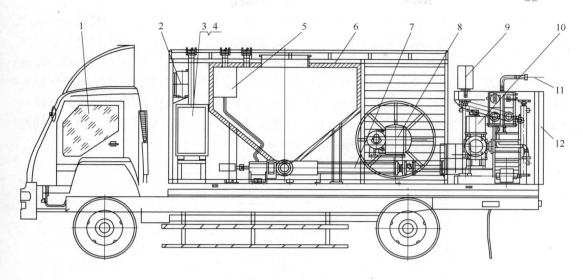

图 6-27　BCJ-2000 型井下现场混装乳化炸药车

1—汽车底盘；2—液压系统；3—敏化剂添加系统；4—催化剂添加系统；5—水清洗系统；6—乳胶基质箱；
7—乳胶基质泵送系统；8—电缆卷筒；9—电气控制系统；10—软管卷筒；11—自动送管装置；12—工作平台

液力耦合器传动。加大了料箱，并设计为漏斗状，减掉了螺旋给料器。重新设计了工作平台，增大了工作面积，在一个工作面内不用移车就可装完全部炮孔，节省了大量的辅助时间。增加了送管装置，可自动把输药胶管送入炮孔。还可根据炮孔直径、输药效率等参数自动把管收回到卷筒上。增加了汽车取力器，驱动油泵，用于电缆卷筒使用，可以做到边行车边同步收放电缆。

6.2.2　主要技术参数

主要技术参数如下：

（1）乳胶基质箱：有效容积 $1.8m^3$，装料 2000kg。

（2）敏化剂箱：有效容积 $0.12m^3$，装料 120kg。

（3）催化剂箱：有效容积 $0.6m^3$，装料 60kg。

（4）清洗水箱：有效容积 $1.8m^3$，装料 120kg。

（5）输药效率：$10\sim60kg/min$。

（6）计量误差：±2%。

（7）外形尺寸（长×宽×高）：6500mm×2100mm×2750mm。

（8）汽车底盘：江淮鼎力，HFC1061K93。

（9）驱动形式：4×2。

（10）爬坡能力：40%。

（11）发动机功率：95kW。

6.2.3　工作原理

工作原理如图 6-28 所示，在地面站将乳胶基质、催化剂、敏化剂和清洗水分别加在车上的料箱内。驶入爆破现场，接上外接电源，启动主油泵，打开料箱下部蝶阀。料箱中的乳胶基质靠自重落入螺杆泵进料腔内，在螺杆泵的推力作用下和经过滤、计量、泵送来的催化剂在静态混合器Ⅰ中混合。与此同时，敏化剂经过滤、计量，泵送到润滑剂减阻装置内形成水环，乳胶基质从水环中通过，进入到有乳胶基质的管路中，经过输药软管卷筒，敏化剂与乳胶基质一起输送，在输送过程中，敏化剂附着在输送管壁上，起到水膜润滑作用，最后经过静态混合器Ⅱ，将敏化剂和乳胶基质混合均匀并输送至炮孔内，连同起爆器材一起混合在药浆中。在炮孔里经 5～20min 发泡后成为炸药。

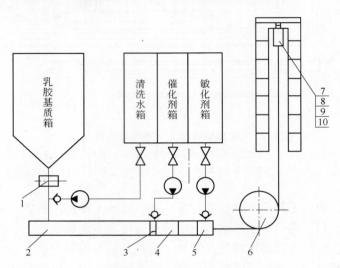

图 6-28   BCJ-2000 型井下现场混装乳化炸药车工作原理

1—手动蝶阀；2—螺杆泵；3—催化剂喷射器；4—静态混合器Ⅰ；5—润滑剂减阻装置；
6—软管卷筒；7—静态混合器Ⅱ；8—起爆药托架；9—起爆药；10—雷管

所有工作机构都在电脑控制下运行，送管时电脑显示屏上显示输药管伸入孔内的米数，装药时显示药柱高度和还剩多少炸药。螺杆泵出口处装有压力传感器，能够实现超压报警停机、缺料报警停机功能，使用时非常安全。

6.2.4   主要结构介绍

6.2.4.1   汽车底盘

汽车底盘选用江淮鼎力 HFC1061K93 轻型汽车Ⅱ类底盘，驱动形式为 4×2。这种汽车具有马力大、爬坡能力强、体积小、载重量大等特点。

该底盘使用 YZ4DB1-30 发动机，国Ⅳ排放标准，是目前国内较好的柴油机发动机之一。

驾驶室选用 808 新款，2m 宽，带天窗，宽敞，座椅舒适。驾驶室整体前翻，修理发动机方便。卤素前照灯，新款水晶仪表，电熄火。

动力转向，克服了井下转弯多、倒车多，打方向多，驾驶员劳累现象。选用六挡变速箱，型号为 LC6T46，主减速比（驱动桥速比）5.714。断气刹闸，气助力离合器，排气制动，行车比较安全。

车架整体加厚加高，承载能力更大、传动力矩大、轴荷承重力强、制动安全、离地间隙高、通过性强。

主要技术参数如下：

（1）技术允许总质量：6125kg。

（2）驾驶室准乘人数：3人。

（3）发动机最大功率：95kW。

（4）最高车速：95km/h。

（5）爬坡能力：40%。

6.2.4.2 动力输出系统

汽车底盘进厂后在变速箱上加装了取力器，并通过传动轴带动主油泵，给电缆卷筒提供动力。当汽车在工作巷道内倒向工作面时，通过驾驶室启动开关可挂上取力器，以带动油泵运转，再通过分配器操纵手柄，可使电缆卷筒马达运转慢慢拽出电缆。当工作完毕时，汽车向前行驶时，通过驾驶室启动开关可再次挂上取力器，以带动油泵运转，再通过分配器操纵手柄，可使电缆卷筒马达运转慢慢收回电缆。

取力器操作：发动机启动后，待汽车气压充至其使用压力（0.7MPa）时，轻轻踏下离合器，按下取力器按钮（图6-29中圆形按钮）再轻轻放开离合器即可，取力器通过传动轴旋转驱动油泵，产生的高压油驱马达旋转，从而使电缆卷筒旋转。在收放电缆的过程中需两人操作，一人为驾驶员驾驶汽车，一人在车前面辅助整理电缆。

图6-30是电缆卷筒换向阀和调节阀照片，上部手柄用来调整电缆卷筒的方向，在电缆收放时使用。下部圆形旋钮用来调整电缆卷筒马达速度。

图6-29 圆形按钮为挂取力器按钮

图6-30 电缆卷筒换向阀和调节阀

中部圆形旋钮用来调整油泵的压力，压力调整到6MPa，出厂时已调好，已锁紧，一般无需调整。

6.2.4.3 液压系统

液压系统工作原理如图6-31所示，液压系统由液压油箱、电动机油泵组、分配组件、回油组件、散热器、同步马达、电缆卷筒马达、软管卷筒马达、敏化剂马达、催化剂马达、螺杆泵马达、送管机构马达、电脑升降油缸、升降平台油缸、翻转平台油缸等组成。

A 液压油箱

液压油箱（图6-32）外形尺寸：800mm×340mm×700mm，容积：190L。全部由铝合

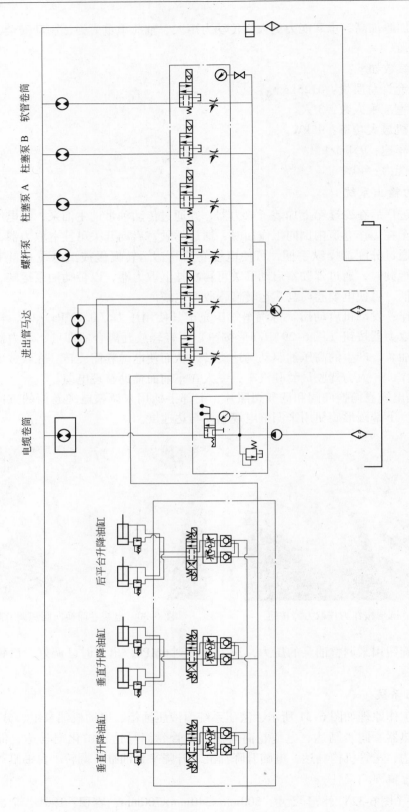

图 6-31 液压系统工作原理

金焊接而成，质量轻，结构牢固；装有液位计；双金属温度计；电远传信号温度变送器将液压油温度传输给电脑，通过电脑控制散热器的运转；油箱顶部有两个进油口，一个为散热器回油口，另一个为加油口；油箱底部有两个出油口，一个供汽车底盘动力输出系统油泵，一个供装药部分油泵，在两个出油油路上分别设置有两个球阀，检修时将阀门关闭，正常运转时打开。

B　电动机油泵机组

图 6-33 所示为电动机油泵机组照片。安装在车厢的左侧面（人面和车头同向）。选用 YB-160L-4 防爆电动机，功率为 15kW、用爪型联轴器、与 PVB-29 型油泵连接，组成电动机油泵组，给液压系统提供动力。压力调整为 10.5MPa，出厂时已调好。

图 6-32　液压油箱

图 6-33　液压系统电动机油泵机组

C　液压系统分配组件

液压系统分配组有两组，第一组（图 6-34），由阀座、流量控制阀、电磁换向阀、压力表、压力表开关组成。依次控制：送管机构马达正反转、螺杆泵马达、敏化剂马达、催化剂马达。整个液压系统的压力可在压力表上读出。

第二组液压系统分配组件（图 6-35）由阀座、流量控制阀、电磁换向阀组成。依次控制：升降平台油缸、翻转平台油缸、电脑升降油缸。

图 6-34　液压系统分配组件一

图 6-35　液压系统分配组件二

D　液压系统回油组件

图 6-36 所示为回油组件的照片。回油组件是将液压系统的回油、泄油全部集中到一起通过回油滤油器回到散热器，经过滤和散热的液压油再回到油箱。液压系统散热器风扇，由 24V 电动机驱动，一油口连接回油滤油器、一油口连接油箱。温度由电气控制装

置自动控制。

6.2.4.4　料箱总成

　　BCJ-2000 型现场混装乳化炸药车料箱总
成如图 6-37 所示，主要由料箱、集料池、蝶
阀、清洗水箱和人孔等零部件组成。料箱上
部为长方体，下部锥形漏斗状组成，最下部
还有集料池。清洗水箱安装在乳胶基质箱
内，有利于清洗水的保温。车厢侧壁夹角为
45°，有利于物料的下流。出料口开在侧面和
螺杆泵入料口相连，有利于降低料箱高度，
增大料箱容积。料箱上部还设有呼吸孔和加
料口。料箱用优质不锈钢板焊接而成。图 6-38 所示为 BCJ-1000 型井下现场混装乳化炸药

图 6-36　液压系统回油组件

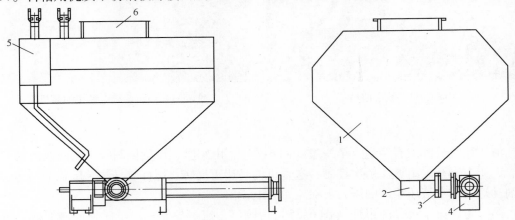

图 6-37　BCJ-2000 型混装乳化炸药车料箱总成

1—料箱；2—集料池；3—蝶阀；4—螺杆泵；5—清洗水箱；6—人孔

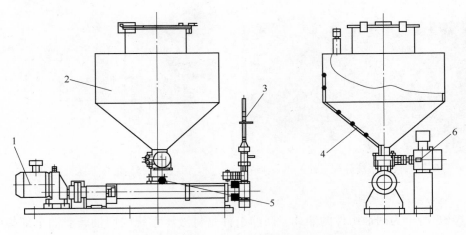

图 6-38　BCJ-1000 型井下现场混装乳化炸药车料箱

1—螺杆泵；2—料箱；3—输送管路；4—刮料板；5—蝶阀；6—刮料装置蜗轮减速器

车的料箱总成，与 BCJ-2000 型混装车料箱形状不同，为圆形结构，上部位圆柱体，下部为截头圆锥漏斗形状。主要由人孔、上料口、料仓体、蜗轮刮料装置、蝶阀、清洗水接管等组成。蜗轮刮料装置的功能主要是，当胶体流动性差，它可把物料集中到螺杆泵进料口处。蜗轮刮料装置有电动机和液压马达驱动两种形式，为中空式蜗轮减速器，刮料装置固定在蜗轮空心轴上，刮料板的材质选用尼龙或塑料等。料箱体材料用不锈钢板焊接而成。有的料箱加了保温层，主要用于高寒地区，保证胶体温度，有利于炸药敏化。螺杆泵安装在料箱下部。

6.2.4.5　工作平台

BCJ-2000 型井下乳化炸药现场混装车重新设计了工作平台，如图 6-39 所示，为折叠式平台，占用空间小，平台面积大，站人多，一个工作面无需第二次移车，减少了辅助时间。折叠式平台由主平台、翻转平台、延伸平台和左右平台组成。各个工作平台用铰链连接，液压油缸举升。

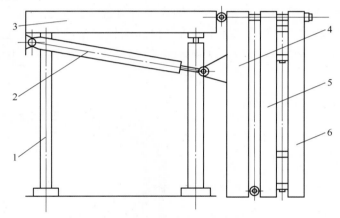

图 6-39　折叠式工作平台

1—举升油缸；2—翻转油缸；3—主平台；4—翻转平台；5—延伸平台；6—左右平台

图 6-40 所示为折叠式平台工作时展开图。主平台的四个角部，分别安装有举升油缸，用于平台的升降，在主平台的两侧分别安装有翻转油缸，用于翻转平台展平。延伸平台和左右平台是靠人工把它翻出去即可。工作过后人工先把左右平台和延伸平台折叠回来，用螺栓紧固，用液压油缸把平台全部收回来。

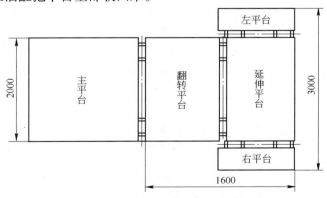

图 6-40　折叠式平台工作时展开图

6.2.4.6 自动送管装置

自动送管装置在井下乳化炸药混装车上是很重要的部件之一，它在电气控制装置的控制下，把输药软管送入炮孔，根据井下矿的不同分段，输入炮孔深度可达 50m 以上。然后再根据炮孔的装药量、输药效率和炮孔直径有机的协调在一起把输药软管拉出孔外。在电脑屏上显示炮孔深度、单孔装药量、药柱长度等工艺参数。找准炮孔的方法有两种：一种是操作工人站在工作平台上，手拿导管将输药软管对准炮孔，输药软管在送管装置的作用下自动送入孔内；另一种是用机械手来完成上述工作。送管装置按其与输药胶管接触部件可分为滚轮式和齿带式两种。著者认为：滚轮式与输药胶管的摩擦力小，容易打滑，只能起到辅助送管功能；齿带式摩擦力大，可以推广使用。送管装置按驱动形式可分为电动机驱动，电动机驱动蜗轮减速机及滚轮组或齿带，速度快慢由调整变频器来实现。传感器、计算机和变频器三者形成闭环控制。第二种为液压马达驱动，液压马达直接驱动滚轮组或齿带，速度快慢由调整流量调节阀来实现。测量孔深传感器、计算机、电液比例阀和马达四者形成闭环控制。图 6-41 所示为电动式送管装置，它主要由支架、电动机、减速机、送管器、输药软管和导管等零部件组成。设计时根据输药效率（范围）和炮孔直径（范围）计算出速比，确定减速机。在电动机的回路上接变频器，用于调整送管器的速度。

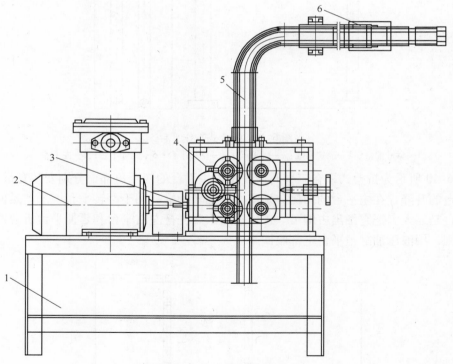

图 6-41　电动式送管装置

1—支架；2—电动机；3—减速机；4—送管器；5—输药软管；6—导管

图 6-42～图 6-44 所示为全液压式送管装置，主要由输药软管卷筒、输药管输送器、输药软管和导管等零部件组成。两台液压马达分别驱动两组传动装置，两台马达旋转方向

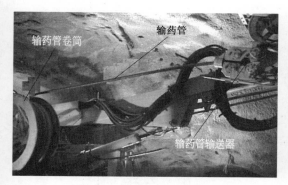

图 6-42　全液压式送管装置

图 6-43　全液压式送管装置送管器及导管装置

相反，从而使输药软管在两组传动装置的作用下，放收自如。为了使两台传动装置同步，两台马达不但型号相同，而且共用一套调速机构。送管器的速度调整是调节马达流量控制阀来实现，速度传感器、电液比例阀、马达和计算机四者形成闭环控制。输药效率、输药管输送器的旋转速度、输药管卷筒的旋转速度和炮孔直径如何有机的匹配是送管装置关键技术之一。输药管输送器上还设有一套输药管自动压紧装置，它可以保证无论在何种情况下输药胶管都处于压紧状态，不会打滑。

图 6-44　全液压式送管装置卷筒

6.2.4.7　电缆卷筒

　　BCJ-2000 型和 BCJ-1000 型井下现场混装乳化炸药车采用的电缆卷筒各不相同，主要的区别是动力形式。BCJ-1000 型井下现场混装乳化炸药车电缆卷筒动力为板弹簧式；BCJ-2000 型井下现场混装乳化炸药车电缆卷筒动力为液压驱动式（图 6-45），主要由卷筒、传动装置、液力耦合器、液压马达、链条和排线装置等零部件组成。动力来源于汽车发动机，在汽车变速箱上加装了取力器，通过万向传动轴驱动主油泵，产生的高压油驱动电缆卷筒上的液压马达。当混装车开到井下，接上电源，挂上取力器，电缆卷筒根据汽车行走的快慢，自如地把电缆放出。装药完成以后，在自动地把电缆收回到卷筒上。由液压马达、液力耦合器和传动装置等机构有机地配合，能根据汽车行走的快慢，把电缆自动地放出或收回到卷筒上。还带有自动排线装置，用链条和主传动装置相连，会整齐地把电缆排列到卷筒上。卷筒内部设有旋转式接线环，从而保证了卷筒旋转时，用电设备正常供电。电缆采用拖拽电缆，这种电缆抗拉强度大，从而保证了在恶劣的环境中电缆不会拉断，保证了设备的正常供电。

　　汽车在行进过程中有快有慢，电缆卷筒装置如何随着汽车的行驶快慢将电缆自如的收放是这项技术的关键。国外进口电动铲运机已有成功应用的先例，是在液压马达和卷筒之间用液力变矩器连接起来的。

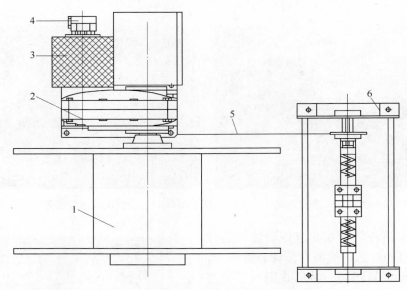

图 6-45 电缆卷筒

1—电缆卷筒；2—传动装置；3—液力耦合器；4—液压马达；5—链条；6—排线器

液力变矩器的工作原理是：以液体为工作介质的一种非刚性扭矩变换器，是液力传动的形式之一。它有一个密闭工作腔，液体在腔内循环流动，其中泵轮、涡轮和导轮分别与输入轴、输出轴和壳体相连。动力机（内燃机、电动机等）带动输入轴旋转时，液体从离心式泵轮流出，顺次经过涡轮、导轮再返回泵轮，周而复始地循环流动。泵轮将输入轴的机械能传递给液体。高速液体推动涡轮旋转，将能量传给输出轴。液力变矩器靠液体与叶片相互作用产生动量矩的变化来传递扭矩。液力变矩器不同于液力耦合器的主要特征是它具有固定的导轮。导轮对液体的导流作用使液力变矩器的输出扭矩可高于或低于输入扭矩，因而称为变矩器。液力变矩器的输入轴与输出轴间靠液体联系，工作构件间没有刚性联结。液力变矩器的特点是：能消除冲击和振动，过载保护性能和起动性能好；输出轴的转速可大于或小于输入轴的转速，两轴的转速差随传递扭矩的大小而不同；有良好的自动变速性能，载荷增大时输出转速自动下降，反之自动上升；保证动力机有稳定的工作区，载荷的瞬态变化基本不会反映到动力机上。液力变矩器在额定工况附近效率较高，最高效率为 85% ~92%。利用液力变矩器的这一特点解决了因汽车或快或慢电缆仍能均匀地卷在电缆卷筒上。

在液压马达和电缆卷筒之间用电磁摩擦离合器连接起来，也能解决因汽车或快或慢电缆仍能均匀地卷在电缆卷筒上。

6.2.4.8 软管卷筒

输药软管卷筒装置如图 6-46 所示，输药软管卷筒和电缆卷筒结构基本相同，把旋转式接线环改成了旋转弯头，卷筒中心轴为空心不锈钢管弯制而成。从而保证了卷筒一边旋转，炸药源源不断地输送到炮孔内，输药软管不停地缠绕在卷筒上。中心轴要圆滑过渡，否则对水环减阻装置会造成破坏。输药软管通过导向轮装置整齐地排在卷筒上。

BCJ-2000 型井下现场混装乳化炸药车其他零部件的结构和前面介绍过的基本相同，本节不再介绍。

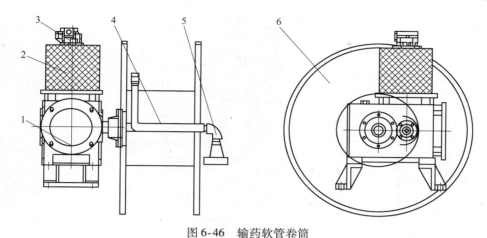

图 6-46 输药软管卷筒

1—传动装置；2—液力变扭器；3—液压马达；4—输药管；5—旋转弯头；6—卷筒

上面介绍了 BCJ-650 型、BCJ-1000 型和 BCJ-2000 型，三种井下现场混装乳化炸药车，其工作原理基本相同，但零部件的结构各不相同。这些零部件可根据不同的用户、不同的爆破工程可以自由组合成一台新的混装车。

6.3 便携式乳化炸药装药机

目前井下矿小断面巷道、盲硐、盲井、斜井、竖井掘进工程，基础建设工程的导水硐、桥墩基坑、高楼基础开挖工程、拆除爆破工程、矿山二次爆破等爆破作业，单次爆破使用的炸药量很小，几千克到几十千克，作业面又很小，大型设备无法进入，设备只有靠人工搬运来实现，类似这样的爆破工程处处可见，这样的爆破工程均采用成品炸药。现在包装炸药都使用石蜡纸和塑料薄膜，包装过程中，垫板、纸箱和打包带等材料消耗很大，炸药在爆炸时增加了的二氧化碳排放，不能实现低碳环保。使用的炸药又有雷管感度，很不安全。便携式乳化炸药装药机和提供的乳胶基质解决了上述问题。

便携式乳化炸药装药机，按其动力形式有电动式和气动式两种，目前电动式装药机是一台小而全的设备。乳胶基质箱、敏化剂箱和清洗水箱和电气控制装置和乳胶基质泵送装置都集成在一起。体积较大，搬运很不方便，需要用叉车或装载机等设备来搬运。图6-47所示为气动式现场混装乳化炸药装药机，主机安装在小行李车上，原料容器摆放在地面，用软管连接起来即可。各主要组件、原料容器为分体式，拆装方便，体积小，质量轻，搬运灵活。能供大型设备无法进入的爆破作业环境中混装炸药，适用范围非常广泛。

便携式装药机主要由敏化剂泵、乳胶基质泵、气动往复马达、行李车、输药软管、静态混合器、润滑剂减阻装置等零部件组成。原料容器有：乳胶基质桶、敏化剂桶和清洗水桶，桶可大可小。

工作时把装药机搬运到工作现场，把乳胶基质桶和敏化剂桶用软管和装药机连接在一起。气马达进风口和井下风管连接（或自带小型空气压缩机）。操作工人手拿输药胶管和风马达控制开关，并把输药胶管和起爆器材一起送入炮孔中。按动风马达开关，敏化剂在泵的作用下按比例输送到润滑剂减阻装置内，乳胶基质同时也在泵的作用下，同样按比例泵送到润滑剂减阻装置的内层里。敏化剂和乳胶基质输送到管口处经过静态混合器，混合

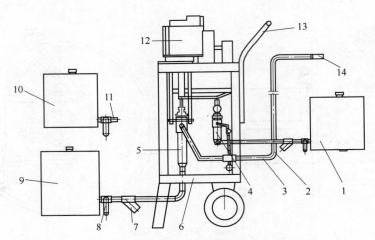

图 6-47　气动式乳化炸药装药机

1—敏化剂桶；2—输药软管；3—润滑剂减阻装置；4—敏化剂泵；5—乳胶基质泵；6—行李车；7—Y 形过滤器；
8—球阀；9—乳胶基质桶；10—清洗水桶；11—快换接头；12—气马达；13—手柄；14—静态混合器

　　均匀的药浆和起爆器材一起喷入孔中，经 5 ~ 20min 发泡成为炸药。输药软管在药流反作用力作用下推出炮孔，药柱长度达到要求时，关闭气马达开关，该孔装药完成。将输药胶管移到下一炮孔，重复以上程序。当用完一桶乳胶基质再换一桶，工作过后，卸下乳胶基质桶换上清洗水桶，将软管内的乳胶基质清洗干净。

　　乳胶基质和敏化剂的匹配：首先在选择柱塞泵时，根据炸药配方和输送效率，选择泵的排量，其次是调节敏化剂泵的行程。两台泵安装在一个连杆机构上，连杆右边用销钉固定在机架上；左边和气马达、乳胶基质泵相连，行程固定不变。敏化剂泵安装在连杆中间的长槽内，行程可调，流量可变，达到了乳胶基质和敏化剂合理的配比。该装药机也设有超温、超压、断流等保护装置。

　　该装药机采用分体式设计，给装药机械设计者提供了一个新的设计理念和新的设计思路，给小型爆破工程提供了一种良好的装备。用压缩气体作动力开辟了一条新的动力源，解决了危险环境中电器设备的防爆问题。采用双向柱塞泵，从而减小了泵的体积，有效地克服了炸药的脉冲流。便携式装药机体积小，重量轻，减轻了工人的体力劳动。便携式装药机是小型爆破工程首选设备。这套设备是山东青岛拓极爆破服务公司研制的。

7 铵油炸药井下装药车

7.1 概述

20 世纪 70 ~ 80 年代，铵油炸药井下装药车在我国曾经自行研究过两轮，积累了大量的经验。当时的型号为 BCJ-1 型和 BCJ-2 型两种，底盘是按照我国井下通用底盘设计的。它采用了道依茨低污染风冷柴油机、液力传动、铰接车身、单桥驱动。具有通过性能强、转弯半径小、爬坡能力强等特点。在底盘上，装有两台装药量为 450kg 的有搅拌装药器。采用风力输送，风源来自空气压缩机站。车上还设有工作平台。输药管采用半导电塑料管，该输药管重量轻，有一定的硬度，有利于对准炮孔。在 20 世纪 80 年代中期还为武钢程潮铁矿生产了一台多孔粒状铵油炸药现场混装车。车上料箱内分别装着多孔粒状硝酸铵、柴油和黏合剂。现场混制成炸药并用压缩空气装入炮孔中。本章简要介绍 BCJA-3（A 表示铵油炸药，3 表示第三次设计）型铵油炸药装药车。

BCJA-3 型铵油炸药装药车如图 7-1 所示。BCJA-3 型铵油炸药装药车是在原 BCJ-1 型和 BCJ-2 型的基础上，吸收了国外 EJ-33 的优点，重新设计的新一代铵油炸药装药车。打破了原来安装大型装药器设计思路，安装了一台 100kg 无搅拌装药器，袋装炸药摆放在平台上，用不完的炸药可以整袋返回仓库。克服了原 BCJ-1 型和 BCJ-2 型以及进口装药车装药罐过大，炸药存放在罐内，受潮结块，影响正常工作等问题。

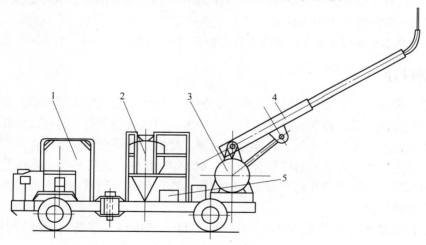

图 7-1　BCJA-3 型铵油炸药装药车

1—井下通用铰接底盘；2—装药器；3—送管装置；4—机械手；5—控制系统

BCJA-3 型铵油炸药装药车主要由井下通用铰接底盘、装药器、送管装置、机械手、液压系统和电气控制系统等部件组成。根据当天或当批炸药用量，在炸药库把袋装成品炸药装在车上，驶往爆破现场，接通气源和电源。首先启动液压系统，操纵机械手，把输药胶管和起爆器材送入炮孔。与此同时将炸药装入装药器内。在电脑控制屏上设单孔装药量，按下准备键。自动关闭装药器上盖，打开进气阀，向装药器内充气，达到工艺要求。按下输药键，自动打开装药器下部出料阀（底阀），炸药在压缩空气的作用下吹入炮孔，输药管缓缓退出炮孔。达到炮孔装药量时，关闭出料阀，打开放气阀。移到下一炮孔，重复上述程序。控制装置有两套系统，一台安装在车上，一台拿在工人手中，遥控装药车装药。使用遥控器特别适用于危险性比较大的爆破工程。

7.2　主要技术参数

井下通用铰接底盘见 6.1.7.1 节。

装药器选用无搅拌装药器。装药量 100kg。工作压力 0.45MPa。

机械手技术参数包括：

（1）臂长：4.4m。

（2）臂延伸长度：7m。

（3）回转范围：225°。

（4）收、放软管速度：0～0.5m/s。

（5）最大装填孔深：20～50m。

（6）软管直径（内径）：ϕ25mm 和 ϕ32mm。

7.3　铰接底盘

井下通用铰接底盘有两种形式：一种为发动机驱动变速箱，再带动驱动桥，使汽车行走。传动系统主要由动力换挡变速箱、驱动桥和万向传动轴等件组成，这种底盘和普通汽车驱动形一样；另一种是全液压式，发动机驱动高压油泵，高压油带动轮毂中间安装的液压马达，使汽车行走，方向机也为液压转向，这种底盘采用低污染柴油机，还要加废气净化装置。在 6.1 节中 BCJ-650 型井下乳化炸药现场混装车对底盘已做了介绍，本节不再重复。

7.4　装药器设计

装药器有两种形式：一种为无搅拌装药器，国外的装药车均采用无搅拌器，炸药为黏性多孔粒状铵油炸药；另一种为有搅拌装药器，因为我国在研制装药器时使用的炸药主要为粉状铵油炸药，流动性差，研制了有搅拌装药器。特别是炸药在装药器内存放时间较长或炸药水分较多选用有搅拌装药器还是合理的。BCJA-3 型井下装药车采用的炸药是黏性多孔粒状铵油炸药、改性铵油炸药和膨化硝铵炸药。炸药装入装药器内马上就输药，所以选用了无搅拌装药器。

根据《矿山机械产品型号编制方法（GB/T 25706—2010）》，装药器的型号表示方法如图 7-2 所示。

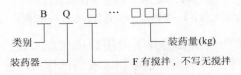

图 7-2　装药器型号表示方法

7.4.1　装药器的构造及工作原理

　　BQ-100 型无搅拌装药器主要由装药器筒体、排料阀、吹风阀、调压阀、进气阀、密封盖、放气阀和输药管等零部件组成（图 7-3）。气源来自空压机站，工作时，关闭排料阀 1、吹风阀 2、放气阀 6，提起密封盖 5，打开进气阀 4，将调压阀 3 调到 0.4~0.5MPa，将装药器筒体内充满压缩空气。把输药软管和起爆器材送入孔内，打开排料阀 1，炸药在压缩空气的作用下吹入炮孔，当达到药柱高度时关闭排料阀即可，把输药管退出炮孔。输药管和起爆器材再次送入下一炮孔，重复上述步骤。吹风阀 2 的功能是把输药管中余料和杂物吹掉，它的压力等于气源压力，一般为 0.7MPa。

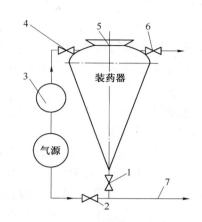

图 7-3　无搅拌装药器示意图
1—排料阀；2—吹风阀；3—调压阀；4—进气阀；
5—密封盖；6—放气阀；7—输药软管

7.4.2　装药器的维护

7.4.2.1　维护和保养

　　（1）清理干净桶内的剩料。

　　（2）每次工作过后，将调压阀卸下带出井下，以延长调压阀的使用时间。

　　（3）井下潮湿，各螺栓、转动零件和阀门要经常润滑。

　　（4）装药器在井下停留时间较长，重新使用时，要检查各阀门转动是否灵活，可慢慢转动数次，灵活后方可使用。还要检查上盖密封垫是否完好。

7.4.2.2　故障与排除

　　（1）调压阀失灵，药桶内压力无法控制。

　　故障原因：调压阀内进入杂物，弹簧被卡住，密封垫损坏。

　　排除方法：关闭进气阀和总气阀，打开调压阀底部压盖，清理杂物，垫好密封垫，拧紧底部压盖。

　　（2）打开排料阀，输药管不喷药，药管堵死。

　　故障原因：炸药中有结块；输药管弯曲过度。

　　排除方法：关闭排料阀，打开吹风阀，用高压空气吹通输药管。如这种方法仍不能排除故障，一般结块堵在弯头处，就要卸开弯头，取出结块或异物。

　　（3）打开排料阀，只出风，不出料。

　　故障原因：炸药在药筒内结拱。

　　排除方法：可轻轻敲击桶壁。如轻轻敲击桶壁仍不能排除故障，就要排掉桶内压缩空气，打开上盖，用木棒搅拌桶内炸药即可。

7.4.2.3　注意事项

　　（1）装药前，要用 4.699~3.962mm（4~5 目）筛子筛药，装药时严禁将杂物装入药袋中。如果药袋在井下存放时间较长，装药前把药袋抖动几下，把药袋中的结块散开再把炸药装入药桶内。

（2）炸药装入药桶内，充气时间不易太长，否则会把炸药压实。

7.4.2.4 装药器的技术指标

装药器的技术指标主要有装药密度、返粉率和装药效率。

A 装药密度

装药密度是指炮孔单位容积内装入炸药量的多少，它是影响爆破效果的主要参数。影响密度的主要原因有：

（1）拔管的速度是影响炸药密度的主要原因之一，拔管的速度、装药效率和炮孔直径有关。炸药在 0.3~0.5MPa 压力压缩空气的作用下喷射到孔内，自然有一个反作用力，就会把输药管退出炮孔，当人工拔管时操作者顺着反作用力拔管即可。如果是机械手拔管，调节机械手的速度、卷管速度和反作用力推管的速度需要同步。

（2）装药密度与炸药湿度有关，湿度越大，密度越大。

（3）装药密度与工作风压在一定范围内成正比关系。风压越大，密度越大。在装药过程中，增大风压会获得较大的炸药密度，特别深孔更是有利。但风压过高，返粉率会提高。

B 返粉与返粉率

返粉是指在装药过程中，由炮孔内反弹落地的药粉称为返粉。返粉量与装药时喷出的药量之比称为返粉率。用式（7-1）计算：

$$P = \frac{A}{B} \times 100\% \tag{7-1}$$

式中 P——返粉率，%；

A——落地药粉量，kg；

B——装药器喷出的总药量，kg。

降低返粉率是装药器装药追求的目标，装药器的产品标准规定返粉率小于20%。采取以下措施可降低返粉率：

（1）炸药要有较好的黏结性，目前常用的铵油炸药有改性铵油炸药、膨化硝铵炸药和多孔粒状铵油炸药。对于前两种炸药主要是让炸药吸潮，增加炸药的黏结性。炸药湿度越大，返粉率越低。但湿度过大，炸药会结块，蓬料，堵管，降低炸药性能，根据著者使用装药器的经验，湿度要小于5%。对于多孔粒状铵油炸药是增加黏结剂，近年来还有一种做法，在多孔粒状铵油炸药中加入10%~20%的乳胶基质，同样可以收到很好的效果。

（2）拔管速度不能过快，要和输药效率、炮孔直径有机地结合起来。

（3）风压不能过大。

（4）返粉的回收，装药时一般在孔口接一个漏斗，把返粉（炸药）收集起来，过筛后重新装入药筒内，再次装入炮孔。

C 装药效率

装药效率是指装药器在单位时间内喷射出去的炸药量，单位为 kg/s、kg/min 或 t/h。装药效率主要与风压和输药管直径成正比。表 7-1 为 BQ-100 型装药器装药效率的实验数据，供参考。

表 7-1　BQ-100 型装药效率表（装药器试制时实验数据）

工作风压 /MPa	输药管径 /mm	次　序	喷药时间 /s	喷射量 /kg	效率 /kg·s^{-1}	平均效率 /kg·s^{-1}
0.3	25	1	40	20.5	0.5	0.55
		2	44	29	0.6	
0.35		1	125.5	101	0.8	0.75
		2	118	82.5	0.7	
0.3	32	1	16	36.7	2.3	2.15
		2	18	35.5	2.0	
0.35		1	13.5	32.4	2.4	2.4
		2	19	45.6	2.4	

7.4.3　装药器的参数确定与计算

装药器用压缩空气把炸药输送到炮孔内，是典型的正压输送形式。输送管道一般有水平管道，垂直管道和若干个弯头组成。管道中压力损失等有关参数，也是按照水平管道、垂直管道和弯头等压力损失之和。而装药器输药软管形状在装药过程中变化无常，当输药管从炮孔中缓缓退出时，管子的形状在无规则地变化。不能安装水平管、垂直管和固定弯头计算方法计算，只能用实验的方法来确定。

7.4.3.1　装药器的输送效率

装药器的输送效率分为纯输送效率和工作输送效率两种，纯输送（装药）效率就是按照表 7-1 平均输药效率乘上时间，得出的炸药量。有 1h 或一个工作日（8h）输送的炸药量。工作输送（装药）效率是指一个工作日（8h）内输送的炸药量。一个工作日（8h）包括装药时间和辅助时间。辅助时间包括运输炸药、装药车（装药器）移位、向装药器装药、充气、放气等。

纯输药效率用式（7-2）计算：

$$Q = Q_S \times 3600 \tag{7-2}$$

式中　Q——纯输药效率，kg/h；

Q_S——每秒钟输药效率，表 7-1 查得。内径 ϕ32 输药管，输药风压为 0.35MPa 时 2.4kg/s。

$$Q = Q_S \times 3600 = 2.4 \times 3600 = 8640 \text{kg/h}$$

由表 7-1 查得，内径 ϕ25 输药管输药风压为 0.35MPa 时，纯输药（装药）效率为 0.75kg/s。

$$Q = Q_S \times 3600 = 0.75 \times 3600 = 2700 \text{kg/t}$$

工作输送效率按式（7-3）计算：

$$Q_工 = 8kQ \tag{7-3}$$

式中　k——系数，输药管内径 ϕ32 取 $k=0.02$；输药管内径 ϕ25 取 $k=0.04$。此系数根据多个井下矿使用装药器经验得来。

内径 $\phi32$ 输药管输送效率为：

$$Q_{工} = 8 \times 0.02 \times 8640 = 1382.4 \text{kg/t}$$

内径 $\phi25$ 输药管输送效率为：

$$Q_{工} = 8 \times 0.04 \times 2700 = 864 \text{kg/t}$$

7.4.3.2 混合比

混合比 μ，也称为浓度比，是指在单位时间内输送炸药的重量与在同一时间内所需空气重量之比。混合比越大，输送能力越高，所需压缩空气就越少，节省能源。风力输送装药器是正压式输送，正压药输送方式，在风力输送设备中，是混合比最高的。在装药过程中，当桶内有料时，消耗 20% ~30% 压缩空气，可输送 70% ~80% 的炸药。也就是当炸药经输药管输入炮孔，压缩空气需补充药桶内的空间。当炸药输完时需把药桶内的压缩空气放掉，再一次装入桶内炸药，再次充气，再次装药。混合比可从表 7-2 中选用。装药器一般选用高压输送，当输药管短时，可选用低压输送。

表 7-2 混合比 μ 的值

输 送 方 式		混合比 μ
吸送时（负压式）	低真空	1.0 ~10
	高真空	10 ~50
压送式（正压式）	低压	40 ~80
	高压	100 ~200
	流态化床式	40 ~80

A 风量计算

计算风量按式（7-4）计算（以内径 $\phi32$ 输药胶管为例）：

$$Q_{计} = \frac{Q}{\mu\gamma} \tag{7-4}$$

式中　$Q_{计}$——计算风量，m^3/h；

Q——纯输药效率，由式（7-2）计算，$Q=8640\text{kg/h}$；

μ——查表 7-2，取 $\mu=150$；

γ——空气的重度，标准状态下 $\gamma=1.2\text{kg/m}^3$。

$$Q_{计} = \frac{Q}{\mu\gamma} = \frac{8640}{150 \times 1.2} = \frac{8640}{180} = 48\text{m}^3/\text{t}$$

$Q_{总} = (1.5 \sim 2)Q_{计} = 2 \times 48 = 96\text{m}^3/\text{t}$，1.5 ~2 为经验系数。

由以上计算，BQ-100 型装药器配一台风量 1.5 ~2m^3/min，风压 0.7MPa 的空气压缩机即可。

B 压力损失计算

（1）空气使物料加速度时的压力损失计算。当空气和物料进入水平和垂直输料管时，在一定距离内，物料的动能增加，即物料处在加速过程中，这种相应增加输送速度的能量消耗称为加速物料压力损失，它决定于输送量、输送速度、输送管直径和物料的性质。空气使物料加速度时的压力损失用式（7-5）计算：

$$H_2 = (c_1 + \mu c_2) \gamma \frac{v^2}{2g} \tag{7-5}$$

式中　H_2——空气使物料加速度时的压力损失，mmH_2O；

　　　　c_2——系数，取 0.65~0.75；

　　　　c_1——系数，取1；

　　　　v——风速，取 $v = 20m/s$；

　　　　g——重力加速度，$g = 9.81m/s^2$。

$$H_2 = (c_1 + \mu c_2) \gamma \frac{v^2}{2g} = (1 + 150 \times 0.7) \times 1.2 \times \frac{20^2}{2 \times 9.81} = 126 \times 1.2 \times 20.39 = 2569 mmH_2O$$

（2）克服管道中摩擦阻力的压力损失。管道有垂直和水平两段组成，物料通过这两段管路压力损失用式（7-6）计算：

$$H_3 = R[L_垂(1 + K_垂 \mu) + L_平(1 + K_平 \mu)] \tag{7-6}$$

式中　H_3——管道中摩擦的压力损失；

　　　　R——纯空气通过单位管长压力损失（表9-11），取 $R = 2.22$；

　　　　$L_垂$——垂直管道长度，取 $L_垂 = 20m$；

　　　　$L_平$——水平管道长度，取 $L_平 = 10m$；

　　　　$K_垂$——阻力系数，取 $K_垂 = 0.952$；

　　　　$K_平$——阻力系数，取 $K_平 = 0.648$。

$$\begin{aligned}
H_3 &= R[L_垂(1 + K_垂 \mu) + L_平(1 + K_平 \mu)] \\
&= 2.22 \times [20 \times (1 + 0.95 \times 150) + 10(1 + 0.648 \times 150)] \\
&= 2.22 \times 8285 = 18395 mmH_2O
\end{aligned}$$

（3）空气将物料提升到一定高度的压力损失。

$$H_4 = \gamma(c_1 + \mu)S \tag{7-7}$$

式中　H_4——空气将物料提升到一定高度的压力损失；

　　　　S——物料提升高度，$S = 20m$。

$$H_4 = \gamma(c_1 + \mu)S = 1.2 \times (1 + 150) \times 20 = 1.2 \times 151 \times 20 = 3624 mmH_2O$$

总压力损失：$H_总 = a(H_2 + H_3 + H_4) = 1.2 \times (2569 + 18395 + 3624) = 1.2 \times 24588$

$$= 29505.6 mmH_2O \approx 0.3 MPa$$

式中　a——经验保险系数，取 $a = 1.2$，输药管长度不同系数值不同。

通过以上计算，装药器需用风量为 1.5~2m^3，输药压力为 0.3MPa。输药胶管长度30m，输送到20m深的上向炮孔中是可行的。装药器调压阀调整压力为 0.45MPa，是合理的。

井下分段越来越高，炮孔也越来越深，输药管越来越长，装药器调整的压力也随着调高。

7.5　静电研究

两物体间相互发生摩擦，或发生接触，会使原有物体正负电荷的均势被打破，使之带有正电荷或负电荷，这种现象产生的电荷称为静电。静电可以用来除尘、选矿等。但它对于爆破工程来说，却是引起电雷管早爆的有害因素。

在 20 世纪 60 年代末和 70 年代初，研究露天矿用装药车和井下装药器，都是压缩空气作为动力，炸药经输药胶管输送到炮孔内。炸药在输药胶管中高速通过，炸药颗粒和炸药颗粒的摩擦，炸药和输药胶管的摩擦，产生高压静电。会引起火花放电，对电雷管有一定的引爆危险。

1969~1970 年，武汉安全环保技术研究院（原冶金工业部武汉安全技术研究所）、马鞍山矿山研究院、山西惠丰特种汽车有限公司（原长治矿山机械厂）、马鞍山钢铁公司南山铁矿。在马鞍山钢铁公司南山铁矿现场，就风力输药过程中产生静电的规律及预防措施进行了两年的研究。

风力输送过程中产生静电有如下一些规律和现象：

（1）实验是在高度绝缘的条件下进行。炸药从输药胶管喷出时，测得静电电压高的 30kV。用手触之有电感，并有放电的响声，在夜间可看到火星。

（2）静电的大小与湿度有关，湿度小静电高。自然环境相对湿度超过 60%~80% 以后，静电就不会产生。

（3）喷药速度越高，静电电压越高。

（4）炮孔表面岩石导电性能好，静电电荷不易积累。

（5）电荷分布不均匀，一般在输药管出口处静电电压高，输药管外壁静电电压高于内壁，炸药内也有静电产生。

（6）静电以泄漏和火花放电两种形式释放能量，在输药胶管导电性能差时，会积聚很高的静电电压，导致瞬间击穿放电，极易引爆电雷管。当输药胶管导电性能好时，多以泄漏方式释放能量，减少了雷管早爆的可能。

静电引起电雷管或炸药粉尘等爆炸，其产生的能量必须大于雷管或炸药粉尘的最小起爆能。雷管或炸药粉尘的最下起爆能量可用式（7-8）求得：

$$W = \frac{1}{2}CV^2 \tag{7-8}$$

式中　W——爆炸能量，J。

　　　C——实验电容，F。

　　　V——静电电压，V。

如果测出静电电压小于雷管或炸药粉尘最下起爆能量，可以认为是安全的。若大于此值，就应采取安全措施。

当时用的静电测试仪表有两种：一种为 Q3-V 型静电电压表，另一种为 KS-325 集成式电位测定仪。两种仪表的工作原理是相同的。

静电测试仪主要是用来测试炸药流的静电，方法有网测法和箱测法两种，前者采用金属集电网，后者采用金属集电板。测量时要保证整个装置与地绝缘，以免泄漏静电，测量不准。网测法的装置和仪表如图 7-4 所示，集电网用导电良好金属制成，如银条或铜丝焊接而成。网孔要小，约 6mm×6mm，可做成双层网。输药胶管夹在木箱中间，带静电的药流喷射在集电网上，从测量仪表上读到数值。

箱测法装置如图 7-5 所示，这种方法比较简单，测量结果与网测法相同。做一个上面开口的木箱，把集电板斜放在木箱内。输药胶管正对集电板喷药。输药开始带电的药流喷向集电板，静电经导线显示在静电电压表上。

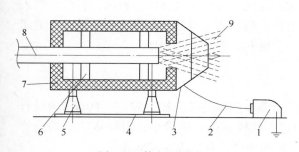

图 7-4　静电网测法

1—静电电压表；2—导线；3—集电网；
4—绝缘胶皮；5—高压瓷瓶；6—绝缘子；
7—木架；8—输药胶管；9—炸药流

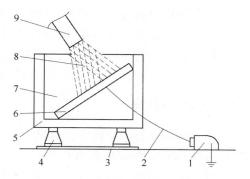

图 7-5　静电箱测法

1—静电电压表；2—导线；3—绝缘胶皮；
4—高压瓷瓶；5—木箱；6—铜板；
7—炸药；8—炸药流；9—输药管

研究出静电产生的规律，采用以下措施就会预防静电产生，从而预防电雷管早爆：

（1）采用半导体输药管。普通输药胶管，其体积电阻很高，极易产生和聚集静电，改用半导体输药管，减少静电的产生。

（2）进行良好接地，使静电导入地下。

（3）在有静电危险区装药时，采用非电雷管。

（4）操作人员应穿防静电服。

（5）炸药适量增湿处理，不但防止了静电产生和聚集，而且增加了炸药的黏结性，降低了返粉率。增湿的方法很多，井下矿湿度就很大，炸药存放时间久了就会增湿。

实践证明上述防静电措施是有效的，装药器已在井下矿安全地使用了四十多年。

7.6　装药机械手

装药机械手如图 7-6 所示，主要由输药管、机械手的手腕部分（象鼻子）、手腕部分旋转装置、输药管导管、送管装置、举升油缸、软管卷筒、底座、旋转装置、固定臂和伸缩臂等部件组成。该机械手总长 7.8m，旋转 300°，臂可上下摆动 30°，手腕部分可弯曲 90°，可为全方位机械手。著者认为装有机械手的混装车，中深孔作业最有利。液压传动，电气控制。行走时折叠起来，放在车厢上（与汽车吊相似）。工作时根据装药车停车位置、

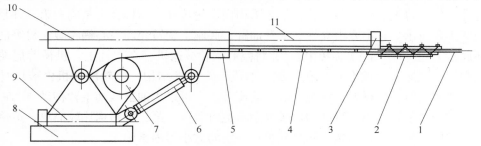

图 7-6　装药机械手示意图

1—输药管；2—机械手的手腕部分（象鼻子）；3—手腕部分旋转装置；4—输药管导管；
5—送管装置；6—举升油缸；7—软管卷筒；8—底座；9—旋转装置；10—固定臂；11—伸缩臂

距炮孔的距离以及高度，调整伸缩臂和举升油缸，调整机械手的手腕部分，使输药管对准炮孔。启动送管装置，将输药管和起爆器材送入孔底。打开装药器的排料阀，将炸药吹入孔内，输药管在送管器的作用下，缓缓拉出炮孔。当装药量或药柱高度达到要求时，关闭装药器的排料阀，完全退出输药管。移到下一个炮孔，重复上述程序。

7.6.1 半导电输药管

输药管采用半导电塑料管，为风力输送装药器专用输药管。长度为 30 ~ 60m，内径有 $\phi25$ 和 $\phi32$ 两种，根据炮孔直径用户自行选择。这种输药管质量小，内径 $\phi32$ 的输药管 30m 只有 10kg；卷曲半径 500 ~ 600mm，有一定的硬度，有利于对准炮孔。

7.6.2 机械手手腕部分

机械手的手腕部分（图 7-7）是机械手的关键部位，与旋转装置配合，可在 360°范围内随意旋转和弯曲。它由左右两组肘关节（链片）和上下两组小油缸等零件组成。

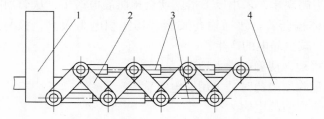

图 7-7 机械手的手腕部分示意图
1—旋转装置；2—肘关节（链片）；3—油缸；4—输药管

弯曲时，下面一组油缸进油，活塞杆推出；上面一组油缸回油，活塞杆收回，与人的手腕一样，弯曲起来。调整油缸的进、出油量，可改变手腕的弯曲程度。与旋转装置配合，成为全方位机械手。旋转装置为液压马达驱动的空心蜗轮降速器，输药管从中间通过。

7.6.3 机械臂旋转装置

机械臂旋转装置有两种结构形式：第一种是类似于小型液压汽车吊的旋转部分，在汽车底盘上装一件大齿轮，液压马达上装小齿轮，使机械臂旋转。举升油缸一头连接臂，一头固定在旋转装置上和臂一起旋转，如果采用内齿轮传动，结构会更紧凑；第二种是立柱式，如图 7-8 所示。它主要由立柱、举升油缸、底座、旋转套和空心蜗轮减速机等部件组成。在底盘上立一件立柱（旋转中心），将空心蜗轮减速机套在立柱上，机械臂尾端的合页转轴和蜗轮减速机上的合页连在一起，形成一个铰链结构。蜗轮减速机由液压马达驱动，当马达旋转时，机械臂、举升油缸一起旋转。也可以用油缸推动主臂移动 90°左右。

这两种旋转装置，第一种结构比较复杂，造价要高。第二种结构比较简单，造价也会低些。两种旋转装置要根据选择底盘载重量、空间大小等因素确定。

软管卷筒、送管装置、电缆卷筒、乳胶基质泵送装置和电气控制系统等部件详见前面相关章节，这里不再介绍。在井下混装车（装药车）第 6 章中介绍了选用井下铰接底盘和轻型汽车底盘两款现场混装乳化炸药车，这种混装车起步比较早，但只有近几年才发展

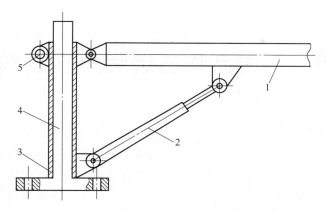

图7-8 立柱式旋转装置

1—机械手臂；2—举升油缸；3—转轴；4—立柱；5—空心蜗轮减速机

比较快。在第7章中介绍了使用井下铰接底盘改装的粉状铵油炸药装药车。选用井下混装车或装药车还是要因地制宜、因矿而宜。在第6章和第7章中还介绍了三种工作平台和一种装药机械手，第一种为吊篮式，如图6-12所示。它的优点臂伸缩可调，举升高度可根据施工现场而定。2001年曾经给某工程队，生产了一台坑道式乳化炸药混装车，可举升17m，旋转360°，工作范围大。第二种为升降式平台，如图6-13所示。举升高度可最高位8m。平台宽度为1m，长度为2.5m（包括伸出部分）。这种平台的缺点是活动范围较小，适用于某些专业化爆破工程。第三种平台为折叠式，如图6-39所示。这种平台最大优点是面积大，站人多。可伸到车后1.6m，宽度可达3m，高度可伸到离地2.5m。移一次车可装完一个工作面的全部炮孔。这种平台最适用于井下巷道掘进、铁路和公路隧道工程。第四种为装药机械手，如图7-6所示，可旋转300°，双臂可伸出8m，机械手的手腕部分可弯曲到90°，还可旋转300°。最适用于井下中深孔爆破装药作业。根据不同的爆破工程，不同的工作面，选择不同的装药平台。

　　上述三种井下混装车（装药车）上所介绍的工作装置可根据不同的汽车底盘，不同的爆破工程，选择不同的工作装置，组合成为新的混装车和装药车，满足客户的需求。

8　成品炸药远程炮孔装药车

前面章节介绍的露天矿用混装车和井下矿用混装车都适用于乳化炸药、多孔粒状铵油炸药和重铵油炸药等散装炸药。下面介绍的成品炸药远程炮孔装药车主要用于改性铵油炸药、膨化硝铵炸药、粉状乳化炸药和多孔粒状铵油炸药等粉状、粒状成品炸药研制了一款可移动、安全、高效现场装药设备。换言之，乳化炸药、多孔粒状铵油炸药和重铵油炸药都有了现场混装机械，实现了移动、安全、高效装药作业。

BCCZ-3 型成品炸药远程炮孔装药车，是山西惠丰特种汽车有限公司和云南普洱顺鑫民爆公司联合研制。为国内首创、具有自主知识产权的多用途、多功能专用车。2011 年 8 月 24 日获得国家实用新型专利（专利号：ZL20102069755.6）。

成品炸药远程炮孔装药车是一大系统工程，包括成品炸药运输、火工品管理、成品炸药现场远程装填等功能；可把现场工作视频传输到有关管理部门，是对现有成品炸药、雷管使用管理和装填是一次重大变革。成品炸药远程炮孔装药车上装有北斗导航定位系统，现场摄像，指纹识别，数据、图像自动传输等技术手段，实现爆炸物品动态监管，实时查询爆炸物品流向，是物联网技术在远程炮孔装填车上的应用，填补了国内成品炸药无机械化装药的空白，彻底改变几十年来人工装药的状态。

该系统的使用要与当地的公安部门联合进行，实现炸药、雷管等火工品全过程动态管理，即：从审批、购买、运输、储存、使用、退库全方位、实时、数字化、安全管理。有效保证各个环节处于安全监控状态，减少了炸药、雷管流失对国家和人民生命财产造成的危害，是利国利民的安全工程。

依据国家产业发展方向的规划和引导，建立整个混装车行业动态监控信息系统，是行业管理的趋势和要求。整个系统要监管到位，混装车现场装药及地面站的控制系统是信息化管理的信息来源核心。只有这个核心可以即时提供各种信息，并且信息准确、真实有效，免除人工干预，可以记录、储存，而且事后查阅方便，数据实时通过网络传输到服务器，进行储存管理。实际上就是控制管理一体化。

整个信息系统分为基础级、企业级和行业级三个层次进行管理，如图 8-1 所示。

数字化混装车是信息化的基础，安装有全方位摄像头，北斗导航，数据记录，网络实时传输等。基础级的控制及信息管理是整个信息管理系统的核心。企业作为生产现场的直接管理部门，是生产现场的指挥部。在企业管理部门设置了管理任务服务器，生产

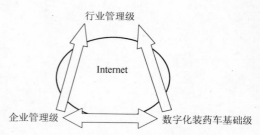

图 8-1　火工品三级管理模型

现场的全部工作信息实时传输到企业管理部门，供企业管理部门分析，便于指挥和上传下达。行业及政府相关部门的行业管理部门实际是整个系统的大脑，是决策机关。需要相关

准确信息，提供各个不同管理部门所需要的信息。根据反馈来的各种信息，对行业做出正确的决策，使行业健康有序发展。

（1）成品炸药远程炮孔装药车执行标准严格。整车严格执行中华人民共和国国家标准 GB20300—2006《道路运输爆炸品和剧毒化学品车辆安全技术条件》、中华人民共和国机械行业标准 JB2478—1999《装药器》产品标准。

（2）功能齐备。车体具有缓冲防撞、防静电火花、防雨通风、防盗、过载和烟火报警等功能。

（3）设计先进。整个车型为箱体车包装结构，外部箱体采用复合材料，外观美观大方、阻燃隔热、强度高、安全性好、防腐蚀性高、经久耐用。

（4）制造工艺精湛。内部装置采用优质不锈钢冷轧钢板，光洁、平整、防腐蚀性高。采用机械化自动焊接工艺，焊接质量高、外观美观。填补了我国成品炸药装药机械的空白。

（5）成品炸药远程炮孔装药车具有以下功能：

1）运输功能。可根据用户要求选配 3t、5t、8t 等运输能力的车辆。

2）车辆运输远程北斗导航定位监控功能。

3）远程可视监控功能。

4）远程操作监控功能。

5）爆炸物品在购买、运输、储存、使用和退库数据实时监控。

6）爆炸物品数据查询功能。

7）作业现场机械化装填炸药功能。

（6）成品炸药远程装药车广泛适用于中、小型矿山、采石场、水电站、铁路、公路、工程隧道等建设工程。

8.1 BCCZ-3 型成品炸药远程装药车

8.1.1 总体介绍

BCCZ-3 型成品炸药远程炮孔装药车如图 8-2 所示，主要由汽车底盘、箱体总成、刹

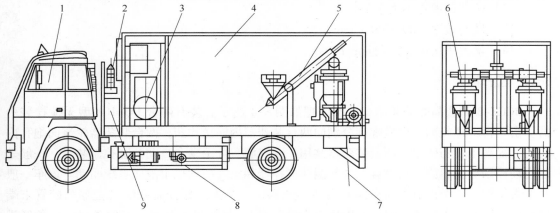

图 8-2　BCCZ-3 型成品炸药远程炮孔装药车

1—汽车底盘；2—灭火器；3—空气压缩机；4—箱体总成；5—输料螺旋；6—装药器；
7—导电接地装置；8—动力输出系统；9—液压控制系统

车冷却系统、螺旋总成、装药器总成、软管卷筒装置、车载电气控制系统、动力输出系统、液压控制系统、气路总成等部件组成。这种车是成品炸药运输车和装药器两个定型成品的结合，再加上高科技的管理手段，成为一种新型产品，来满足某些爆破工程运药和装药作业。

根据《矿山机械产品型号编制方法（GB/T 25706—2010）》，成品炸药远程装药车型号表示方法如图 8-3 所示。

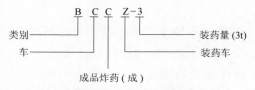

图 8-3　成品炸药远程装药车型号表示方法

8.1.2　主要技术参数

主要技术参数如下：

（1）汽车底盘：东风天锦 DFL1120B，4×2。

（2）发动机功率：132kW。

（3）最大时速：90km/h。

（4）装备符合 GB/T13594 规定的防抱死制动装置。

（5）空气压缩机：风量 $1m^3/min$，风压 1MPa。

（6）外形尺寸（长×宽×高）：8390mm×2448mm×3500mm。

（7）额定总质量：12495kg。

（8）装药车整备质量：8200kg。

（9）装药车额定载药量：3000kg。

（10）输药管长度：60m。

（11）输药扬程：不小于 30m。

（12）输药误差：不大于 2%。

（13）装药效率：20～35kg/min。

（14）最大单次填装炸药量：100kg。

8.1.3　工作原理

BCCZ-3 型成品炸药装填车工作原理如图 8-4 所示。装有两台 BQ-100 型无搅拌装药器。由一台斜螺旋和一台横螺旋分别向两台装药器内输送炸药，两台装药器轮流向炮孔内装药，提高了装药效率。两套装药器共用一套气源。分手动和自动两套控制装置，一般采用自动控制。斜螺旋、横螺旋、加料漏斗搅拌器和空气压缩机由液压系统驱动。该车一般两个人操作，一个人负责向主螺旋漏斗内加料，一个人操作控制系统（把输药胶管末端的旋风分离器放入炮孔一般由矿山爆破人员负责）。气源进入装药器有两条路，一条经进气阀 4 或 11，经调压阀调压后进入装药器；一条经吹风阀 3 或 12 直接进入输药管中，用于将输药管中的余料吹干净或在输药过程中给炸药增加动力。调压阀的功能是：根据输药管长度和扬程的高低变化调整不同压力。如果输药管短、风压大，就会造成炸药返粉率高；如果输药管长、风压小，就会造成堵料。

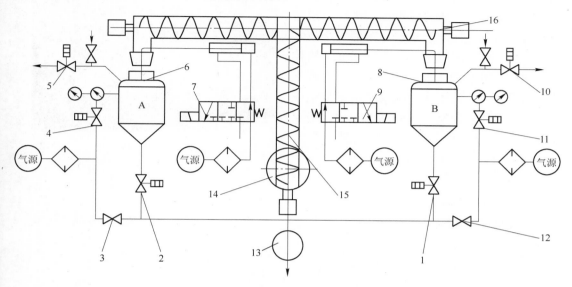

图 8-4　工作原理

1，2—排料阀；3，12—高压吹风阀；4，11—进气阀；5，10—排气阀；
6，8—密封盖；7，9—换向阀；13—分离除尘器；14—加料漏斗；15—斜螺旋；16—横螺旋

开始工作前，在电脑上按炮孔的编号分别输入各炮孔的装药量，启动取力器，并启动空气压缩机。工作程序分准备和输药两部分。准备程序包括：加料、封口和向装药器内充气。输药程序包括：向炮孔内输药、放气和打开密封盖，为下一次装药做好准备。当空气压缩机风压达到额定时，按下准备键，计算机默认装药器 A 先工作，各阀门都在关闭状态。装药器 A 密封盖，横螺旋先启动数秒钟，斜螺旋和加料漏斗搅拌器启动。操作工人把炸药加入漏斗内，炸药在斜螺旋和横螺旋的作用下落入装药器 A 内，装药器上装有称重传感器，达到第一个炮孔炸药量时输料螺旋停止。自动关闭密封盖 6，并自动打开装药器进气阀 4，向装药器内充气到工作气。当现场工作人员已把旋风除尘器安放就绪，方可按下输药键，自动打开排料阀 2，炸药在压缩空气的作用下吹入炮孔。当装药器内炸药量为 0 时，自动关闭排料阀 2，打开排气阀 5 和密封盖 6。第二次装药开始，重复上述程序。当装药器 A 装药完成后，就可向装药器 B 装药，工作程序和装药器 A 相同。爆区装药完成后，一定要把斜螺旋和横螺旋内的炸药清理干净，同时也要把装药器内和输药管内的炸药吹扫干净。

8.1.4　主要部件介绍

8.1.4.1　汽车底盘

有多种汽车底盘可供选择，该车选用了东风牌天锦汽车。技术参数详见 8.1.2 节。

8.1.4.2　箱体总成

箱体的结构及外观和危险品运输车基本相同，按照该车的设备要求重新进行了设计。

在前端安装了空气压缩机，并用隔板和主料箱隔开。在主料箱内安装了螺旋上料机和装药器等零部件。箱体总成设计：执行《道路运输爆炸品和剧毒危险化学品车辆安全技术条件（GB 20300—2006）》国家标准。箱体里面材料采用铝合金板、外面采用优质碳素结构钢板，中间采用优质碳素结构钢型钢作为构架，中间填充防火、隔热保温层，确保炸药运输过程安全。还安装有辅助上料装置，减轻了工人的劳动强度。图8-5所示为料箱的实物照片。

图8-5　箱体实物照片

8.1.4.3　螺旋总成

螺旋总成如图8-6所示，主要由漏斗装置、斜螺旋、支撑架、横螺旋等零部件组成。

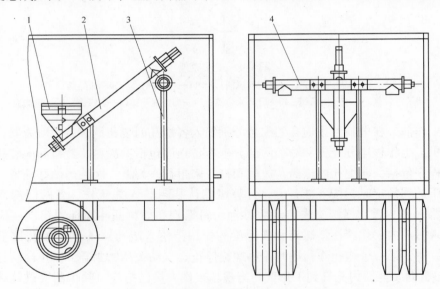

图8-6　螺旋总成

1—漏斗装置；2—斜螺旋；3—支撑架；4—横螺旋

螺旋总成作用及工作原理：操作工人将车载成品炸药倒入漏斗内，在搅拌器的作用下，炸药进入斜螺旋。通过螺旋叶片将炸药提升到横螺旋中，横螺旋正转向A装药器装药，横螺旋反转向B装药器装药。搅拌器、斜螺旋、横螺旋的转动均有液压马达驱动。为排除堵料等故障，在螺旋上下部位装有排料孔。

8.1.4.4　装药器总成

用BQ-100型无搅拌装药器两台，这种装药器已生产4000多台，技术成熟，用户广泛，工人操作熟练。图8-7所示为装药器总成，主要由以下零部件组成：装药器筒体、称重传感器、支撑架、调压阀。适用于粉状炸药和黏性粒状铵油炸药。装药器体上装有振动器，当炸药结块或炸药结拱时，启动振动器炸药可顺利地输入炮孔。装药器工作时，斜螺旋和横螺旋转动将炸药输入到装药器筒体时，称重传感器实时进行重量测量，称重传感器的电信号由车载控制电脑控制。到达预设值时，斜螺旋和横螺旋停止转动，装药程序完成。装药器密封盖在气缸作用下密封筒体，形成一封闭的状态。然后向装药器内充气，到达设定装药压力时，可向炮孔装炸药。

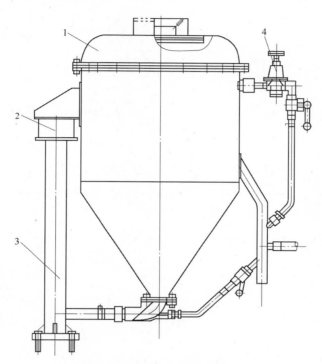

图 8-7 BQ-100 型装药器总成

1—装药器筒体；2—称重传感器；3—支腿；4—调压阀

8.1.4.5 软管及卷管装置

软管卷筒装置如图 8-8 所示，主要由以下零部件组成：回转轮盘、半导电防静电塑料软管、支撑板、固定架。该车根据工作需要可装 60m、80m 和 120m 三种输药管。为确保安全，输药管采用半导体防静电塑料管。为最大限度地利用装药车空间，软管卷筒装置采用收放式结构。将软管缠绕在回转轮盘上，行车时软管卷筒装置处于立放状态，可关闭后门。现场作业时，打开后门，将软管卷筒放置在水平位置。展开软管进行输药。

图 8-8 软管卷筒装置实物照片

8.1.4.6 液压系统

液压系统工作原理如图 8-9 所示。液压系统主要由以下零部件组成：液压油箱、轴向柱塞泵、散热器、回油滤油器、高压滤油器、压力表、电磁阀、节流阀和液压马达等液压元件组成。

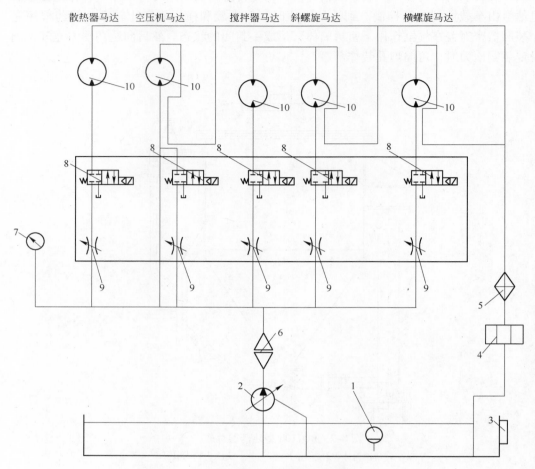

图 8-9　液压系统工作原理

1—空气滤清器；2—轴向柱塞泵；3—液位温度指示计；4—散热器；5—回油滤油器；
6—高压滤油器；7—压力表；8—电磁阀；9—节流阀；10—液压马达

　　由一台 PVB-29 型轴向柱塞泵驱动散热器马达、空压机马达、搅拌器马达、斜螺旋马达和横螺旋马达。轴向柱塞泵由汽车取力器驱动，各个液压马达的启动、关闭均由电脑控制。各个液压马达均是无级变速，转速的快慢由调整节流阀的流量实现。PVB-29 型轴向柱塞泵在取力器的作用下，产生的高压油经分配组件、流量调节阀、电磁阀分别驱动液压马达工作，工作过后的液压油经回油过滤器、散热器回到油箱。为保证各液压马达工作精度，控制液压油的工作温度非常重要。液压油箱上装有温度传感器，把温度信息传给计算机，计算机根据设定温度和实际液压的温度来控制散热器风扇启停和转速快慢，从而保证了液压油在最佳温度范围内，确保了马达运行精度。为保证马达运行精度采取的第二个措施是，根据季节不同选用不同的液压油。第三个措施是按要求清洗过滤器或更换滤芯，做好日常保养工作等。

8.1.4.7　供气系统

　　压缩空气在该车上有两种用途：一是把炸药吹入炮孔；二是功能控制用气，如关闭密封盖和气动球阀的执行机构用气等。供气系统如图 8-4 所示，该车自动一台 1m³/min 的空气压缩，额定工作压力为 1.2MPa，由液压马达驱动。一套气源分别供给两台装药器轮流工作。空气压缩机自带储气罐。按照炮孔的装药量，将炸药装入装药器内。利用汽缸关闭进料口，打开进气阀 4 或 11，压缩空气经调压阀进入装药器体内。当达到工艺压力时（输送距离远、扬程高，调的压力要高），自动打开排料阀 2 或 1，炸药在压缩气体的作用下吹入炮孔。当称重传感器检测到桶内炸药为 0 时，关闭排料阀，打开吹风阀将管道中的剩药全部吹入炮孔。打开放气阀 5 或 10，把装药器内的压缩气体排掉。再次打开进料口，重复上述程序，第二次装药开始。如果连续工作几次感到气压不足时，降低装药频率，以压缩空气得到补充。

8.1.4.8　操作与使用

成品炸药远程装药车使用操作需要两名员工，每个操作人员之间需要相互配合、协调一致，才能保证正确使用。因此要求每个操作人员必须认真学习、弄懂操作说明，方能进行实际操作。

A　成品炸药运输

（1）司机具有驾驶危险品运输车资质。

（2）装药车装载炸药运输时，必须有两名成员：汽车驾驶员和押运员。

（3）按《道路运输爆炸品和剧毒化学品车辆安全技术条件（GB 20300—2006）》规定，行驶最高时速 90km/h。

（4）为保证公司总部和公安部门对装药车的监控，装药车使用全过程车载北斗导航系统和视频监控系统必须处于开启状态。

（5）炸药及起爆器材的购买、运输、储存、使用、领取、退库按遵守国家有关规定基础上编制的《地面站炸药与雷管管理系统操作手册》要求进行。

B　现场装药作业

（1）汽车应尽量停放在平整地方，以保证整个系统的安全性、准确性、可靠性。

（2）发动汽车，在汽车气压达到 0.7MPa 以上，挂上取力器。

（3）除装药库两扇门外，其余门全部打开并固定好。

（4）查看液压表，压力值在不小于 10MPa 条件下，然后再进行下一步操作。

（5）把输药胶管和除尘器连接好并放到爆区的炮孔上。

（6）在电脑上按孔的编号输入单孔装药量，按下启动键，顺序装药。

（7）装药完成后，把输药管内的剩药吹扫干净，收起输药管，本次装药完成。

8.1.4.9　常见设备故障与排除

（1）液压系统的故障。

1）发生的故障：液压马达或液压控制阀等液压元器件和液压管连接处漏油。故障原因：液压管接头内密封垫损坏。修理方法：关闭汽车取力器，松开液压管接头，更换新的密封垫，重新安装好。

2）发生的故障：液压马达停止转动。故障原因：液压系统发生严重漏油，系统压力不足。液压控制阀损坏，无法控制液压马达。

（2）气动系统的故障。

1）发生的故障：气路管与各气动控制阀连接处漏气。故障原因：气路管与气动控制阀连接处不密封。修理方法：关闭气动总控制球阀，按下气动接头接口，卸下气路管，然后重新插好。如气动接头损坏则更换新的。

2）发生的故障：气动元器件无法运行。故障原因：气动元器件损坏。修理方法：拆开气动元器件维修，如无法修理则更换新的。

3）发生的故障：装药器密封盖漏气。故障原因：装药器密封盖与筒体不密封。修理方法：清理干净装药器的密封盖上的炸药。手紧提密封盖，重新绑紧连接钢丝。

（3）汽车底盘的故障。当发生汽车故障时，必须有懂汽车维修专业人员进行处理，非专业人员禁止维修。

（4）电气控制系统的故障。当发生电气控制的故障时，必须有专业电气人员进行维修，非专业人员禁止处理。

8.2　改进型成品炸药远程炮孔装药车

改进型成品炸药远程装药车做了一下改进，性能有了明显提高。

（1）改用无搅拌装药器，装药量为50kg，筒体和封头加厚，使承压能力由0.7MPa提高到1.6MPa。输送（药）压力由0.6MPa提高到1.2MPa；输送（药）高度由30m提高到60m；输药管长度由60m延长到100m；一次输药量由30kg增加到50kg，满足了工程需要。

（2）更换空气压缩机，有活塞式改为螺杆式，风量由$1m^3/min$提高到$2m^3/min$。并增大了储气筒，减小装药器的容积，减少了耗气量，保证了装药器连续输药。

（3）采用了小型装药器，降低了高度，取消了螺旋上料装置，人工直接加料，简化了设备，加大了料箱空间，提高了车的载药量。

（4）操作系统简单化，取消上料螺旋装置，手工称重，手工加料。使车厢内有了更大空间，增加了车的载重能力。

（5）操作由笔记本电脑改用工控电脑和手持式遥控装置，操作更为方便。

（6）管理软件更为完善，与地区公安部门的局域网相连，有效地监管了火工品的流向，确保了安全。

9 ★ 地面站

地面站是现场混装炸药车配套的地面辅助设施，它是加工炸药半成品和储存炸药原料的场所，简称地面站。它占地面积小，安全级别低，建筑物简单并可以联建，工艺简单，设备少，投资小，见效快。

不同的现场混装炸药车，地面站设备配置也不相同。

BCLH 系列多孔粒状铵油炸药现场混装车地面站只有多孔粒状硝酸铵上料装置和柴油储罐及柴油泵送装置。

BCRH 系列乳化炸药现场混装车地面站系统配置可分为车上制乳和地面制乳两种类型。地面制乳，还可分为高温作业和常温作业两种类型。车上制乳代表车型有 BCRH-15B型，其地面站配置有水相制备系统、油相制备系统和敏化剂制备系统，以及相应的泵送装置。地面制乳高温作业，代表车型为 BCRH-15D 型，大管径输送，高效率，适用于距离地面站较近的大型露天矿，其地面站配置有水相制备系统、油相制备系统、敏化剂制备系统和地面制乳装置。地面制乳常温作业，代表车型为 BCRH-15D 型的改进型。服务半径大，工作防范广。这种车的地面站是在高温作业地面站的基础上增加了一套乳胶基质冷却装置。BCZH 系列重铵油炸药现场混装车（多功能混装车）地面站系统配置是功能最齐全，设备最多。它是乳化炸药现场混装车地面站系统和铵油炸药现场混装车地面站系统的总和。

地面站按其建筑物的形式可分为固定式地面站和移动式地面站。固定式地面站适用于工作年限长的民爆企业。一般规模大，年生产乳胶基质从几千吨、几万吨，甚至到几十万吨。服务半径大，可到几百千米、几千千米甚至到上万千米。香港修新飞机场时乳胶基质就是从澳大利亚漂洋过海而来的。可以做到一点建站，多点配送。

移动式地面站一般规模小，适用于工作年限较短的民爆企业。移动式地面站可以一次投资，多次使用，多地漫游。

图 9-1 所示为不同类型的混装车地面站配置。

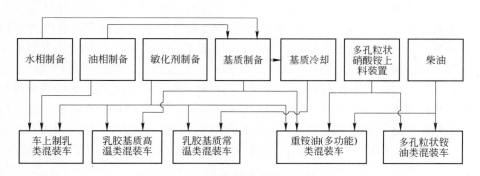

图 9-1　不同类型的混装车地面站配置

地面站设计要点：地面站和炸药加工成设计时有本质的不同，工艺要简单，效率要高，占地面积要小，建筑物要简单，安全级别低。

重铵油（多功能）炸药现场混装车地面站功能最齐全的，由水相制备系统、油相制备系统、制乳系统、乳胶基质冷却系统、微量元素制备系统、多孔粒状硝酸铵上料装置和柴油泵送装置等组成。

9.1 固定式地面站

固定式地面站顾名思义有固定建筑物，设备安装在车间内，这样的地面站称为固定式地面站。

9.1.1 水相制备系统

水相制备系统是制备水相溶液的装置，它主要由破碎机、螺旋上料机、水相制备罐、水相储存罐和除尘器等设备组成。水相溶液是制造炸药的主要组分之一，占炸药总量的90%以上。主要由硝酸铵、硝酸钠、水及有关微量元素等加热、搅拌均匀成为水相溶液。图9-2所示为水相制备原理，制备工艺为：根据炸药配方和要制备的量，计算出水、硝酸铵、硝酸钠等原材料的量。先加水，打开蒸汽阀，启动搅拌器，当水温升至工艺温度时开始投料。硝酸铵等物料经破碎后由上料机输送到水相制备罐内，直至把料投完。检测温度、pH值、析晶点等指标。合格的水相溶液泵入水相储罐内，然后可以直接装车，或在地面制成乳胶基质再装车。为保证环境空气清新，特增设了冲激式除尘器，在水相制备罐和水相储存罐上增设了排气装置。

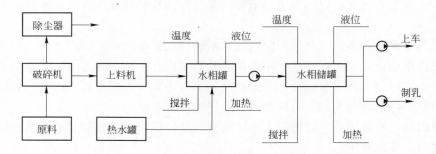

图 9-2 水相制备原理

在水相溶液中硝酸铵占总量的80%左右，目前硝酸铵有三种包装产品可供选择。第一种为结晶硝酸铵，小袋包装，每袋40～50kg。需要用狼牙式或辊式破碎机将开包后的块状硝酸铵破碎，再经螺旋输送机输送到水相制备罐内加温熔化。我国大部分地面站和炸药加工厂都采用这种硝酸铵。第二种为粒状硝酸铵，吨袋包装。结块不太严重，需要用切刀式破碎机将开包后的粒状硝酸铵简单破碎，再经螺旋输送机输送到水相制备罐内加温熔化。国外大部分地面站和炸药加工厂都采用这种硝酸铵，我国目前只有准格尔煤矿地面站采用这种硝酸铵和这种破碎机。第三种是近几年兴起用液体硝酸铵。众所周知，结晶硝酸铵制造厂需要降温、造粒、包装、入库。然后运输到地面站或炸药加工厂，炸药加工厂需要开包、破碎、加温。用液体硝酸铵生产炸药节能、环保。年产10000t乳化炸药需要标准煤700t左右，用液体硝酸铵可节约60%左右，可节约标准煤420t。燃烧1t标准煤可产生二氧化碳 2.66～2.72t，每生产 10000t 乳化炸药可减排二氧化碳 1134t 左右，应大力推广。

9.1.1.1　结晶硝酸铵用破碎机

国内多数炸药加工厂用的是双辊式狼牙破碎机，普通钢制成，不耐腐蚀，开口小，开包后必须经过一次破碎才能投入破碎机内，工人劳动强度大，效率低。山西惠丰特种汽车有限公司专为地面站破碎结晶硝酸铵设计了单辊全不锈钢破碎机。耐腐蚀，开口大，硝酸铵开包后可以整块投入到破碎机内。图 9-3 所示为单辊式破碎机外形。有 PGC-400、PGC-500 和 PGC-600 三个型号。

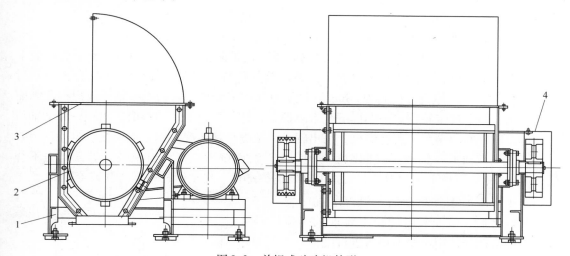

图 9-3　单辊式破碎机外形

1—支腿；2—辊子；3—上盖；4—动力装置

A　总体介绍

PGC 系列破碎机为单辊式破碎机，由辊子、破碎腔、防尘盖、机座、轴承及轴承架、进料口、出料口、皮带轮、配重轮、电动机等组成。

PGC 系列破碎机辊子是由不锈钢板卷成桶焊接而成，表面焊有不锈钢齿条。破碎腔是长方形，上宽下窄，上方安有防尘罩、入口处安有防护帘（在防护帘的前上方安有抽尘装置），电动机采用防爆型。电动机通过皮带轮变速将动力传给辊子。硝酸铵从入料口进入破碎腔内，硝酸铵在腔内经辊子打击，与腔壁挤压、冲击、剪切等联合作用被粉碎，粉碎后的硝酸铵经出料口进入输送螺旋输送机，送到水相制备罐内进行溶化。为保持运转平稳在与皮带轮相对应的破碎腔的另一端装有配重轮。

这种破碎机的特点是：（1）硝酸铵不需要一次破碎，开包后整块投入破碎机内。（2）效率高，PGC-400 型破碎机效率为 3～5t/h，PGC-500 型破碎机效率为 10～12t/h，PGC-600 型破碎机效率为 13～16t/h。（3）全为不锈钢制作，防腐耐用。（4）结构简单，故障率低。

B　型号表示法

依据《矿山机械产品型号编制方法（GB/T 25706—2010）》：

（1）P—破碎机；

（2）G—辊式；

（3）C—齿辊；

（4）500×930—辊子直径×长度。

C　维护与保养

每班投料前检查破碎腔内不得有杂物；每日上班后观察所有螺栓有无松动，若有应拧紧；焊缝有无开裂；查有无漏料现象。

查看完毕空车运行 3～5min，观察设备运行正常才可逐步投料。

每 15 天紧固一次所有螺栓，每班下班前破碎机中的物料应全部输送出去；每班应清扫设备。

D　设备检修

每年检修设备（也称设备大修），检修时拆下皮带防护罩，卸下皮带，拆下破碎腔上盖，用力转动配重轮，检查辊子焊缝、齿条焊接处焊缝、齿条磨损状况（齿高磨损超过5mm 应更换辊子，原设计齿高为28mm）辊子有无明显变形，若需更换辊子或焊接，则需吊住辊子，拆下皮带轮，另一端拆下配重防护罩，卸下配重轮；两端取下挡环，卸下轴承座，拆去破碎腔两端盖上所有螺栓，吊出辊子，根据损坏情况，修复或更换。

清洗检查轴承（轴承径向间隙达 0.05mm、滚道挤压变形、出现裂纹等，判为不合格，应更换）。更换轴承润滑油，更换或修复磨损部件，更换密封垫。清理破碎腔。

辊子修复后按先拆后装的顺序装配。装配安装好之后，按安装时的技术要求试车验收。电动机依据使用说明书要求进行维护。

9.1.1.2　吨袋包装粒状硝酸铵用切刀式破碎机

粒状硝酸铵吨袋包装用切刀式破碎机如图 9-4 所示，主要由旋转切刀、栅栏条、破碎机体和开包器等部件组成。粒状硝酸铵一般结块不太严重，用这种破碎机恰到好处。吨袋粒状硝酸铵码放在破碎间内，用安装在破碎间上部的单梁吊车，将吨袋吊到破碎机上方，垂直下落，用破碎机上的开包器，将吨袋下方扎破。硝酸铵通过破碎机体的锥体部分，流到栅栏条上，旋转切刀在不停地旋转，把结块硝酸铵破碎后流入螺旋上料机内。最终输入水相制备罐内熔化。这种破碎机在国外普遍应用。瑞典诺贝尔公司炸药厂和美国埃列克公司炸药厂等都在采用。采用吨袋包装硝酸铵生产炸药用人少，只要一人。效率高，一次就可把1t硝酸铵输入到水相制备罐内。

开包器是四把刀组合在一起，放在用不

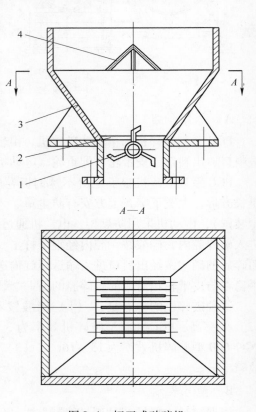

图 9-4　切刀式破碎机

1—旋转切刀；2—栅栏条；3—破碎机体；4—开包器

锈扁钢制成的网格上。网格要有足够的强度，网格一般为 100mm×100mm ~ 150mm× 150mm。破碎机体上部垂直部分尺寸要大于吨袋的直径，深度 400~500mm。在垂直体的上部设有除尘器的进风口，和除尘器风筒相连。下部出口处有栅栏条，条与条的间距一般 50mm 左右。切刀镶在转轴上，在栅栏条之间旋转，把漏不下去的块状硝酸铵切开落入螺旋输送机内。这种破碎机结构简单，故障率低。在有条件的地方应提倡采用吨袋包装粒状硝酸铵和切刀式破碎机。

9.1.1.3 用液体硝酸铵生产水相溶液

近几年提倡用液体硝酸铵生产炸药，是节能减排新举措，利国、利民、利企业。使用液体硝酸铵，设备主要由两部分组成：一部分是在炸药厂内建设液体硝酸铵储罐及泵送设备；另一部分是运输设备，运输设备统称为化学品运输罐车。

A 液体硝酸铵地面储罐以及泵送装置

湖北凯龙化工有限公司和重庆顺安化工有限公司等单位已经使用了液体硝酸铵制造炸药。图 9-5 所示为山西惠丰特种汽车有限公司为重庆顺安化工有限公司制造的液体硝酸铵储存和泵送装置。储罐 60t，全过程计算机控制。图 9-5 中快速接头要和运输罐车上的输料软管配套。罐车上的出料口和快速接头用软管连接起来，打开车上的出料阀并启动耐酸泵，液体硝酸铵经管路泵入储罐内。为防止结晶，最后打开自来水把泵和管路清洗干净。进料口设在上方主要避免剩料使管路结晶。管路安装时要倾斜一定角度，在最低处安装一个手动阀门，把剩料或剩水放干净。在泵的附近还设有蒸汽吹扫管，在泵或管路结晶时可以预热，排除因结晶造成的故障。

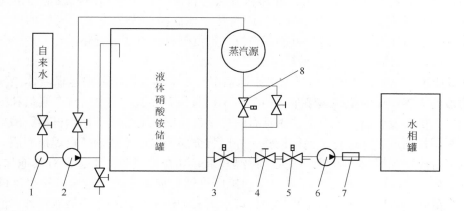

图 9-5 液体硝酸铵储罐及泵送系统

1—快速接头（和运输车配套）；2—耐酸泵；3—电动球阀；
4—手动阀；5—电动调节阀；6—计量泵；7—流量计；8—电磁阀

液体硝酸铵向水相制备罐内加料有两种方法：第一种，如果地形允许，采用自流为最好；第二种，如果液体硝酸铵储罐和水相制备罐在同一个平面上，采用泵送法。两种方法都是在计算机控制下进行，精度高，用人少。

出料口处电动球阀 3 安装在液体硝酸铵储罐出口处。当打开电动球阀 3 和出料口处结晶时关闭手动阀 4，打开蒸汽管路上的手动阀，结晶块就会吹入储罐内使管道畅通。调节阀 5 是为自流添加法而设立的。众所周知，液位高时流速快，流量大。液位低时流速慢，流量小。用计算机控制调节阀的开口大小，保证流速恒定，流量准确。当没有地形差时，需要安装计量泵 6。如果采用泵送方法添加液体硝酸铵时，不需要安装调节阀。如果采用自流法添加时，不需要安装计量泵。流量计 7，计量液体硝酸铵。流量计可选带电信号的金属管浮子流量计、电磁流量计和质量流量计。前两种流量计，计量精度为 2%；质量流量计精度更高，不需要标定，使用非常方便。电磁阀 8 为吹扫管路之用。当加料完成后，计算机会自动关闭电动球阀 3，打开电磁阀 8，把管路中的剩药物料吹入水相制备罐内。

液体硝酸铵储罐容积一般为 40t、60t、80t、100t、120t 等几种可供用户选择。为双层结构，内胆为不锈钢焊接而成；外层有的用镜面不锈钢板焊接而成；有的用瓦楞铝铆接而成；中间为聚氨酯保温材料。上部设有人孔和呼吸孔，外部有爬梯，罐内有爬梯。装有液位变送器、温度变送器、双金属温度计和搅拌器，为防止结晶罐内还装有散热器。加热器也是在计算机控制下，当罐内低于工艺温度，自动打开蒸汽电动阀，并启动搅拌器。当温度高于工艺温度自动关闭蒸汽阀，停止搅拌器。

B 液体硝酸铵运输罐车

液体硝酸铵运输罐车现在市场上有单车（汽车）、半挂车和集装箱三种形式。单车型槽罐车一般最大 18m³，半挂车和集装箱式可为 30m³ 以上。运距在 500km 左右用液体硝酸铵比较经济。卸料方法一般有三种：（1）自带泵送装置，只有单车型才自带泵送装置，用取力器驱动。这种泵送装置只为本车服务，利用率低，著者认为把泵送装置安装在地面，为多台车卸料为好。（2）第二种卸料方法为自流，利用地形高差或地面泵送装置结合起来。（3）第三卸料方法为压缩空气卸料法，地面需要安装一台空气压缩机，空气压缩机要选用低风压大风量。这种方法卸料快，不留剩料，不清洗管路。

a 汽车式液体硝酸铵保温槽罐运输车

HF5310GY18 型液体硝酸铵保温槽罐运输车，是一种专用于公路运输液体硝酸铵或硝酸铵溶液的大容积保温槽罐运输车。如图 9-6 和图 9-7 所示。主要由汽车底盘和槽罐两大部分组成。槽罐及管路系统全部选用具有耐化学物质腐蚀的优质不锈钢材料；槽罐罐体用不锈钢板焊接而成，并进行了探伤检验，外层装饰层为镜面不锈钢薄板焊接而成。中间有独特的复合超厚保温层，阻燃，防火，保温效果好（在常温条件下，没有其他加温条件，每 24h 温度下降 4℃）。槽罐内部设有发动机尾气辅助加热系统，运输过程中可以自动对溶液散失的热量进行补充。系统罐体内设有水蒸气加热系统，在车辆遭遇意外，溶液温度降至结晶温度以下，出现溶液卸载困难情况下，迅速加热罐内溶液，使结晶的硝酸铵溶解。这也是山西惠丰特种汽车有限公司生产的槽罐车区别于其他生产厂家的最大特点。槽罐内部设有卸载管路自动清洗系统，对卸载后管路中积存的硝酸铵进行清除。设置有槽罐液位和溶液温度数字显示系统，显示终端设置在观测方便的驾驶室内，装卸员和驾乘人员能够及时掌握槽罐内溶液液位情况和溶液的温度情况。卸载系统采用了主动式强制卸载和自流两种方式。强制卸载是用取力器驱动耐酸泵，将物料经流量计计量后加入到储罐内，卸载快速高效；出口设置有流速、流量显示屏，卸载状况一目了然。车辆底盘系统采用了具有德国奔驰汽车先进科技的北方奔驰四轴重载底盘，操控轻便自如，乘坐舒适，动力强劲，载重量大，行驶安全平稳。

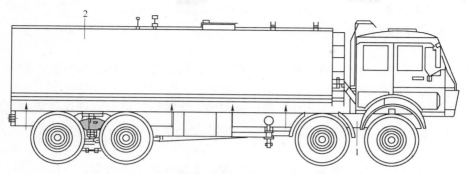

图 9-6　HF5310GY18 型液体硝酸铵保温槽罐运输车

1—汽车底盘；2—槽罐

图 9-7　HF5310GY18 型液体硝酸铵保温槽罐运输车照片

（1）主要参数包括：

1）车辆外形尺寸（长×宽×高）：10.04m×2.5m×3.27m。

2）槽罐容积：18m^3。

3）净车质量：17200kg。

4）总质量：31000kg。

5）泵送效率：20m^3/h。

（2）槽罐系统结构。图 9-8 所示为槽罐系统结构示意图。

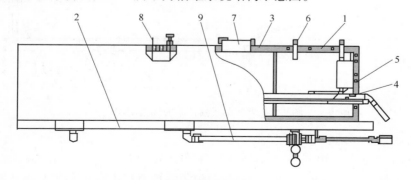

图 9-8　槽罐系统结构

1—罐体；2—副梁；3—保温盖；4—尾气加热管；5—蒸汽加热管；6—液体硝酸铵加注口；

7—人孔；8—温度变送器；9—出料口

为保证汽车行驶安全，罐体内纵向、横向都安装有防波板。汽车尾气分为两路：一路为罐体加热，一路按原路排放。

（3）安全要求。

1）为使槽罐内溶液温度处在相当稳定状态，应可能保持车辆连续行驶，最大限度减少溶液在槽罐内储存时间。

2）运输过程中要对随时观察槽罐中溶液温度，如果出现溶液温度接近或超过危险温度，要立即将车辆停在安全位置，让发动机尾气正常排出（液体硝酸铵的温度不大于100℃）。

3）如果遭遇较长时间堵车、严寒低温气候、车辆故障等意外情况，发动机尾气应补充热量，如卸料时液体硝酸铵结晶，必须通过槽罐中附带的水蒸气加热装置加热，达到正常温度后再卸载。

4）装载溶液时不能将槽罐内空间全部占有，要预留适当空间。

5）为了减缓行驶过程中槽罐内溶液晃动对行驶的影响，建议尽可能将所装载溶液液位控制在所允许液位的以下。

6）每次必须将槽罐内的溶液全部卸载干净。

7）泵送液体开始时各操作人员要离开各接头和输液管的位置，防止接头和管道的漏液，避免人员受伤。

8）操作人员要按使用单位的液体硝酸铵的《安全操作规程》进行防护操作并培训上岗。

b 半挂车式液体硝酸铵槽罐车

图9-9所示为半挂车式液体硝酸铵槽罐车。外形尺寸（长×宽×高）：10900mm×2450mm×3900mm。有效容积：30m³。结构和单车（汽车）形式基本相同，不做详细介绍。罐体上设有加料口、人孔、进气口、出料口和呼吸孔等。还设有爬梯，上部设有走台。卸料方法为压缩空气和自流两种，可根据用户需要自行选择。

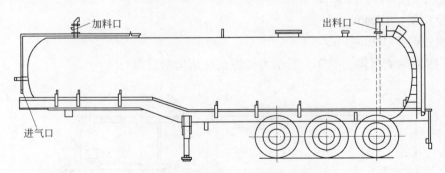

图9-9 半挂车式液体硝酸铵槽罐车

c 集装箱式液体硝酸铵槽罐车

图9-10所示为集装箱式液体硝酸铵槽罐车。外形尺寸（长×宽×高）：12178mm×2450mm×4000mm。有效容积：30m³。它主要由集装箱专用半挂车和集装箱式液体硝酸铵槽罐两部分组成。结构和半挂车式基本相同，这里不做详细介绍。卸料方法为压缩空气和自流两种，可根据用户需要自行选择。

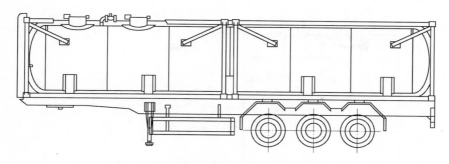

图9-10 集装箱式液体硝酸铵槽罐车

d 罐体的通用技术条件

（1）罐体按《钢制压力容器（GB 150—1998）》及《道路运输液体危险货物罐式车辆，第1部分：金属常压罐体技术要求（GB 18564.1—2006）》进行制作和验收，并遵守国家劳动部《压力容器安全技术监察规定》。

（2）设备所有A类B类焊缝进行100%射线探伤，射线探伤标准按《钢熔化焊对接接头射线照相和质量分级（GB 3323—87）》Ⅱ类合格。D类和E类进行渗漏检测。

（3）制作完成后以0.3MPa表压进行水压试验。水压试验合格后，再有0.35MPa表压进行气密性试验。

9.1.1.4 螺旋输送机

螺旋输送机安装在破碎机和水相制备罐之间，功能是将破碎后的硝酸铵输送到水相制备罐中。多数地面站和炸药加工厂采用螺旋输送机输送硝酸铵，如果地形允许还可采用溜槽将硝酸铵自流到水相制备罐内。太钢尖山铁矿和辽宁北台钢铁厂地面站就采用了溜槽的方法。PGC-400型破碎机配用RGL-219螺旋输送机，PGC-500型破碎机和PGC-600型破碎机配用RGL-299螺旋输送机。螺旋输送机分为槽式螺旋和管式两种，槽式螺旋水平夹角小，管式螺旋夹角可大一些，一般控制在30°以下为好。

依据《矿山机械产品型号编制方法（GB/T 25706—2010）》，螺旋输送机型号表示为RGL-319，具体如下：

（1）R—矿用其他设备。

（2）G—给料设备。

（3）L—螺旋。

（4）219—主参数直径219mm。

螺旋输送机在2.1节中已做了详细介绍。

9.1.1.5 水相制备（储存）罐

结构基本相同，区别在于水相制备罐加热器散热面积大于水相储存罐。水相制备罐根据生产规模不同，已形成系列，分别为RHG-12（15t）、RHG-20（25t）、RHG-25（30t）、RHG-45（60t）。RHG-12（15t）水相制备罐如图9-11所示。

型号：RHG-□，RHG-溶化罐；□—有效容积（m^3）。

A 基本结构

水相制备罐和水相储存罐主要由罐体、保温层、外皮、顶部平台、栏杆、内外爬梯、

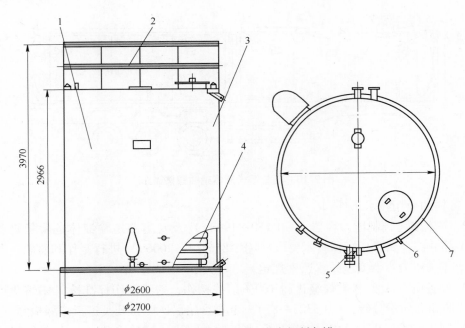

图 9-11 RHG-12（15t）水相制备罐

1—罐体；2—站台；3—装饰层；4—加热器；5—搅拌器；6—双金属温度计（温度变送器）；7—保温层

加热器、搅拌器、液位变送器、双金属温度计、温度变送器、pH 计等组成。罐体上设有：加料口、加水口、排气口、出料口、取样口、排污口、人孔等。

罐体内胆用不锈钢焊接而成。外装饰层有两种：一种为镜面不锈钢焊接而成，另一种为瓦楞铝板铆接而成。中间喷注聚氨酯保温材料。罐内底部及侧面装有加热器。罐体下侧装有搅拌器，搅拌叶片设计成推进式，有利于加热器散热，加热硝酸铵溶液。罐体底部设计成倾斜面，有利罐内物料排出。配有双金属温度计可现场观察罐内溶液温度，配有电远传信号的温度变送器、液位变送器、pH 计等，便于远程观察及实现自动化控制。严格按照国家《常压容器》有关标准制造、验收。内胆合格后在进行包皮和加注保温材料。

B 加热器设计与计算

加热器也称为散热器，是化工行业常用的一种加热装置，加热器设计和安装好坏，直接影响到水相溶液溶解速度，影响到整个地面站或炸药厂的生产效率。加热器有：板式、管式和夹套式三种。容积较大的水相制备罐，加热器有板式加热器和蛇形管式加热器两种。前者板薄散热效率高，但承受压力较低。后者承受压力高，寿命长。如果用反应釜做水相制备罐，它是用夹层加热法。加热效率高低与加热器的面积、蒸汽压力、蒸汽量等因素有关。下面以 RHG-12（15t）水相制备罐，蛇形管式加热器为例，做一下设计计算。

已知条件：制备水相溶液 15t（其中：水 20%，硝酸铵 80%）；水温 10℃，水相温度加热到 85℃；蒸汽压力（表压）0.5MPa；蛇形加热器管选用 $\phi75\times3.5$，材质为 0Cr18Ni9；水相溶液的密度为 1.37g/cm^3；要求在 2h 内加热完成；蒸汽锅炉为 2 蒸吨。

求：加热器管的面积。

水相溶液在热工计算方面的资料比较少。著者 2004 年 10 月 21～22 日在实验室内做了实验。水相溶液比例为 20% 的水、80% 的硝酸铵。用同样的电炉（1kW），同样的容器，都是 1kg 液体。图 9-12 中细实线为水相溶液三次试验结果，硝酸铵加水后先降温，再升温。点划线为水三次试验结果图。从图 9-12 不难看出，水相溶液和水加热所需要的热量基本相同，把水相溶液换算成水来计算。

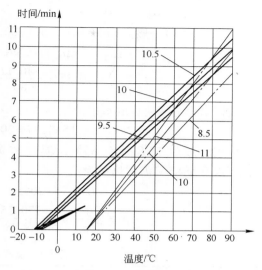

图 9-12　水相溶液和水加热所需热量比较

计算：从式（9-1）可以看出，热传导所传导的热量与温度差（$t_{b_1} - t_{b_2}$）成正比，与受热面的面积 H 成正比，与壁厚 δ 成反比。

$$Q = \lambda \frac{H(t_{b_1} - t_{b_2})}{\delta} \qquad (9-1)$$

式中　Q——传热量，kcal/h；

　　　λ——导热系数，$kcal/(m^2 \cdot h \cdot ℃)$；

　　　H——受热面的面积，m^2；

　　　δ——壁厚，m；

　$t_{b_1} - t_{b_2}$——温度差，℃。

导热系数就是在单位时间（1h）内，单位面积（$1m^2$），沿导热方向单位长度（1m），温度差为 1℃ 时所能通过的热量。

当壁由两层或三层以上不同材料组成时，或加热器内壁结了一层水垢，这时传热量 Q 按式（9-2）计算：

$$Q = \frac{H(t_{b_1} - t_{b_2})}{\dfrac{\delta_1}{\lambda} + \dfrac{\delta_2}{\lambda} + \cdots} \qquad (9-2)$$

从式（9-1）和式（9-2）看计算都比较复杂，可按简易经验公式（9-3）计算：

$$Q = KA\Delta t_m \qquad (9-3)$$

式中　K——传热系数，$500kcal/(m^2 \cdot h \cdot ℃)$，经试验确定；

　　　A——传热面积，m^2；

　　Δt_m——有效平均温差，℃：

$$\Delta t_m = \frac{\Delta t_1 - \Delta t_2}{L_n \dfrac{\Delta t_1}{\Delta t_2}} \qquad (9-4)$$

Δt_1——供热蒸汽温差，要求锅炉供气压力为 0.5MPa，一般管路损失 5℃ 左右，从表 9-1 查的 0.5MPa 时蒸汽温度为 151.11℃，即 $\Delta t_1 = 151.11 - 5 = 146.11℃$；

Δt_2——加热器另一端温度，水相溶液温度为 85℃，加热器一般损失 5℃ 左右，即

$$\Delta t_2 = 85 - 5 = 80;$$

L_n——系数一般为 $0.3 \sim 0.4$，取 0.35。

$$\Delta t_m = \frac{\Delta t_1 - \Delta t_2}{L_n \dfrac{\Delta t_1}{\Delta t_2}} = \frac{146.11 - 80}{0.35 \times \dfrac{146.11}{80}} = \frac{66.11}{0.35 \times 1.8} = \frac{66.11}{0.75} = 88.15℃$$

先把水相溶液换算成水来计算：

$$15 \times 1.37 = 20.55t = 20550kg$$

水相溶液由 $10℃$ 升至 $85℃$，温度差为 $75℃$。1kg 水升高 $1℃$，需要 1kcal 热量。$20.55t$ 水升至 $85℃$ 需要热量为：

$$Q = (75 \times 20550) \div 2 = 770625kcal/h$$

$$A = \frac{Q}{K\Delta t_m} = \frac{770625}{500 \times 88.15} = \frac{770625}{44075} = 17.5m^2$$

表 9-1　蒸汽压力与温度对照

蒸汽压力（表压）/MPa	蒸汽温度/℃
0.1	99.09
0.2	119.61
0.3	132.88
0.4	142.92
0.5	151.11
0.6	152.08
0.7	164.17
0.8	169.61
16	300.43

根据计算出加热器的面积、蛇形管的直径，确定蛇形管的长度。蛇形管先把罐底盘满，剩余部分盘于立面，集中于罐体的下部。

加热管的长度 $L = 17.5 \div (0.075 \times 3.14) = 74m$

9.1.1.6　搅拌器

搅拌器有立式和卧式两种，立式搅拌器又有框式和桨叶式两种。立式搅拌器一般适用于反应釜和容积较小的罐体。立式搅拌器的缺点是体积大、安装麻烦、电动机功率大，优点是不漏液。卧式搅拌器一般适用于容积较大的罐体，它的优点是体积小、重量轻、电动机功率小、安装方便，它的缺点是容易漏液。

A　卧式搅拌器

卧式搅拌器结构如图 9-13 所示，其结构简单，搅拌效率高，故障率低。利用电动机皮带轮、主轴皮带轮和皮带，一级减速。选用可定位、自动调心法兰轴承。电动机底座下面设有调节螺钉，用于张紧皮带。搅拌器体下部设有支脚，将搅拌器安装到罐体上时，调节支脚螺纹的长度是支脚和地面支牢再用螺母锁死。图 9-13 所示为 JBQ-470C 型卧式搅拌器，主要由皮带轮、支脚、搅拌器壳体、法兰轴承、机械密封、叶轮、轴、锁紧螺母、电动机、皮带等部件组成。

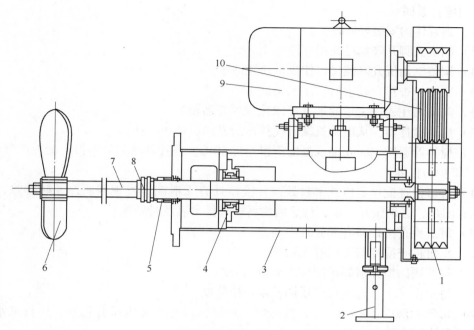

图 9-13 JBQ-470C 型卧式搅拌器

1—皮带轮；2—支脚；3—搅拌器壳体；4—法兰轴承；5—机械密封；

6—叶轮；7—轴；8—锁紧螺母；9—电动机；10—皮带

型号说明：JBQ-470C，前三个字母为搅拌器三个字汉语拼音首字母，470 表示风叶直径，C 表示第三次改进。

卧式搅拌器如何解决漏液问题是关键，从国内外文献看漏液的主要原因有以下几方面：

（1）从轴封处漏液，这是最常见的故障。经过三次改进，轴封漏液故障得以根除。1）用填料密封，经常需要压盘根，压过紧发热，压松漏液。后来改为机械密封，装在法兰外端，加水润滑和冷却。在高寒地区和冬季水容易结冰，无法开机。2）更换机械密封需要把轴全部抽出，非常不方便。3）把机械密封装在罐体里面，机械密封选用全不锈钢材质，密封面为硬质合金。不需专门润滑剂。更换方便，更换周期，一般为 1～2 年。

（2）漏液的原因是：罐体用料薄，强度不够。搅拌器运行不平稳。

（3）罐内水相溶液结晶，搅拌器强行启动，机械密封损坏，造成漏液。

总体来讲，设计合理、加工精细、安装正确、合理使用是延长搅拌器使用寿命的根本。

a　JBQ-470C 型卧式搅拌器主要技术参数

（1）搅拌器转速：541r/min。

（2）搅拌器电动机：YB132M2-6，功率 5.5kW。

（3）机械密封：3GX50。

（4）轴承：F90512。

b　搅拌器安装

（1）搅拌器组装好后，卸下叶轮，将罐体和搅拌器上的安装法兰擦洗干净，垫上密封垫，用螺钉紧固。

（2）到罐体内安装好叶轮。

（3）调整支脚升降螺母使搅拌器稳固。

（4）调整电动机升降螺母，使皮带松紧适中。

（5）所有检查符合要求后，注水调试。

（6）向罐内注入一定量的水（要求淹没搅拌器轴）。

（7）启动搅拌器，从电动机端看搅拌器的方向应是顺时针。

（8）搅拌器运转 30min 轴承温度不得超过 50℃。搅拌器密封处不得有漏液现象。

c　维护与保养

（1）每班检查搅拌器机械密封处，各接口处有无泄漏，发现问题，及时排除，若暂时排除有困难，必须做好记录，待罐内物料全部排出后及时处理。

（2）每班检查搅拌器有无异常声响。

（3）每班检查搅拌器支撑有无松动。

（4）每两周向搅拌器轴承油嘴注润滑油一次。

（5）每工作三个月卸下皮带罩调整皮带松紧度。

（6）每年大修设备一次。打开排污口，从排污口排出罐内所有物料。用自来水冲洗罐内，直至认为冲洗干净为止。

（7）维修人员进入罐内，取下搅拌器锁紧螺母、挡圈、叶片。罐体外部拆去搅拌器皮带防护罩，卸下皮带。卸下电动机底座紧固螺栓，搬下电动机。卸去搅拌器与罐体法兰连接处的螺栓。慢慢搬动搅拌器使搅拌器与罐体分离。

（8）分解搅拌器，清洗并检查轴、机械密封、轴承，轴有磨损、变形、腐蚀判为不合格，需更换。

（9）机械密封摩擦面应光滑平整表面光洁度下降判为不合格，需更换。

（10）轴承径向间隙达 0.05mm、滚道挤压变形、出现裂纹，判为不合格，需更换。

（11）电动机拆下端盖，取下轴承并清洗、检查（判定合格不合格与上述相同）。

d　故障与排除

（1）机械密封处泄漏：检查机械密封是否安装正确；检查机械密封是否损坏。

（2）搅拌器发生异常声音，应立即停机。检查电动机、搅拌器紧固螺栓是否松动；检查轴承是否损坏。

（3）检查电动机或搅拌器皮带轮键与键槽是否磨损。

（4）以上问题无法排除搅拌器异常声音，再检查叶片（叶片检查需用完料后进行）。针对所发生问题采取修复措施。

B　立式搅拌器

立式搅拌器是化工行业常用的一种搅拌器，如图 9-14 所示，主要由电动机和减速机、联轴节、支架、法兰、轴和搅拌装置等零部件组成。图 9-14a 所示的传动机构为涡轮减速机，可以降低搅拌器的高度。图 9-14b 所示的传动机构为摆线针轮减速机。立式搅拌器搅拌装置形式也很多，但无论何种桨叶形式，搅拌机在工作时，其轴功率消耗都产生两部分作用：一部分是桨叶产生的排液量；另一部分是桨叶产生的压头。桨叶产生的压头又可分成两部分，即静压头和剪切力；搅拌机桨叶在工作时，必须克服静压头，而剪切力使得物料分散、混合。因此，根据桨叶产生排液量，克服静压头和产生剪切力能力的大小，可将所有桨叶分成三种基本类型，即流动型、压头型和剪切型。每一种桨叶在提供某种基本作用的同时（如流动型桨叶的基本作用是产生排液量），也提供另外两种作用（产生剪切和克服静压头）。在选型和安装搅拌器时。桨叶距离罐底不易太高，当生产量小时下部搅拌不均，影响产品性能。

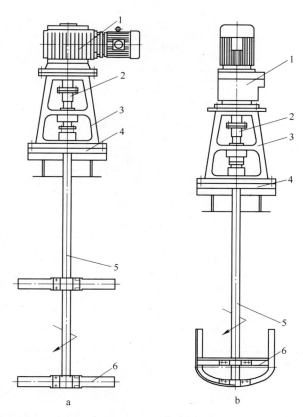

图 9-14 立式搅拌器
a—桨叶式；b—框式
1—电动机和减速机；2—联轴节；3—支架；4—法兰；5—轴；6—搅拌装置（桨叶）

9.1.1.7 除尘器

硝酸铵在破碎过程中，由于破碎机辊子的高速旋转，不停地打击块状硝酸铵，产生硝酸铵粉尘。对工人身体健康非常有害，必须安装除尘器。除尘器的种类很多，有布袋式除尘器、水浴式除尘器、水雾式除尘器、冲激式除尘器等。由于硝酸铵吸湿性较强，粘在布袋上，无法排出，布袋式除尘器很难适应这个环境。水浴式除尘器、水雾式除尘器和冲击式除尘器都可使用。山西惠丰特种汽车有限公司生产的地面站选用了冲激式除尘器。

冲激式全不锈钢除尘器，有几种不同的排污方法，锥形漏斗排污方法比较使用。冲激式除尘器型号为 CCJ/A-□，第一个字母 C 代表冲激式，第二个字母 C 代表除尘器，J 代表机组，A 代表锥形漏斗排污，□代表处理风量的能力（m^3/h）。山西惠丰特种汽车有限公司所建的地面站或炸药加工厂，单台破碎机（单套水相制备系统）选用 CCJ/A-7 型除尘器，两台破碎机（两套水相制备系统）选用 CCJ/A-10 型除尘器。

A CCJ/A-7 型和 CCJ/A-10 型除尘器技术参数

CCJ/A-7 型和 CCJ/A-10 型除尘器技术参数见表 9-2。

表 9-2 CCJ/A-7 型和 CCJ/A-10 型除尘器技术参数

项 目	CCJ/A-7	CCJ/A-10
风量/m³·h⁻¹	7000	10000
风量允许波动/m³·h⁻¹	6000～8450	8100～12000
设备阻力/mmH₂O	100～160	100～160
净化效率/%	99	99
风机（4-72-11）型号	4.5A	5A
风机转速/r·min⁻¹	2900	2900
风机风量/m³·h⁻¹	5730～10580	7950～14720
风机全压/mmH₂O	258～170	324～224
电动机型号及功率/kW	YB132S-2（7.5）	YB160M₁-2（11）
消耗水量/kg·h⁻¹	234.5（不包括排污）	335（不包括排污）
允水容积/m³	0.66	1.04
设备质量/kg	966	1226
其中：风机	64	76
电动机	80	140
除尘器	822	1010

B 除尘原理

CCJ/A-7 型和 CCJ/A-10 型除尘器除尘原理如图 9-15 所示，吸尘管和含尘进气口相连，风机和净气出口相连。先打开自来水阀门，自动将除尘器内加水到规定的液位。含尘气体由入口进入除尘器，气流转弯向下冲击于水面，部分较大的颗粒落入水中。含尘气体以 18～35m/s 的速度通过上、下叶片间"S"形通道时，激起大量的水花，使水汽充分接触，绝大多数微细尘粒混入水中，使含尘气体得以充分净化，经由"S"通道后，由于离心力的作用，获得粉尘的水又返回漏斗。净化后的气体由分雾室挡水板除水滴后经净气出口和风机排出除尘器体。在硝酸铵破碎环境中，主要有两种粉尘：硝酸铵粉尘，已溶解到水中再就是编织袋碎片，漂浮在水面上。过一段时间打开观察口，将编织袋碎片捞出，其余含硝酸铵水排入水相制备罐内。排污的周期视破碎硝酸铵的量来确定。新水则有自来水补水系统自动补入。

机组内的水位由溢流箱控制，当水位高出溢流箱的溢流堰时，水便流进水封并由溢流管排出。设在溢流箱上的水位自动控制装置能保证水面在 3～5mm 范围内变化，从而保证了机组高效的除尘效果和节约用水。溢流箱上部用通气管与净气分雾室连通，使两者有相同高度的水面。溢流箱的水是通过插入除尘器下部的连通管而进入的，以保证了溢流箱水面的平稳。

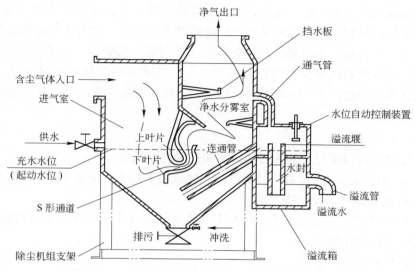

图 9-15 CCJ/A 型除尘器结构及工作原理示意图

C 工作性能

通过多次试验得出处理风量与设备阻力的关系，如图 9-16 所示。从图 9-16 中可以看出，阻力随风量的增加而提高。

处理风量与净化效率的关系如图 9-17 所示，从图 9-17 中可以看出，净化效率随风量的增加而提高。当单位长度叶片的处理风量大于 $7000\mathrm{m}^3/(\mathrm{h}\cdot\mathrm{m})$ 时，净化效率提高很小，而阻力增加很大。因此单位叶片处理风量从 $5000\sim7000\mathrm{m}^3/\mathrm{h}$ 为宜。该系列除尘器是按照 $5800\mathrm{m}^3/\mathrm{h}$ 设计。

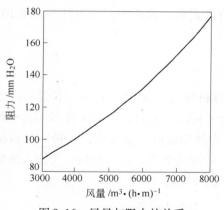

图 9-16 风量与阻力的关系

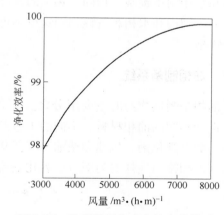

图 9-17 处理风量与净化效率的关系

水位的高低对设备阻力和净化效率都有直接的影响，水位增高设备阻力和净化效率都随着提高，但水位过高时，净化效率增加不明显，反而设备阻力增加较大。水位过低时，虽然设备阻力减小，但净化效率明显减低。根据多次试验，溢流堰高出上叶片下沿 50mm 为好（图 9-15）。

D 供水方式及水位自动控制

水位对净化效率有直接的影响，因此机组内保持稳定的水位才能保证稳定的净化效率。在实际运行中，由于供水的压力会发生变化，液位也会随着供水压力的变化而变化。特别是当水位过低时，含尘气体通过 S 形通道时不能充分甚至完全不能激起水花，除尘效率明显降低。为避免上述现象，该除尘器设计了两条供水管路，一条直接供水到漏斗内，一条通过设在溢流箱内水位自动控制装置，在经过继电器控制电磁阀的启、停除尘器供水。可以将水面控制在 3~5mm 以内。当发生事故性高水位或低水位时，发出声光报警信号，风机会自动停机。

E　除尘器的安装

（1）安装前应检查设备的完好性。重新拧紧各处螺栓。

（2）安装位置应注意检查门开启方便，溢流箱及供水管路便于观察和操作。

（3）机组安装一定要把持水平。

（4）排污管道、溢流管路不应接在下水管上，应接在水槽或漏斗内再接到排水管上。以便观察机组的工作情况。

F　除尘器的维护与检修

（1）经常检查视孔镜和观察孔的密封性。

（2）不允许低水位运行，更不允许无水运行。

（3）如发现水位自动控制系统失灵，要马上检修。

（4）要经常检查编织袋碎片多少情况，及时打捞，以免使编织袋碎片吸入脱水板内堵塞风道。

9.1.1.8　热水罐

热水罐的功能主要是为了提高水相溶液的溶化速度，预热管路、设备和冲洗地面等，结构和水相制备罐基本相同。热水的来源，一般用蒸汽加热，有的是将蒸汽冷凝水泵入热水罐内。结构和水相制备罐相同这里不再介绍，有卧式和立式两种，容积有 $5m^3$ 和 $10\ m^3$ 两种规格。

9.1.2　油相制备系统

油相是制造炸药的主要组分之一，有多种原材料可以配制油相溶液。不同的炸药配方，选择不同的油相材料、不同的工艺参数，选择不同的工艺设备。散装炸药油相材料常用的一般有乳化剂、机油和柴油等。图 9-18 所示为油相原料配制原理，各种原材料按比例加入油相罐内搅拌均匀即可。乳化剂流动性差，特别是冬季，需要预热。先加入溶解槽

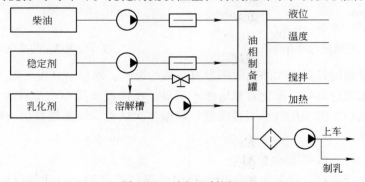

图 9-18　油相配制原理

内和部分油相搅拌后，再用泵抽入油相罐内加温搅拌均匀即可。不同的配方，不同的工艺参数，选用设备也各不相同。油相制备系统设备主要由柴油罐、机油罐、油相罐、柴油泵、机油泵、流量计和乳化剂添加装置等设备组成。

9.1.2.1　机（柴）油罐

机（柴）油罐是储存机（柴）油的容器，有卧式和立式两种。容积有 $5m^3$、$10m^3$、$15m^3$、$20m^3$ 等。可以安装在油相罐的安全距离以外，也可以选用油库区的油罐。材质有不锈钢和普通钢两种。山西惠丰特种汽车有限公司生产的多数为不锈钢材质。罐体上设有人孔、加料口、呼吸阀、出料口和排污口。装有液位计和液位变送器。

9.1.2.2　机油（柴油）泵

机油泵和柴油泵通用一种泵，型号为 KCB-83.3（型号说明：K 表示有安全阀，CB 表示齿轮泵，83.3 表示每分钟流量为 83.3L/min）常规齿轮泵。功能是向油相罐内按比例添加机油和柴油。

A　主要技术参数

（1）进出口直径：G1.5″。

（2）流量：83.3L/min。

（3）吸入高度：5m。

（4）排出压力：0.6MPa。

（5）电动机功率：2.2kW。

（6）外形尺寸（长×宽×高）：640mm×279mm×285mm。

B　外形结构

齿轮泵结构简单，故障率低。泵头和电动机用弹性联轴节连接，并固定在同一个底座上，安装方便。KCB-83.3 型齿轮泵如图 9-19 所示，主要由泵体、底座、电动机等组成。该泵结构体积小，重量轻，排量大，具有良好的自吸性，维护方便，使用寿命长。泵上设置了可调节工作压力的安全阀，轴端采用橡胶填料和机械密封。泵由电动机通过弹性联轴器带动，运行平稳。

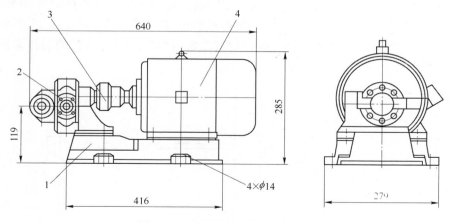

图 9-19　KCB-83.3 型齿轮泵总成

1—底座；2—泵体；3—爪型联轴节；4—电动机

C 安装、调试、试运转

（1）安装管道内应清除干净。

（2）避免管道的重量由泵来承担。

（3）管道各连接部位不得漏气。

（4）安装后应检查泵的中心线是否水平。

（5）试运转时检查各紧固件是否牢固，泵的旋转方向是否符合要求（看泵上的标志）。

（6）泵的进出口阀门是否打开。

D 操作规程与使用维护

（1）打开管道的进出口阀门方可启动电动机。

（2）注意泵的工作压力是否符合技术规范的规定。

（3）轴密封处如发生泄漏，视程度微调压紧螺钉，切勿拧得过紧。

（4）不得任意调整安全阀的调整螺杆。

（5）泵若产生异常噪声，应立即停止工作，进行检查。

9.1.2.3 油相罐

油相罐是制备油相材料的主要设备。有的选用反应釜为油相罐。山西惠丰特种汽车有限公司油相罐是用不锈钢板卷制焊接而成，有卧式和立式两种。容积有 $1.5m^3$、$3m^3$ 和 $5m^3$ 三种规格。容积 $1.5m^3$ 油相罐，用于年产炸药 6000t 以下的小型地面站，开机一次可制乳 15t。容积 $3m^3$ 油相罐，用于年产炸药 15000t 的中型地面站，开机一次可制乳 35t。容积 $5m^3$ 油相罐，用于年产炸药 30000t 以上的大型地面站，开机一次可制乳 60t。地面站规模扩大时，可选用两台油相罐，如：鞍钢齐大山铁矿地面站和安徽江南化工厂等。著者认为，选用两台油相罐比加大容积生产效率要高，一台制备油相，一台制乳，轮流作业。罐体上设有人孔、加料口、排气口、出料口和排污口。装有液位计、液位变送器、温度计和温度变送器。油相如需加温，罐内还装有加热器，其结构和水相制备罐结构相同，由内胆、外装饰层和保温层组成。在罐顶上装有搅拌器。搅拌器型号为 JBQ-180，如图 9-20 所示。它主要由电动机和叶片组成。电动机是特制，把轴加长。叶片直径为 $\phi180mm$，三个叶片。电动机功率为 2.2kW。这种搅拌器机构简单，只有两个零件；功率小，只有 2.2kW；搅拌效果好，$5m^3$ 油相 30min 搅拌均匀；通用性强，$1.5 \sim 5m^3$ 的油相罐通用一种搅拌器。

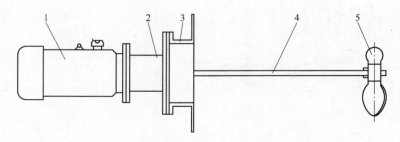

图 9-20 油相搅拌器

1—电动机；2—连接套；3—罐体上支撑座；4—搅拌轴；5—桨叶

乳化剂的添加有两种方式，一种如果有地形差，直接倒下去。第二种，如果没有地形差，可以倒在乳化剂溶解槽内，再加些柴油，用泵抽入油相罐内搅拌均匀即可。

9.1.3 制乳系统

制乳系统是地面站和炸药加工厂的关键工序，是由炸药原料乳化成乳胶基质的重要环节。除炸药配方和原料外，乳化炸药质量好坏取决于制乳工艺、制乳设备以及安全制乳。

根据乳化机理，在乳化炸药生产过程中，除了配方设计合理、选用高质量的乳化剂外，还要采用结构合理、设计先进的制乳设备，以获得好的乳化效果，因此乳化器的性能非常重要。在设计炸药配方选择原材料时，要减小内相张力，加强外相油膜强度，才能获得高质量的乳胶基质。在设计或选择乳化器时，转速要低，间隙要大，摩擦力要小，搅拌和剪切强度要大，从而在保证安全的前提下获得高质量的乳胶基质。

图 9-21 所示为制乳系统原理，它主要由乳化器、水相泵、油相泵、乳胶基质泵、质量流量计和计算机等零部件组成。质量流量计、油相泵、水相泵、变频器和计算机形成闭环控制；乳化器、转速传感器、变频器和计算机形成闭环控制；乳胶泵、料位计、变频器和计算机形成闭环控制。输入油相、水相比例和制乳效率，再输入制乳量，按下电脑的启动键，按程序先后启动油相泵、乳化器、水相泵和乳胶基质泵。四个闭环控制自我跟踪、相互跟踪，从而保证了油相、水相配比准确，保证了工艺参数的稳定，获得了高质量的乳胶基质，提高了炸药质量，改善了爆破效果。对于乳化器这样的关键设备，采用了声音监控系统，主轴径向、轴向位移监控系统，超温、超压、断流等报警停机安全防范措施，提高了制乳系统的安全性。

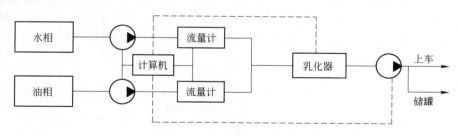

图 9-21 制乳系统工作原理

9.1.3.1 乳化器

目前我国采用的乳化器有齿轴式和静态式两种，齿轴式在我国已使用多年，技术比较成熟。静态式是 2008 年传入我国的。

A 齿轴式乳化器

目前在地面站和乳化炸药生产线上常用的乳化器为齿轴式，由定子和转轴等零部件组成。定子上装有很多乳化棒，转轴上焊有很多搅拌齿，像狼牙棒似的。安装形式有的为卧式，物料从一边进去，成乳后从另一边排出；有的为立式，物料下面进去，成乳后从上面排出。国内几家生产的乳化器形式虽然基本相同，但设计各有特色，即转轴上的齿和定子上乳化棒数量形式各不相同，乳化器的容积大小各不相同，乳化效果和乳化效率各不相同。在保证乳胶基质质量的前提下，产能大多数为 2.5～4t/h。有少部分能达到 6～8t/h。转速为 1450r/min 以下。山西惠丰特种汽车有限公司生产的 RHQ-10C 型乳化器，产能在

3~18t/h 范围内随意调整，转速 700r/min 成乳，一般选在 1000r/min 左右。转子和定子采用钢、铝结合，不产生火花，大间隙、大产能、安全、高效（详见 3.1 节）。

　　B　静态制乳器

　　静态制乳就是没有运动部件，通过静态乳化器制成乳胶基质称为静态制乳。制成乳胶基质的设备称为静态乳化器。目前有两种形式：一种是带预混器的静态制乳器；另一种是喷射式静态制乳器。无论哪种制乳方法，乳化机理没有改变，仍是剪切、分散。齿轴式乳化器是油相、水相混合均匀后被动地被搅拌、剪切、分散，成为合格的乳胶基质。带预混器的静态制乳器是油相、水相在预乳器内预混均匀并多数原料开始成乳，在落入螺杆泵内，在螺杆泵的压力作用下，从静态乳化器的迷宫中高速通过，被剪切、分散，成为合格的乳胶基质。喷射式静态制乳器是把油相、水相用静态混合器混合均匀后，落入螺杆泵内，在螺杆泵的压力作用下，从喷射单元中高速喷射成雾状，成为合格的乳胶基质。静态制乳这个名词国内有所争议，著者认为称其为没有旋转搅拌的制乳装置更确切些，但本书后文仍称其为静态制乳器。

　　a　带预乳器的静态制乳器

　　带预乳器的静态制乳技术是近几年从国外引进的，这项技术以静态制乳装置、圆盘式装药机等设备为代表。炸药工艺也有了很大变化，炸药由先降温后装药，改为先装药后降温，形象地比喻为药卷洗澡。圆盘式装药机效率高，每分钟可装药 250 节（50kg）左右。

　　带预乳器的静态制乳器如图 9-22 所示，主要由螺杆泵、静态乳化器、预乳器、排料管和输料管等零部件组成。水相和油相在水相泵和油相泵的作用下，将水相和油相按比例输入预乳器内，在预乳器内搅拌，达到预乳效果后，预乳后的乳胶基质半成品，靠自重落入螺杆泵进料腔内，在螺杆泵的压力推动下，高速从静态乳化器内喷出，成为合格的乳胶基质，由输料管将乳胶基质输送到乳胶基质储罐内或直接输送到混装车上。

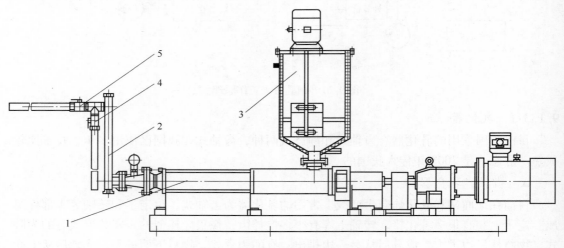

图 9-22　带预乳器的静态制乳器

1—螺杆泵；2—静态乳化器总成；3—预混器总成；4—排料管；5—输料管

　　预混器主要由电动机、双叶片搅拌器、导流筒、预混器体等零部件组成。预混器体上面设有加料孔和观察孔。一般预混器体结构为夹层，用蒸汽预热，成乳快。双叶片搅拌器是把电动机轴加长，装反、正各一组叶片，叶片部分装在导流筒内。旋转时上叶片往下推进，下叶片往上推进，在导流筒的作用一下，使两相液体强力搅拌、碰撞，加速预乳。双叶片搅拌器安装方法有两种：一种为倾斜一定角度，一种为安装偏离中心一定距离。两种安装方法都是为了使液体无规律地在预混器内运动，加速原料预乳成为合格产品。

　　电动机安装形式为 B5，功率为 2.2kW。加长电动机轴，叶片做动平衡试验。搅拌器转速一般控制在 $600 \sim 900r/min$，搅拌器的转速视预乳效果和制乳效率而定。

　　在螺杆泵出口处安装有超温、超压、断流等保护装置。

　　静态乳化器是这项技术的关键，乳化单元更是关键，如图 9-23 所示，主要由快换螺母、定位杆、乳化单元、取样排料管、取样管球阀、排料管球阀、排料管、法兰、静态乳化器体等零部件组成。静态乳化器结构简单，没有运动部件，从本质上提高了制乳系统的安全性。缺点是压力较高（一般 $1 \sim 1.2MPa$），而产生压力的介质为乳胶基质半成品，还是有点不足。

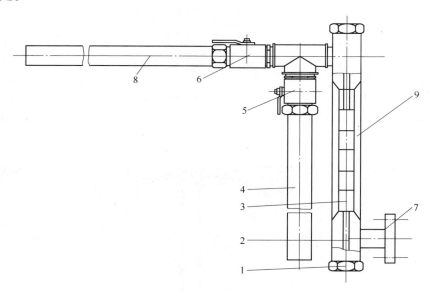

图 9-23　静态乳化器

1—快换螺母；2—定位杆；3—乳化单元；4—取样排料管；5—取样管球阀；
6—排料管球阀；7—法兰；8—排料管；9—静态乳化器体

　　静态乳化器体内装有变径导管，变径导管内装有乳化单元，乳化单元的数量视乳化效率和乳化效果而定。乳化单元由上、下定位杆固定，固定杆长短可调。乳化单元和 SV 型静态混合器相似，间隙更小，迷宫更多。预乳后的乳胶基质半成品由螺杆泵输入静态乳化器腔内，通经突然变小，压力和流速急剧增加，内相进一步分散，乳化效果进一步提高。视乳化效果来增加或减少乳化单元的数量，一般装 $1 \sim 3$ 个单元。为保证静态乳化器正常工作，油相、水相一定要过滤干净，过滤精度一般为 $100\mu m$。每次制乳过后要卸下乳化单元，清洗干净，确保下次制乳正常工作。图 9-23 中取样排料管是为取样而设置的，可观察乳胶基质的质量，可取样进行化验检测。

　　b　喷雾式静态乳化器

　　喷雾式静态乳化器是山西惠丰特种汽车有限公司靳永明、冯有景等人研制的，获国家专利（专利号为 ZL201020690847.4）。喷射式静态制乳器如图 9-24 所示，主要由进料管、水相油相混合腔、下法兰、上法兰、喷射单元、乳胶基质腔、出料管、排料管等零部件组成。喷射单元是此套装置的关键部件，乳化（雾化）好坏直接影响到乳胶基质的质量，影响到整套系统压力。油相和水相经计量，由油相泵和水相泵分别泵入静态混合器，混合均匀后输入油相、水相混合腔内，在油相泵和水相泵的压力作用下，油相、水相混合物高速从喷射器中喷出，水相（内相）被雾化（碰撞）成小液滴均匀地分散在油相（外相）体系内，乳化成乳胶基质，乳胶基质从出料管排出，输入乳胶基质储罐或直接输入混装车内。乳化效率与喷射器的数量有关，一般一件喷射器 2～4kg/min。乳胶基质的质量和喷射单元的雾化效果有关、与系统压力，与流速等参数有关。在设计或选择喷射器时，压力选择压力在 0.4～0.6MPa 时，雾化粒径可达到 0.1～10μm，平均 2～3μm。

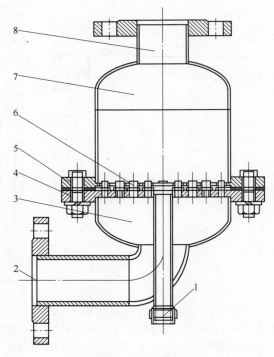

图 9-24　喷射式静态乳化器
1—排料管；2—进料管；3—油水相混合腔；4—下法兰；5—上法兰；
6—喷射器；7—乳胶基质腔；8—出料管

　　喷射式静态乳化器，没有运动部件，低压力，高效率，从根本上提高了乳化系统的安全性。

　　静态制乳在国外已经广泛应用，在我国还处于初级阶段，但是近几年我国对静态制乳的研究和应用也进入了快车道。

9.1.3.2　水相泵总成

　　水相泵有多种泵可以选用，如螺杆泵、不锈钢齿轮泵和容积泵等。山西惠丰特种汽车有限公司选用的是美国进口 130 型容积泵，这种泵结构简单，体积小，易维修，故障率低，计量准确，寿命长。该泵在宁波得力时泵业有限公司已有生产。型号 SXB-130，SXB 代号为水相泵三个汉字字母词首，130 为通径代号。

A 主要技术参数

（1）转速：最高 550r/min，可调。

（2）电动机功率：5.5kW。

（3）流量：0.95L/r。

（4）生产能力：最大 40t/h。

（5）最大压力：0.4MPa。

B 基本结构

水相泵总成如图 9-25 所示，主要由泵体、电动机、底座、减速器等组成。电动机通过减速器驱动泵旋转，泵的转速范围在 0～550r/min 可调。泵的压力为 0～0.4MPa。泵腔和叶轮均为不锈钢材质，适用于泵送带腐蚀性的介质。选用摆线针轮减速机，体积小，速比大，故障率低。电动机选用 YB132S-4 防爆型 5.5kW 电动机，安装形式为 B5，和减速机直连在一起，结构紧凑。用牙镶式联轴器相连，牙镶式联轴器能弥补两轴不同心的弊病。

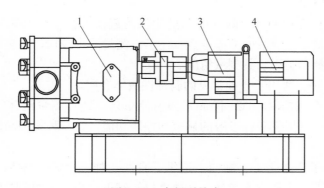

图 9-25 水相泵总成

1—泵体；2—联轴器；3—减速机；4—电动机

C 维护与保养

（1）发生异常声音，立即停机，查明原因排除后再启动。

（2）每周用手晃动轴杆，若有活动则说明轴承有问题，应拆下检查。

（3）经常检查过滤器，确保不能有任何杂物进入泵体。

（4）每工作 250h 要清洗轴承更换润滑脂，每工作 500h 要更换齿轮油。

（5）水相泵工作后停车时间较长（超过 10min）应将泵腔内的溶液排出（排出的溶液应回用）并用水清洗，否则会结晶。

（6）工作过后，用水将泵腔内清洗干净。

9.1.3.3 油相泵

油相泵一般选择齿轮泵，仍选择 KCB 齿轮泵系列，型号为 KCB-18.3，流量为 18.3L/min。

9.1.3.4 流量计

地面站用流量计很多,如:向水相制备罐加水;向油相制备罐加机油、柴油;制乳时,油相、水相配比等都需要流量计。有多种流量计可选用,如智能型金属管浮子流量计、智能型把式流量计、椭圆齿轮流量计、电磁流量计和质量流量计等。根据不同的用途,要求计量精度不同,选择不同的流量计,既保证了工艺要求又节约了投资。加水可选用智能型金属管浮子流量计,加油可选用智能型靶式流量计,制乳时油相、水相配比可选用质量流量计等。

随着技术的发展,质量流量计近几年得到广泛地应用。质量流量计是根据科里奥力原理制造的一种新型直接测量封闭管道中流体质量的仪表,其结构一般由信号测量传感器和信号转换器两个部分组成。

A 质量流量计的性能特点

(1)与传统的流量测量方式相比,该流量计直接测量管道内流体的质量、流量,测量准确度高,重复性好,可在较大量程范围内,对流体质量实现高精度直接测量。

(2)该流量计测量精度高,可达到0.1%。

(3)工作稳定可靠,流量计管道内部无障碍物和活动部件,安装要求低,因此可靠性高,寿命长,维修量小,使用方便、安全。

(4)适用的流体介质面宽,除一般黏度均匀的流体外,还可以测量高黏度、非牛顿型流体;不仅能测量单一溶液的液体参数,还可以测量混合较均匀的多相液体;无论介质是层流还是紊流,都不会影响其测量精度。

(5)防腐性能好,适用于各种常见的腐蚀性液体介质。

(6)多种实时在线控制功能,除测量质量流量外,还可测量流体的密度和温度。智能化的流量变送器,可提供多种参数的显示和控制功能,是一种集多功能于一体的流量测控仪表。

(7)广泛应用于石油化工、制药、造纸、食品、炸药等多个领域设施计量和控制。在地面站或炸药加工厂用质量流量计,在计算机控制下油相、水相跟踪配比,提高了配料精度,获得了高质量的炸药。特别省去了繁琐的标定程序。调整炸药配方,改变生产效率,只要在计算机上输入相关参数,系统将自动调整。

B 质量流量计安装

(1)常规要点。传感器与大的变送器或电动机之间至少要有0.6m的距离。由于传感器工作依赖电磁场,所以一定要避免将传感器安装在大的干扰电磁场附近。另外,还应仔细选择安装位置尽量避免振动。

(2)测量液体时的安装位置。传感器的安装应能保证液体满管,以便能降低密度变化对测量精度的影响。而当管道需清洗时,安装位置应能保证完全排空液体。为不使传感器内部聚集气体,应避免将传感器安装在管道系统的最高端。

(3)测量气体时的安装位置。为不使传感器内部聚集液体,应避免安装在管道的低点。

(4)安装方向。根据工艺要求和已布置好工艺管道的位置,决定了大多数传感器的安装方向。虽然传感器的安装角度不影响流量计工作,但应尽可能水平安装。

（5）流向。无论何种流向，传感器都能精确测量流量。一般传感器上均用箭头指明流体正常的流向。

（6）为便于流量计调零，传感器下游应安装截止阀。传感器和截止阀应尽量靠近接受容器。在传感器和截止阀间不应安装软管，避免膨胀或压缩造成批量误差。

C　质量流量计定期维护

（1）每周进行清洁，清除污物。

（2）每三个月进行一次综合保养及零位调校。

（3）每年对流量计内插件连接进行检查。

D　质量流量计常见故障及排除

（1）当转换器无显示时，检查电源及电源保险丝是否正常。

（2）当零位漂移时，传感器接线盒是否受潮；接线是否正确；接地是否正确；安装是否有应力；是否有电磁干扰。

（3）当质量流量显示不正确时，流量单位是否正确；检查零位是否正确，若不正确，重新做零点调整。

（4）当流量计有电源，但无输出时，用万用表检查传感器不同接线端间的电源，是否与厂商提供的数据相符。

9.1.3.5　乳胶基质储存罐

为提高混装车装车效率和地面站均衡生产，最大限度发挥地面站设备利用率，特设乳胶基质储存罐。俄罗斯卡其卡纳尔瓦纳基采选公司建设了乳化炸药地面站，没有安装乳胶基质储存罐。年生产乳化炸药 35000t，购买了 4 台 25t 重乳化混装车，第 4 台车下午 2 点才能上山装药。老挝普比尔金矿乳化炸药地面站，安装了乳胶基质储存罐，10min 就可装满一车，大大提高了装车效率。

乳胶基质储存罐有高温型和散热型两种。高温型有保温层，与水相制备罐的结构基本相同，内胆为不锈钢板焊接而成，外装饰层为镜面不锈板焊接而成或用瓦楞铝板铆接而成，中间喷注有聚氨酯保温层，24h 温度可下降 2 ~ 3℃。酒泉钢铁公司兴安民爆嘉峪关分公司乳化炸药地面站安装了保温型乳胶基质储罐，使用效果良好。散热型储存罐，单层结构，罐内装有散热器，适用于常温作业的爆破工程。老挝普比尔金矿地面站安装了散热型乳胶基质储罐，有 200m³ 的蓄水池、冷水泵、散热器和进水管路、回水管路等组成，散热效果良好，满足了矿山爆破要求。

乳胶基质储存罐形状一般下部为漏斗状，上部为圆柱体，顶部有人孔、加料孔、呼吸孔。外部装有液位计、温度计。内装爬梯（散热型内装散热器）等。安装形式一般都是用钢构架做好基础，乳胶基质储罐安装在钢构架上，或放在高压于混装车的台阶上等。混装车开到乳胶基质储罐下方，打开阀门几分钟就可装满一车。

9.1.3.6　乳胶基质冷却

由于爆破工程环境不同，对乳胶基质的温度要求不一，乳胶基质使用周期长短不一，运输距离远近不一等原因都会造成乳胶基质温度下降。随着乳胶基质温度的变化，炸药的敏化方式同样随着变化。敏化方式有高温敏化（60℃以上）、中温敏化（30 ~ 60℃）、低温敏化（0 ~ 30℃）和超低温敏化（0℃以下）。高温敏化乳胶基质无需降温，如：BCRH-

15B、BCRH-15C 型车上制乳现场乳化炸药混装车；BCRH-15D、BCRH-15E 地面制乳高温敏化现场乳化炸药混装车。BCJ 系列井下现场乳化炸药混装车和 BCRH-15D、BCRH-15E 中温敏化现场乳化炸药混装车，乳胶基质需要降温。有的炸药配方不同，油相中加有蜡，为保持乳胶基质的状态，乳胶基质也需要降温。有的是起爆器材不耐高温，如使用常温雷管，乳胶基质同样需要降温等。

A　乳胶基质降温的方法

乳胶基质降温的方法目前国内有以下几种：

(1) 钢带冷却。乳胶基质平铺在钢带上，胶体厚度 5～10mm，钢带在动力的作用下循环运动。运动到钢带的末端，有刮板将冷却后的胶体输入混拌器内或输入混装车内。钢带下部有冷却水喷头，将水喷向钢带背面，带走乳胶基质传来的热量，有温度的水落在集水槽内，经冷却后汇集到水池内，循环使用。冷却效果与胶体厚度、钢带运行速度、冷却水量和冷却水温度等参数有关。钢带冷却效果令人满意。缺点是占地面积大，很大的厂房内在中间安装一台设备。6t/h 产能，由 80℃ 降到 40℃ 左右，长度需要 20 多米，宽度 1.2m。环境污染较大，钢带上装着风扇，满车间散发着乳化炸药的气味。

(2) 胶带冷却。乳胶基质平铺在胶带上，胶体厚度 10～30mm 左右，胶带和胶体同时倾入水中，胶带在动力的作用下循环运动，运动到胶带末端，胶带上升，胶体和胶带露出水面，脱水后，有刮板将冷却后的胶体输入混拌器内或用泵输入混装车内，这种冷却方式形象地比喻为胶体洗澡。设备占地面积小，6t/h 产能，由 80℃ 降到 30℃ 左右，长度不超过 5m，冷却效果令人满意。但用水量较大，水中还会有一些散落的胶体。

(3) 管道式冷却器。管道式冷却器是化工行业常用的冷却器。管板上装有多根输料小管，乳胶基质从小管中通过。管板外围用钢板包围焊接成为容器，冷却水从中通过。冷却水经散热后返回水池或水箱循环利用。管道式冷却器冷却效果好，占地面积小。这种冷却器的最大缺点是当输药小管温度不均匀时，胶体的黏度发生变化，会发生短路，从而影响冷却效果。

(4) 山西惠丰特种汽车有限公司设计和生产的地面站巧妙地利用了乳胶泵到乳胶基质储罐之间的输送管路，做成夹套形，管内输送胶体，夹层通冷却水，当冷却水温 20℃ 左右时，管径为 DN80，乳胶基质产能 8t/h，每米管长可以冷却 2～3℃。制乳过后用水将管道中的剩余胶体清洗干净。

(5) 乳胶基质在储罐内冷却。山西惠丰特种汽车有限公司为老挝普比尔金矿设计生产的地面站就采用了这种冷却方式。储罐内盘有蛇形管散热器，冷却水从蛇形管散热器管中流过，带走乳胶基质的热量，有温度的水散热后返回水池或水箱。

著者应为第四种和第五种冷却方式结合起来最佳。占地面积小，冷却效果好。地面站制药工艺设备要少，配方要简单。降低水相温度，提高乳胶基质的使用温度（60℃），用简单的冷却设备达到工艺要求。

B　散热器的设计

根据乳胶基质的比热容和散热特性设计乳胶基质散热器。

比热容，又称比热容量，简称比热，是单位质量物质的热容量，即单位质量物质改变单位温度时吸收或释放的内能，比热容是表示物质热性能的物理量，通常用符号 c 表示。

计算公式 $$Q = cm\Delta t \tag{9-5}$$

吸热时 $Q_{吸} = cm(t - t_0)$

放热时 $Q_{放} = cm(t_0 - t)$

式中 Q——热量；

       c——比热容；

      m——质量；

     Δt——变化的温度；

      t——末温；

     t_0——初温。

   $Q_{吸}$——吸收的热量；

   $Q_{放}$——放出的热量。

计算出系统的总热量后，选择散热器的材料，用式（9-1）进行计算散热器的面积。

乳胶基质在热工计算方面资料很少，多数靠试验来确定。2004 年 10 月 22 ~ 25 日，在实验室内做了以下两项试验：

（1）水和乳胶基质的比热容实验。试验方法：用一烧杯，将 1kg 92℃的乳胶基质放入 1kg 16℃的水中，乳胶基质放出热量，水吸收热量，温度达到平衡，平衡后温度为 38℃。水的温差为 38－16＝22℃；乳胶基质温差为 92－38＝54℃，（22÷54）×100％＝41％，从这个试验可以看出乳胶基质的比热容相当于水的 41％。

（2）散热效率试验。将 1kg 90℃的水和 1kg 90℃的乳胶基质放置在同样的烧杯、同样的环境中，水 1h 降到室温 16℃，而乳胶基质 3h 降到室温 16℃，用时是水的 3 倍。

从以上两项试验可以看出，乳胶基质比热容不高，但散热性能极差，设计散热器时如何将乳胶基质内部的温度导出将成为关键。上述第四种冷却方式，利用输料管当散热器时，每米管长管内装一套 SK 型静态混合器单元，使乳胶基质在不停地搅拌，热量传到管壁，由冷却水源源不断地把温度带走。

根据起爆器材、敏化方式和爆破工程的具体要求，确定胶体冷却温度。在满足上述要求的条件下，温度越高，散热器散热面积越小，用水越少，越经济。在散装炸药中，降低水相温度，低温制乳，提高乳胶基质的使用温度，将是研究的方向。

    C   冷却水的散热

无论采用哪一种冷却方式，最终都是用水为介质把乳胶基质的热量带走。这样造成水温上升，水的散热又成了关键。目前国内普遍采用的方法有以下几种：第一种，利用几百到上千立方米的天然水池，这种方法热交换效率好，最为经济；第二种，自建 200m³ 以上的蓄水池，靠容水量大，自然散热；第三种，加进冷水，排走热水，这种方法不可取，浪费水资源，即使在一些富水区这种方法也不可取；第四种，用汽车发动机冷却器散热，散热后的水可循环利用，山西惠丰特种汽车有限公司为酒泉钢铁公司镜铁山矿地面站就采用了这种散热器。这种散热装置占地面积小，可安装在室内，散热器安装在水箱上，结构非常紧凑。适用于小产能，或要求乳胶基质温差较小的地面站，特别适用于寒冷地区使用。第五种，用冷却塔散热，这种散热方法在化工、制冷、中央空调等行业普遍采用。这种散热方法只需要配备一只 5 ~ 10m³ 的水箱或水池即可。安装在室外，多数安装在屋顶上，或通风良好的地方。占地面积小，散热效果好，节水，节能，应推广使用。下面把这种方法做一介绍。

图 9-26 所示为冷却塔的工作原理，它主要由筒体、接水盘、风机、喷头、筒内填料、进水管和排水管等零部件组成。它的工作原理是：做功后的热水，汇集在水箱或水池内，用热水泵将热水泵入冷却塔内的喷洒管内，喷洒至填料表面上与通过的移动空气相接触，这时热水与冷空气之间产生热交换作用。热量被空气带走，冷却后的水落入接水盘内流回水箱或水池内，循环利用。冷却塔是用玻璃钢制成，流线形塔体设计，迎风量小，进风效能好，耐强风，耐侵蚀。壳体表面光洁，并加紫外线抑制剂，美观耐用，常年不褪色，寿命长。轴流式弧形角度设计的风机，能令冷却风的交流更加顺畅，因而大大提高了冷却效能，并降低了耗电量，降低了噪声。高性能自动旋转洒水装置，布水均匀，压力低，热交换率大。

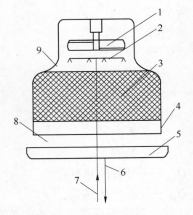

图 9-26 冷却塔工作原理
1—风机；2—自动旋转散水装置；3—填料；
4—下筒体；5—接水盘；6—回水管；
7—进水管；8—进风道；9—上筒体

冷却塔、散热器和水泵的连接方式有单泵式和双泵式两种。图 9-27 所示为单泵式连接方式，一台水泵安装在水箱和散热器之间。主要用于热交换器阻力小的场合，如管道式热交换器等。散热面积小，管路短，压力低，用于小型散热装置。水箱和热交换器一般安装在室内，为防止冬季结冰，在管路的最低端安装放水阀。如果水泵安装位置高于蓄水池，在水泵的吸入端应安装底阀（单向阀），水泵上端应安装灌水装置，保证水泵正常运行。

图 9-28 所示为双泵式连接方式，主要用于热交换器阻力大的场所，如钢带式冷却装置、大型散热器等。一台泵将水箱内的水泵入热交换器内，做工以后含热量的热水，水回流到水箱内；另一台泵把水箱内含热量的水泵入冷却塔，经散热后的水又流回到水箱内。周而复始的工作，保证了工艺温度要求。

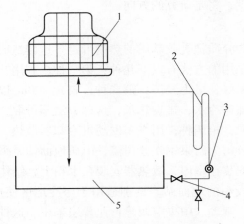

图 9-27 单泵式连接示意图
1—冷却塔；2—热交换器；3—水泵；
4—截止阀；5—水箱（水池）

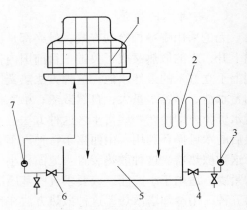

图 9-28 双泵式连接示意图
1—冷却塔；2—热交换器；3，7—水泵；
4，6—截止阀；5—水箱（水池）

冷却塔的选择：根据乳胶基质的产能和乳胶基质的温度差，用式（9-5）计算出每小时的总热量，在根据下表的工况参数，从表9-3中选择冷却塔，选择的冷却塔的散热量为 1.2～1.5 倍（冷却塔设计工况参数：进水温度 $T_1 = 37℃$，出水温度 $T_2 = 32℃$，水温降 $\Delta t = 5℃$）。

表9-3　冷却塔参数

型　号	流量 /m³·h⁻¹	外形尺寸		风机直径 /mm	电动机功率 /kW	自重 /kg	运行重量 /kg
		最大直径 /mm	高度/mm				
LCT-8	6.2	920	1700	550	0.18	42	180
LCT-10	7.8	920	1830	635	0.18	46	190
LCT-15	11.7	1165	1645	635	0.37	54	290
LCT-20	15.6	1165	1930	770	0.56	67	300
LCT-25	19.5	1385	2150	770	0.75	98	500
LCT-30	23.4	1650	1895	770	0.75	116	530
LCT-40	31.2	1650	2040	930	1.50	130	550
LCT-50	39.2	1880	2120	930	1.50	190	975
LCT-60	46.8	2100	2345	1180	1.50	240	1250
LCT-80	62.6	2100	2510	1180	1.50	260	1280
LCT-100	78.1	2900	2690	1450	2.25	500	1600
LCT-125	97.5	2900	2875	1450	2.25	540	1640
LCT-150	117.1	2900	2875	1450	2.25	580	1680
LCT-175	136.8	3310	3515	1750	3.75	860	1960
LCT-200	156.2	3310	3515	1750	3.75	880	1980
LCT-225	175.5	4120	4170	2135	5.50	1050	2770
LCT-250	195.1	4120	4170	2135	5.50	1080	2800
LCT-300	234.0	4730	4360	2440	7.50	1760	3930
LCT-350	273.2	4730	4360	2440	7.50	1800	3970
LCT-400	312.0	5600	4550	2745	11.00	2840	5740
LCT-500	392.4	5600	4550	2745	11.00	2900	5800
LCT-600	468.0	6600	5310	3400	15.00	3950	9350
LCT-700	547.2	6600	5510	3400	18.50	4050	9450
LCT-800	626.4	7600	5660	3700	22.00	4700	11900
LCT-1000	781.2	7600	5860	3700	22.00	4900	12100

9.1.3.7　乳胶基质运输车

随着地面制乳工艺的推广和一些大型乳胶基质站的建设，乳胶基质运输车将是一种很重要的运输车辆。国外大型乳胶基质站和乳胶基质运输车已经在普遍采用，而我国还处于起步阶段。从装药机械族谱中所列，仍然有单车式、半挂车式和集装箱式三种。容积有 18～35m³，料箱的结构有圆形、椭圆形和漏斗状等多种结构形式。卸料方式有泵送式和自流式两种。图 9-29 所示为单车式、料箱为圆形结构、卸料方式为泵送式。主要由汽车底盘、灭火器、液压系统、料箱和乳胶基质泵送系统等部件组成。

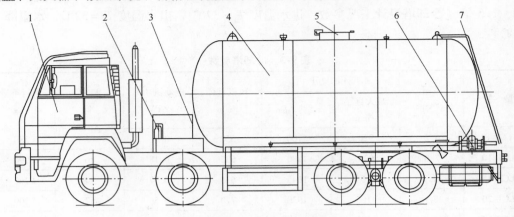

图 9-29　单车式乳胶基质运输车

1—汽车底盘；2—灭火器；3—液压系统；4—料箱；5—人孔；6—乳胶基质泵送系统；7—爬梯

汽车底盘一般选用总质量 32t 级的重型卡车，发动机功率一般为 247kW，装有 ABS 刹车防抱死装置。料箱容积 18m³，可装 20t 乳胶基质。

料箱为圆形结构，由优质不锈钢焊接而成，由圆柱形筒体、椭圆形封头和网格状的防波装置等部件组成。众所周知，汽车在行进过程中，乳胶基质在料箱内会前后左右碰撞，刹车时碰撞强度更大，都会造成乳胶基质破乳，所以在料箱内设立了防波装置。防波装置一把为正方形或长方形，根据著者的经验边长在 500～1000mm 之间为好，乳胶基质黏度小时网格小些，乳胶基质黏度大时网格可以大些。桶体上部设有人孔、加料口孔和排气孔。下部设有多个集料池，乳胶基质泵的吸料管从集料池内引出。桶体上还安装有：料位计、温度计、起吊环和爬梯等零部件。桶体最好做成带保温层的双层结构，避免乳胶基质温度降得过低，影响敏化，特别是在高寒高海拔地区更是这样。

乳胶基质输送泵可采用螺杆泵，也可采用非金属材料制成的耐腐蚀齿轮泵等。该输送泵为液压驱动，速度可调。

图 9-30 所示为漏斗状乳胶基质运输车的料箱示意图，料箱外形和现场混装多孔粒状铵油炸药车基本一样。它是用集料螺旋把乳胶基质收集到螺杆泵的进料口处。料箱用优质不锈钢板焊接而成，内部同样装有网格状的防波装置。2000 年在福建某工地施工时，就是用这样的车进行乳胶基质补给的。

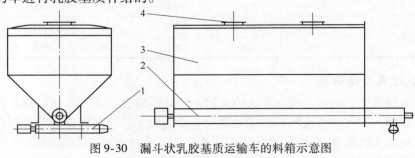

图 9-30　漏斗状乳胶基质运输车的料箱示意图

1—螺杆泵；2—集料螺旋；3—料箱；4—人孔

卸料方式有很多种，如地面站泵送式，是没有地形差，在地面站安装一台泵，用自卸的方法，把乳胶基质卸到泵的漏斗内，在泵入储罐内。这种方法，一台泵为多台车卸料，泵利用率高，应推广使用。

半挂车式和集装箱式，容积大，载料多，远距离运输更经济。主要技术参数见表9-4。

表9-4　乳胶基质运输车辆技术参数

序　号	结构形式	底盘总质量/t	料箱容积/m³	载料量/t	适用范围
1	单车式	12	4	5	井下矿用
2	单车式	32	15	20	短途运输
3	半挂车式	半挂拖车	30	40	长途运输
4	集装箱式	集装箱专用拖车	30	40	长途运输

9.1.4　敏化剂添加系统

敏化剂是形成乳化炸药三组分（油相、水相、敏化剂）之一，敏化剂用量最少，只有 $0.2\% \sim 0.4\%$，由于用量很少所以也称为发泡剂或微量元素，但没有它介入炸药不能起爆。敏化剂是一种和炸药中的某种原料发生化学反应能够产生微小气泡的物质，并把微小气泡均匀地分散到乳胶基质中，从而降低了乳胶基质密度成为可引爆的乳化炸药。

众所周知，炸药的感度、威力与密度有关，密度一般控制在 $1.05 \sim 1.25 \text{g/cm}^2$ 之间，密度越小感度越高，密度越大感度越低。但从爆破使用的角度来考虑，密度过分降低必然会引起炸药威力的下降，对爆破效果不利，所以乳化炸药密度一定要控制到恰到好处。炸药敏化分为物理敏化和化学敏化两种：物理敏化是将珍珠岩粉或玻璃微珠掺混到乳胶基质中，降低乳胶基质的密度，成为乳化炸药；化学敏化是一种能和乳胶基质中的某些元素发生化学反应产生气泡，从而降低乳胶基质的密度，成为乳化炸药。地面站、混装车工艺，生产的散装炸药一般采用化学敏化。混制工艺简单，易掌握，密度可调方便，敏化效果良好。高温敏化工艺，敏化剂只要用水把一定比例的亚硝酸钠溶解即可。低温敏化工艺，需要水和 $2 \sim 3$ 种原料溶化配制而成。配制工艺如图 9-31 所示，根据水和固体原料的比例，先把水通过流量计或水表加入

图 9-31　敏化剂配制原理

到敏化剂箱内，启动搅拌器，把固体原料加入到敏化剂箱内搅拌均匀，在经过滤后泵入混装车上的敏化剂箱内待现场使用。

配制敏化剂设备比较简单，可用小型反应釜，也可用自制的敏化剂箱等设备配制，用量少时都可用水桶手工配制。山西惠丰特种汽车有限公司使用自制敏化剂箱配制，有 0.35m^3 和 0.55m^3 两种规格。

9.1.4.1　敏化剂箱

敏化剂箱型号为：WYX—□。WYX 表示敏化剂箱（微量元素箱），□表示有效容积。

A 主要技术参数

（1）有效容积：0.35m³ 和 0.55m³ 两种规格。

（2）搅拌器转速：1390r/min。

（3）搅拌器功率：0.55kW。

（4）防爆电动机型号：YB801-4，B3。

B 基本结构

敏化剂配制和泵送系统如图 9-32 所示。箱体为长方体，不锈钢制成。箱体上方装有搅拌器，搅拌器斜插入箱内。搅拌器叶片做成推进式，这样有利于用较小的动力来达到较好的物料混合效果。该搅拌器使用特制加长轴电动机，减少了连接部件，结构简单、紧凑、运行平稳、可靠。箱体下部设有出料口与排污口，出口处装有过滤器，出料口用管道和输送泵相连，输送泵出口软管和混装车上的敏化剂箱入料口相连。

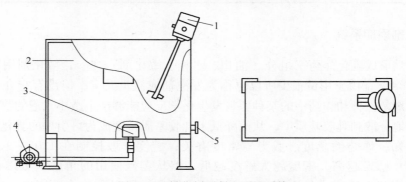

图 9-32 敏化剂配制和泵送系统
1—搅拌器；2—敏化剂箱体；3—过滤器；4—输送泵；5—液位变送器

搅拌器如图 9-33 所示，主要由电动机、加长轴、叶片等零件组成。电动机选用 YB801-4 型防爆电动机，安装形式为 B3，特制加长轴。叶轮直径 ϕ120mm，做动平衡实验，确保运转平稳。该搅拌器结构简单，耗电省（0.55kW），搅拌效果好。

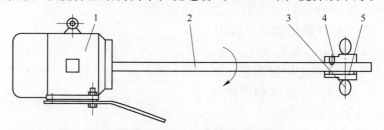

图 9-33 JBQ-120 型搅拌器
1—电动机；2—加长轴；3—叶片；4—紧定螺钉；5—键

C 安装

（1）安装前检查备件配件是否齐全。

（2）检查箱体内有无杂物、污物。

（3）将箱体放于地基上，垫平紧固地脚螺钉。

（4）检查过滤器安装是否符合要求。

（5）用螺栓将搅拌器固定于箱体上方。

（6）连接管路、电路。

D 调试

（1）箱体应保持水平，各紧固件应牢固可靠。

（2）箱体注入水后（淹没搅拌器叶片）搅拌器转动30min，轴承温度不得超过50℃。搅拌器无异常声响。

E 维护与保养

（1）经常检查搅拌器紧固螺栓有无松动。

（2）检查连接处有无渗漏。

（3）定期清洗过滤器。

（4）定期清理箱内污垢。

（5）搅拌器发生异常声响，应立即停机检查。

（6）一年检查一次电动机轴承，若轴承径向间隙达0.05mm、滚道挤压变形、出现裂纹，判为不合格，应更换。

9.1.4.2 敏化剂泵

敏化剂泵一般选用小排量，耐腐蚀管道泵即可，型号为IHG-20，使用温度为-20 ~ 120℃。IHG-20型立式管道化工泵（敏化剂泵）如图9-34所示，主要由化工泵、底座、电动机等组成。泵为立式结构，进出口径相同，并位于同一中心线上，可像阀门一样安装在管道中。叶轮直接安装在加长电动机轴上，轴向尺寸小，结构紧凑，外形紧凑美观，体积小，重量轻，运行平稳，安装维护方便，使用寿命长。轴封采用机械密封，采用硬质合金密封环，耐磨。提高了更换密封的周期。

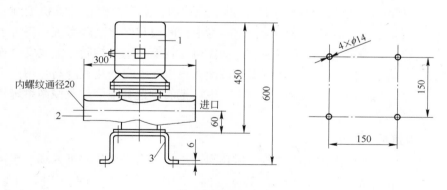

图9-34 敏化剂泵
1—电动机；2—泵；3—底座

型号表示方法：IHG—□□。IHG表示立式管道化工泵。□□表示进出口直径（mm）。

A 规格参数

（1）进出口直径：20mm。

（2）转速：2800r/min。

（3）流量：2.5m³/h。

（4）扬程：15m。

（5）电动机功率：0.37kW。

（6）外形尺寸（长×宽×高）：200mm×300mm×600mm。

（7）质量：100kg。

B　安装、调试、试运转

（1）安装前应检查机组紧固件有无松动现象，泵体内有无堵塞物，以免运行时损坏叶轮和泵体。

（2）安装时管道重量不应加在泵体上，以免使泵变形。

（3）管道各连接部位不得漏气。

（4）安装后应检查泵的中心线是否水平。

（5）试运转时检查各紧固件是否牢固，泵的旋转方向是否符合要求（看泵上的标志），泵的进出口阀门是否打开。

C　操作、使用与维护

（1）打开管道的进出口阀门方可启动电动机，并把泵体内充满液体。

（2）注意泵的工作压力是否符合技术规范的规定。

（3）泵若产生异常噪声，应立即停止工作，进行检查。

9.1.5　数字化控制系统

前面几节讲了地面站的组成和地面站的设备，本节主要介绍数字化控制系统在地面站的应用。数字化地面站和数字化混装车，山西惠丰特种汽车有限公司 2006 年提出，通过几年的研制，取得了成功。2012 年为酒泉钢铁集团公司甘肃兴安民爆有限公司嘉峪关分公司，建了一套年产乳化炸药 6000t 的地面站。该地面站实现全流程计算机控制，全线所有工序实现智能化运行，具备完善的设备故障专家诊断及智能化处理系统；完善了地面站安全监控系统功能，满足超限声光报警、连锁停机、智能化随动控制、全线安全连锁控制等功能要求，提高了生产线关键设备的安全性能。该生产线自动化程度高，用人少，除破碎投料需人工外，其余岗位均无需人工操作。下面把酒钢这套地面站及控制系统作业全面介绍，供参考。

9.1.5.1　矿山概况

镜铁山矿位于祁连山南山山脉中段，讨赖河西岸，现有桦树沟井下采场、黑沟露天采场。桦树沟井下采场处于海拔 2640～3420m 之间，2010 年产矿石 350 万吨，年使用炸药 2000t，岩石硬度 8～12 之间，掘进炸药单耗不大于 3.4kg/m³，回采炸药单耗不大于 0.45kg/t。现在采用膨化粉状炸药，装药设备为 BQ-100 型装药器。采矿方法为无底柱分段崩落法，购买了 1 台 BCJ-2000 型井下现场混装乳化装药车。

黑沟露天采场处于海拔 3550～4009m 之间，冬季最低温度 -40℃ 以下。2010 年采剥总量 900 万吨，其中矿石 350 万吨，年使用炸药约 3000t。岩石硬度 8～12，台阶高度 12m，炮孔直径 250mm，炸药单耗，矿石 0.20kg/t，岩石 0.25kg/t，平均 0.23kg/t。炸药为兴安民爆嘉峪关分公司生产袋装乳化炸药，购买了一台 BCRH-15D 型乳胶基质型乳化炸药混装车，建了一套年产 6000t 乳胶基质地面站。

2010 年工信部安全司工信安字（2010）78 号文批准，酒泉钢铁集团甘肃兴安民爆有限公司嘉峪关分公司（原镜铁矿炸药厂）同意使用混装车和地面站生产工艺，批准购买 3 台混装车，增加车载乳化炸药产能 6000t。其中露天矿用车载乳化炸药 3000t，井下矿用车载乳化炸药 3000t。

单班制生产，露天矿用、井下矿用乳胶基质各 15t，共计 30t。

全年工作日为 250 天，产能达到年 6000t。

地面站设有水相制备两套系统、油相制备两套系统、一套乳胶基质制备系统，露天、井下两种乳胶基质共用。乳胶基质储罐两套。还有与其配套的敏化剂系统三套及其配套设施。

乳化效率：露天矿用乳胶基质 12～18t/h，井下矿用乳胶基质 6～12t/h。

9.1.5.2 主要设备组成

A 水相系统

（1）冲激式除尘器 CCJ/7 型 1 台，电动机功率 7.5kW。

（2）PGC-500 型破碎机 1 台，电动机功率 15kW。破碎效率 10～15t/h，硝酸铵不需要一次破碎。

（3）PGL-299×5225 螺旋上料机（斜）1 台，电动机功率 5.5kW。

（4）PGL-299×2000 螺旋上料机 1 台（平），电动机功率 3kW。

（5）RHG-12 型水相制备罐 2 台，有效容积 15m^3。内装：液位变送器、温度变送器、加热器、卧式搅拌器，电动机功率 5.5kW。

（6）智能型金属管浮子流量计 1 台。

B 油相系统

（1）YXG-1.2 型油相罐 2 台，有效容积 1.5m^3。内装液位变送器、温度变送器、加热器和上插入式搅拌器。

（2）机油罐、柴油罐各 1 台，有效容积 5m^3，用不锈钢焊接而成。内装液位变送器。

（3）油泵（KCB-83.3）2 台，其中 1 台为柴油泵，1 台为机油泵。

（4）智能型金属管浮子流量计 2 台。

C 敏化剂箱

敏化剂箱 3 台。有效容积 0.35m^3。装液位变送器、搅拌器、过滤器和敏化剂泵。

D 乳胶基质系统一套

（1）制乳设备一套。

1）水相计量相泵。

2）油相计量泵。

3）乳化器。

4）乳胶泵。

5）油相（质量）流量计。

6）水相（质量）流量计。

（2）中转罐 2 台，有效容积 12m^3，内装液位变送器、温度变送器。

（3）乳胶基质预热、冷却系统一套。

1）预热系统包括热水箱、热水泵。

2）冷却系统包括冷水箱、冷水泵和散热器。

9.1.5.3 数字化自动控制系统

A 硬件组成

控制系统硬件由 6 组配电柜，1 台平板电视，1 台浪涌保护器，1 台电脑，1 套监控系统（包括 4 台固定摄像机和 1 个全景旋转摄像机），2 台 LED 屏等组成。

控制系统核心采用可编程逻辑控制器，数据输入输出采用计算机和触摸屏，关键配方计量采用 E+H 质量流量计。

B 软件组成

输入输出设备采用当前流行的组态软件，可编程逻辑控制器和触摸屏，采用专用软件，通过它们之间的联系对各传感器采集到的信号进行数据处理，并发出相应指令。

C 控制系统功能及完成的任务

（1）按照工艺要求对设备运行控制。

（2）按照工艺要求运行时对流量、温度、转速，液位、压力等数据采集，对这些数据进行分析、计算，自动调整到工艺要求的值。

（3）设有一套专家诊断系统，对电动机过流、工艺参数超标和设备故障，一旦检测到数据超过正常范围，系统发出声光警报，自动停止运行，同时在电脑显示器上显示出故障原因。

控制部分采用冗余设计，彩色动画显示设备运行，数据存储，工艺参数及生产记录等历史数据可进行查询。

D 工艺自动操作说明

该生产线所有设备的启停和工艺信号的采集均可在主控制室完成，主控制室配有一台计算机进行显示和操作。主控制室还配有一套监视系统，可监控各车间工作状况。主控室内只有一张老板台，一台电脑，一台大屏幕显示器，电话和语音通信系统。没有繁杂众多的按钮，著者把它称为一键启动。

（1）生产前检查各设备、传感器和器件有无异常，判断无异常后按顺序依次打开控制柜电源、计算机电源、监视器等设备。观察通电后有无异常，如无异常进行下一步操作。

（2）启动计算机后，双击屏幕上的 图标，输入选择相应用户和密码，如图 9-35 所示，按下确定键，进入主控系统画面，主控画面如图 9-36 所示。

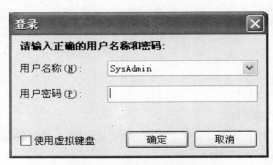

图 9-35 输入用户密码

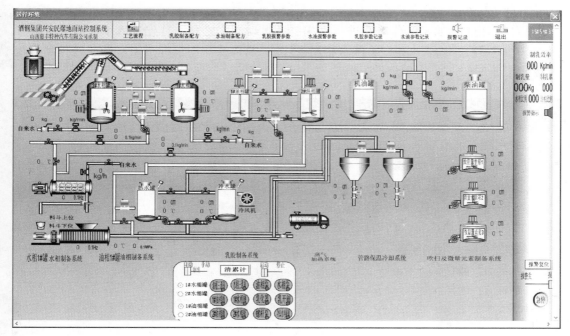

图 9-36 主控画面

为提升生产线的安生性能，该系统采用了用户分级管理制度，分为三级。分别为：高级用户，可进行一切操作；中级用户，可进行报警参数设置在内的操作；操作员为一般用户，只可进行一般常规性操作，用户系统默认第三级。高级用户和中级用户均设置有密码和用户名。当用户名与密码相匹配时方可开始工作，操作员（第三级用户）不需要密码可直接进入。

（3）选择用户和密码后，进入主控系统工艺流程画面（图 9-36）。该生产线的所有设备启停及传感器信号全部在此画面中以动画的形式显示，相关设备的启停操作也在此画面中进行操作。画面中设备的摆放与管路的连接，全部仿制现场实际情况，能够实际反映出整条生产线的实际运行状态和各种原料的流动情况。

该生产线的所有设备均设有计算机自动控制和手动控制两种控制方式。手动控制具有两种方式：一种方式直接在主控室的计算机上进行操作；另一种方式在工作现场控制箱上进行。

工艺画面打开时，系统默认只显示乳胶制备系统部分的按钮，其余部分按键处于隐蔽状态，如果需要显示，直接点击相应部分的汉字即可。这种设计方式，使得画面更加整洁，清爽，不会错误按键。该系统的所有现场按钮和计算机按钮全部为开关式按钮，即点击一次为选中，再次点击为取消。

各个控制系统在手动状态，点击相应按钮，此按钮对应的设备立即启动，再次点击设备停止。自动状态时，点击相应按钮，表示启动后此设备不参与自动运行。

（4）自动操作。该生产线总体分为水相原料制备系统、油相原料制备系统、制乳系统、蒸汽加热系统、吹扫及其辅助系统。各个控制系统相对独立，具有各自的自动、手动操作。系统开机时，除蒸汽加热外，水相原料制备、油相原料制备、乳胶基质制备全部默认处于自动状态。

（5）水相制备自动操作。在进行水相制备自动制作之前，首先进入水、油制备配方画面（图9-37），确认水相配方和水相制备量。（具体操作用鼠标点击水相、油相制备配方按钮，进入水、油相制备配方画面）。

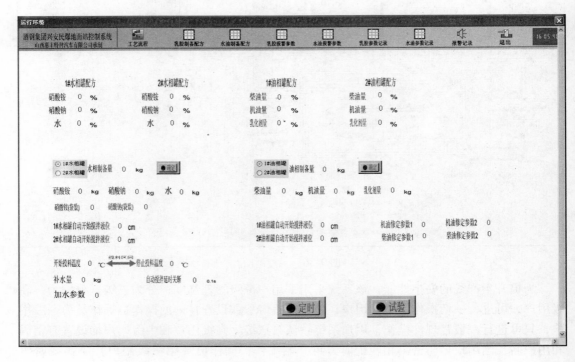

图9-37 配方输入画面

进入水相、油相制备配方画面后，用鼠标点击相应数字，输入相应配方（如配方上次已输入，系统会自动记忆，如果配方没有改变，可跳过，进行下一步操作），用鼠标点击选择制备罐（例如：选择1号水相罐），输入水相制备量，鼠标点确定键，系统根据配方自动计算出所有原料数量（kg）和袋数、开始投料温度和停止投料温度，及自动搅拌延时关闭时间等参数，并将此数送到破碎间的LED屏上。

参数输入完成后点击屏幕上端的工艺流程，返回工艺流程主控画面（图9-38）。

在工艺流程画面中，屏幕下端的水相制备系统前显示水相1号罐，表示水相制备自动针对1号水相罐，用鼠标点击水制备系统汉字，在它的下端显示水相制备系统包含的各个设备按钮。确认水相制备系统中自动——手动按钮处于自动一侧，点击水相制备系统中的启动，开始水相自动制备。1号加水阀自动打开，画面中的1号加水阀由红变绿，开始加水，阀体上端显示加瞬时流量和水累计流量。加水过程中，当水相罐内液位达到设定搅拌液位时，搅拌器会自动启动。加水量只加理论计算值的95%，剩余量通过测试析晶点，用补水方式补足。加水完成后，系统自动关闭加水阀，破碎间投料人员，根据现场LED屏显示当前温度，进行投料准备。当达到投料温度时，自动顺序启动螺旋输送机、破碎机和除尘器。根据LED屏上显示投料袋数，投料人员进行投料，每投10袋，按动现场−10按钮，LED屏上和主控室的电脑上硝酸铵袋数减10。也可在全部料加完之后，按动投料

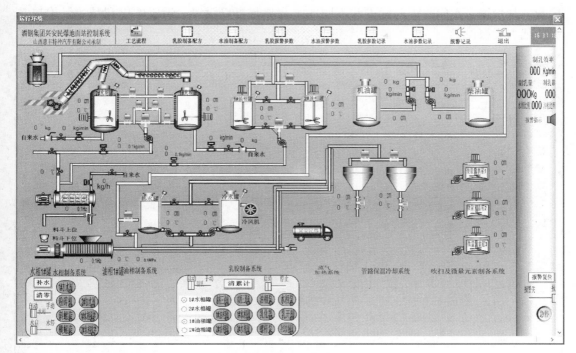

图 9-38 主控画面

结束键，或通知主控室加料结束。此时搅拌器按设定的延时搅拌时间继续搅拌。投料完成后，自动顺序关闭破碎、螺旋和除尘器。

测试析晶点：如果和工艺要求不符，输入析晶点的差值，计算机计算出加水量，自动补水，析晶点达到工艺要求。

pH 值测试：方法同上，pH 值达到工艺要求。

温度达到工艺要求，供热系统自动关闭蒸汽阀。

水相制备完成。

（6）油相制备自动操作。油相制备自动操作与水相原料制备自动操作基本相似。柴油和机油量全部靠计算机进行控制，计算机对采集到的传感器信号进行分析、处理，然后做出判断。这项技术，不仅降低了劳动强度，而且大大提高了配料精度。

把当天或当批的量输入计算机内，计算机将按预先输入的油相配方，计算出乳化剂、机油、柴油等原料的量，并发送到油相配制间的 LED 显示屏上。

按油相确认按钮（按这个按钮后数量不可改变），再按下油相自动按钮。分别启动机油泵、柴油泵和相应的电磁阀，机油和柴油自动加入罐内，加到量自动停止。乳化剂因流动性差，需人工加入漏斗内，靠自重流入油相罐内。同时开启搅拌器和蒸汽电动球阀，当温度低于工艺温度时自动打开蒸汽电动球阀，当温度达到工艺温度时，自动关闭蒸汽阀。全部物料输入到罐内，搅拌 30min，自动停止。油相制备完成。

（7）蒸汽加热自动操作。在进行蒸汽自动加热之前，点击水、油相报警参数设置，进入水、油相报警参数画面（图 9-39）。根据工艺要求，对水相、油相、热水温度进行上、下限设定和上、下限延时设定。如工艺参数没有变化，计算机默认上次输入的值。报警数值是根据，不同的炸药配方和不同的工艺参数可以设置。设置的权利是一级用户掌握，他人无权设置。

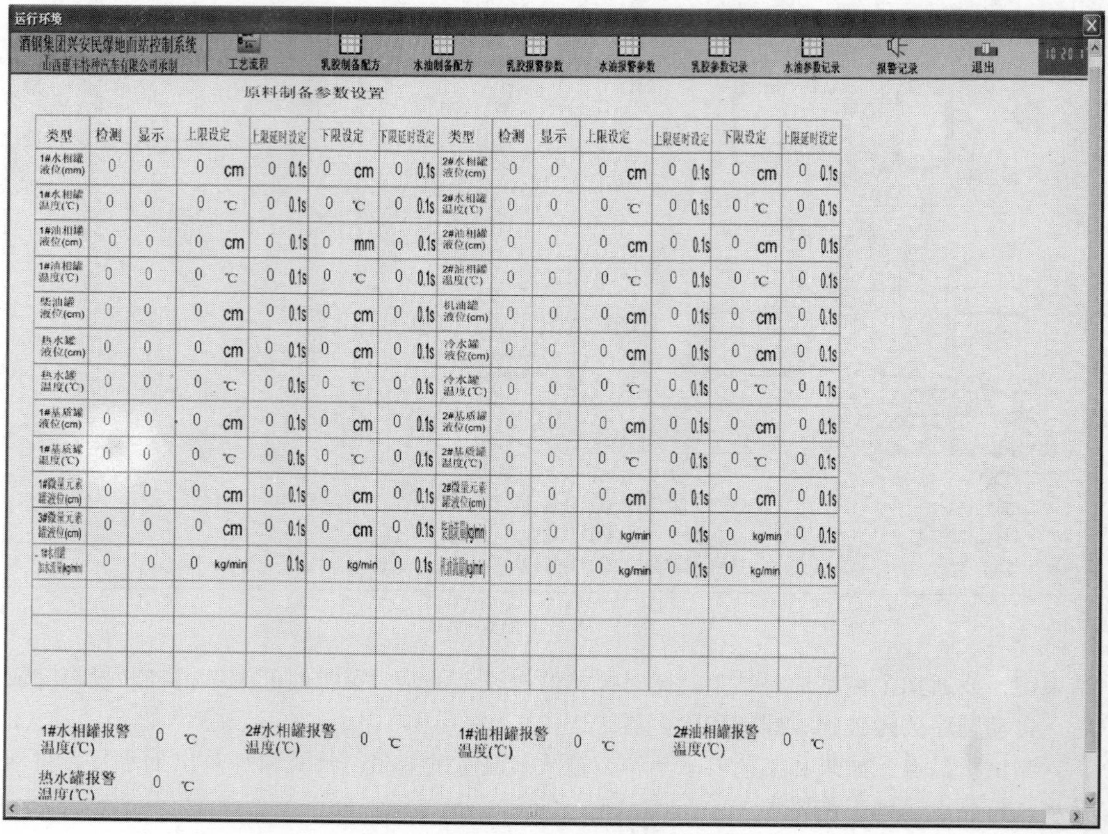

图 9-39　水、油相报警参数画面

报警温度的设置在此画面的下端，报警温度超过工艺温度。

点击工艺流程，返回工艺流程画面（图9-40），点击蒸汽加热系统，打开蒸汽加热部分按钮。

点击蒸汽自动——手动按钮，将按钮拨至蒸汽自动位置，系统自动判断各设置是否需要加热，根据现场实际情况，系统自动打开或关闭相应蒸汽阀。

系统在蒸汽自动加热状态下，对所有设备进行操作，如果某些设备暂时不需要操作，在蒸汽自动状态下，直接点击相应设备蒸汽按钮，使此设备蒸汽退出，不进行加热。

（8）乳胶基质制备自动操作。乳胶基质制备自动操作是该生产线的关键工序，在进行此项操作之前，点击乳胶制备配方，进入乳胶制备配方画面。输入油相、水相配比，如果配比没有变化，计算机默认原配比。输入制乳效率和制乳量。

点击制乳启动键，计算机按照工艺要求，油相泵、乳化器、水相泵、螺杆泵以及冷却或预热装置按工艺要求及延时的秒数顺序启动，开始制乳。

自动制乳开始后，计算机自动根据水相和油相配比对应的流量，质量流量计、油相泵、水相泵及相应的变频器自动跟踪形成闭环控制。乳化器、转速传感器和变频器自动跟踪形成闭环控制。螺杆泵、料位计和变频器自动跟踪形成闭环控制。三个控制环路，自我

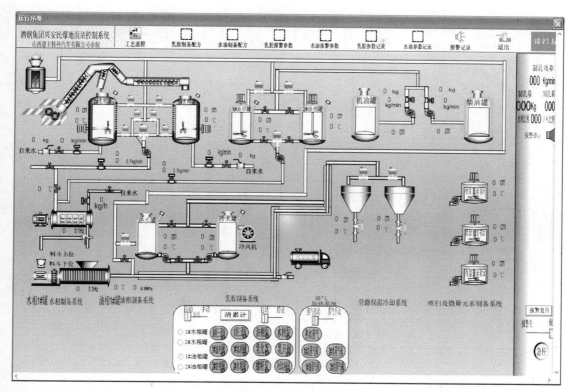

图 9-40 主控画面

跟踪，相互跟踪，保证了工艺参数稳定，从而获得了高质量的乳胶基质。

实际制乳量和预置制乳量先等时，制乳完成。按程序及延时秒数，停止水相泵、油相泵、乳化器和螺杆泵。自动进入吹扫程序，吹扫完成后，整个制乳过程结束。

（9）手动操作。在某些情况下，如设备检修等一些的特殊情况，设备需要手动操作。手动操作有两套按钮，一套设在电脑上，一套设在设备附近。

（10）其他。该生产线除具有以上关键设备和功能外，还具有以下辅助功能：

1）管路保温、冷却系统。为配合乳胶基质配方的不同，和爆破现场对这样使用要求，配制了热水罐和冷水罐。热水罐用于预热、保温，冷水罐用于冷却。在工艺画面中（图 9-41）点击管路保温、冷却系统，打开此部分按钮。直接点击相应设备按钮，相应设备开始工作，再次点击，停止此设备。

2）直接点击保温键，与保温有关的设备，如热出水阀、热水泵、热水回水阀开始工作。直接点击冷却键，与冷却有关的设备，如冷出水阀、冷水泵、冷回水阀、冷风机开始工作。

（11）吹扫（清洗）。此部分操作主要针对在制乳完成后，或制乳生产前，需要对管路进行清洁时使用，一般情况下，制乳完成后，会自动进入吹扫。

（12）敏化剂制备系统。此部分按钮还有敏化剂泵和搅拌，用户可根据情况随时点击操作。

此敏化剂部分操作，只要合上控制柜电源，用户在现场直接启动现场控制箱按钮就可操作，这点充分考虑到用户使用的方便性，同时又不造成安全方面的问题。

（13）故障和安全报警。该生产线具有一定的危险性，因此在安全方面，设置了多条

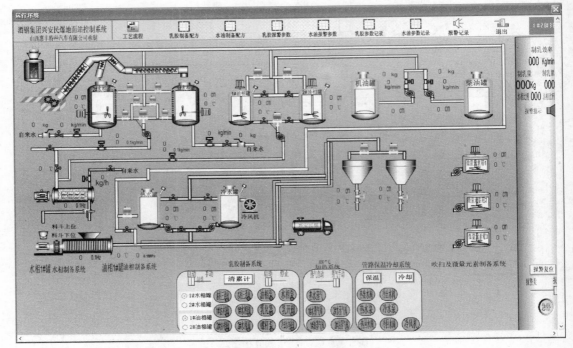

图 9-41 主控画面

安全防护，并结合专家自诊断系统，对故障进行分级。对一般性故障，只停止发生故障部分，其余部分不受影响继续工作。对于严重故障，计算机将对整条生产线所有设备做出停机处理。如：制乳时，计算机一旦检测到制乳器温度异常超温等，并且超限时间大于设定值。这属于严重故障，计算机会立即停止整条生产线所有设备，并在画面的右端给出发生故障停机原因，同时发出声光报警。

除采取计算机自动采集传感器信号自动进行处理，给出报警处理之外，为进一步加强系统的安全性，在现场所有控制箱、主控制室都设置有机械急停按钮，另外，在计算机上同时设有急停键，方便用户在紧急情况下停止整条生产线所有设备，同时发出声光报警。

为进一步加强安全管理，建立健全设备管理制度，增加系统的可追溯性，本系统计算机对各传感器信号进行动态和实时的工艺参数保存，用户可在需要时调阅分析。

为实现整条生产线的全过程监视，在主控室专门设计有一套监视系统，在主控室就可观察到所有车间内的情况并记录下来，可保存一年的信息。

E 设计目标及结果

（1）实现数字化控制，提高乳胶基质质量。首先提高原材料配料精度，从源头保证原材料的精度，才能保证乳胶基质质量。提高水相原料制备精度和油相原料制备精度，在控制程序上做了大量工作，主要从提高计算机计算精度方面入手，加入了浮点小数运算等新方法。油相制备过程与别的厂家一个显著的不同是，柴油和机油量全部由计算机进行控制，计算机对采集到的传感器信号进行分析、处理，然后做出判断。这项技术，不仅降低了劳动强度，而且大大提高了计量精度。

原材料制备精度提高后，乳胶基质生产中水相、油相的配比精度就是关键中的关键，也是该生产线中的关键工序。控制系统中为达到这一目标，水相、油相全部采用质量流量计。充分利用硬件上质量流量计的精确度，配合软件对流量计信号进行精确分析计算，然后将计算结果反馈给相应设备，指导相应设备进行相应处理。自动制乳开始后，计算机自动根据水相和油相配比对应的流量，对电动机自动调整，使得水相、油相配比精度达到0.1%，实现真正意义上的全闭环控制。如：水相、油相除检测断流外，同时检测水相和油相配比，几个指标有一个发生问题，计算机都会做出调整，当水相、油相配比误差不能保证产品质量时，会正常停机，进行自动吹扫程序，并显示出某一相有问题。从而保证了乳胶基质的质量。

影响基质质量的还有乳化器的转速。乳化器转速的高低将直接影响到乳胶基质的乳化效果和黏稠度等技术指标，是制乳工序中的关重技术。乳化器电动机、变频器和转速传感器形成闭环控制。由于配料精度的提高以及乳化参数稳定，炸药性能有了很大提高。《乳化炸药（GB 18095—2000）》标准规定，露天矿用炸药爆速为 4200m/s 以上。现在能达到5600m/s 左右（ϕ150×4PVC 管）。井下矿用炸药爆速为 4620m/s 左右（ϕ70×4PVC 管），殉爆 5cm。

（2）该生产线的设计目标提升安全性。该生产线采用的乳化器是在引进美国埃列克公司技术的基础上改进型新一代乳化器。

在控制方面由于该生产线安全连锁设计，层次复杂，专家诊断系统也更丰富、更精确。发生故障时，不是简单地给出哪个设备出现问题，而是进一步给出设备出现了什么问题，实现了真正意义上的高级专家自诊断系统。

这些技术的运用，提升和完善了生产线安全监控功能，满足超限声光报警、连锁停机、全线安全连锁控制等功能要求。

（3）该生产线的总体设计目标是提升生产线数字化自动控制水平为目标，生产过程中的所有工序，尽量去除人为因素。控制结果为除硝酸铵破碎需要人工以外，所有工序都是由计算机控制，全过程无需人工干预。该条生产线只要 4 人，1 人操作电脑、1 人巡视，两人破碎硝酸铵，加料。

（4）该生产线的一个突出特点是，各个分系统可分别进行工作，各系统相对独立，在水相制备的同时，可进行油相制备，也可进行制乳操作或其他操作，所有设备的启停直接反应到画面上，直观，清晰。

油相罐 1 号和 2 号，水相罐 1 号和 2 号，基质中转罐 1 号和 2 号以及预热、冷却任意结合。这也是该系统的又一个突出特点，灵活性很强。

（5）通过 2000 多吨炸药的试生产，在一条生产线上生产露天矿用和井下矿用两种不同配方、不同性能炸药是可行的。

F　展望

如果全部采用质量流量计，就解决了繁琐的标定程序。

有条件的情况下，以液体硝酸铵为原料，一条生产线只需要 1~2 人。

9.1.6　设备配置

地面站的建设一定要遵循地面站、混装车和散装炸药的规律。首先炸药感度要低，工艺要简单，设备要少，生产效率要高。散装炸药的功能由地面站和混装车共同分担。如果把包装炸药加工厂的设备、炸药配方和制造工艺搬到地面站来，那是很危险的。高感度炸药危险等级为 1.1 级，生产过程中是有危险性的，所以《民用爆破器材工程设计安全规范（GB 50089）》中要求用土堤把生产车间围起来。地面站、混装车混制的炸药为低感度炸药，乳胶基质必须通过《危险货物运输爆炸品认可、分项试验方法和判据（GB 14372）》第八组试验。联合国《关于危险货物运输建议书试验和标准手册》第五修订版，联合国《关于危险货物运输建议书规章范本》第十六修订版检测，为氧化剂，危险等级为 5.1 级，地面站按甲类防火级设计。

　　水相制备、油相制备、乳胶基质制备，敏化剂制备和多孔粒状硝酸铵上料装置，这是地面站的五大系统。选用不同功能的混装车，地面站配置不同的系统。生产纲领不同，配置不同生产能力的设备。合理选用设备，各系统生产能力匹配是设计者首要考虑的问题。用最少的投资，获得最大经济效益是投资者追求的首要目标。生产规模按照使用方炸药需求量而定。地面站如果服务于单一矿山，可考虑车上制乳型混装车，地面站以储存原料为主。也可以选用地面制乳高温作业工艺，省去地面站的冷却设备。如果矿山爆破作业采用预装药，地面站生产能力和混装车的数量可按均衡生产考虑，否则按一次最大爆破量考虑。如果地面站服务于多处爆破工程，地面站选址一般选在中心位置，选用地面制乳工艺，增加乳胶基质储存和乳胶基质运输设备。下面把著者建造过的地面站和不同生产能力地面站设备配置，及国内外一些地面站设计和设备配置不太合理等问题做一剖析，供设计者和投资者参考。

　　我国最早建设地面站是 1987 年，在美国埃列克公司专家指导下建设了本溪钢铁公司南芬铁矿、江西铜业公司德兴铜矿和山西平朔煤矿三座地面站。辽宁北台钢铁厂炸药厂地面站是国产化后我国自主建设的第一座地面站，年产乳化炸药 3000t。先后建设了贵州瓮福磷矿地面站、陕西金堆城钼矿地面站、鞍山钢铁公司齐大山铁矿地面站、鞍山钢铁公司大孤山地面站、鞍山钢铁公司弓长岭铁矿地面站、河北唐山司家营铁矿地面站、太原钢铁公司尖山铁矿地面站、太原钢铁公司峨口铁矿地面站、安徽江南化工厂地面站、浙江金安爆破公司地面站、酒泉钢铁公司镜铁山矿地面站，准格尔煤矿第一座地面站、广东南海化工厂地面站和非洲尼日尔等 30 多座固定地面站。这些地面站可分为三类：一类为袖珍型，有辽宁北台钢铁厂炸药厂地面站和陕西金堆城钼矿早期的矿地面站等，占地面积小，产能只有 2000~3000t，特别是陕西金堆城钼矿地面站是用旧炸药厂改造的，装料时混装车的车头都露在外面。第二类经济适用型，如酒泉钢铁公司镜铁山矿地面站和鞍山钢铁公司弓长岭铁矿地面站等，占地面积只有 180m² 左右，年产能单班为 6000~8000t，生产工人只有 4 人。第三类为豪华型，如鞍山钢铁公司大孤山地面站和安徽江南化工厂地面站等。鞍山钢铁公司大孤山地面站丁字形排列，硝酸铵从库房用皮带机输送到破碎机旁边，工人投料很方便。安徽江南化工厂地面站一字形排列，建设的像一座体育馆。这两座地面站主要功能和辅助功能特别齐全，设计新颖，建筑选材讲究，花岗岩铺地，穿电缆管都选用不锈钢材质。全过程计算机控制，单班产能可达 120t。

　　地面站选址时最好利用地形差，阶梯式排列，破碎机安装在上一平台，破碎后的硝酸铵用溜槽自动流入水相制备罐内，储存罐可放在第三层，制备合格的水相溶液可自流到储存罐内。最少也要有两层台阶，制备合格的水相溶液用泵入储罐内。太原钢铁公司尖山铁矿地面站和北台钢铁厂地面站破碎后的硝酸铵就是用溜槽流入水相制备罐内。其余地面站虽然有台阶，但高度不够，还是用螺旋上料机把破碎后的硝酸铵输送到水相制备罐内。特别是乳化剂流动性很差，添加系统如利用地形差可自流的方法添加，非常方便。

安全连锁装置一定要完毕，工作可靠，定期检测。

提倡选用液体硝酸铵配制水相溶液，节能环保，用人少。

提倡全过程计算机控制。实现数字化，自动化，现场实现无人化。

提倡用质量流量计，省去了繁琐的标定程序。

提倡设备大型化，规模化生产，高效率，大产能。取消小而散，一点建站，多点配送。

提倡采用除尘、消声设备，进行人性化设计。

9.1.6.1 几座地面站剖析

A 俄罗斯卡其卡纳尔瓦纳基采选联合公司

俄罗斯卡其卡纳尔瓦纳基采选联合公司 2000 年，建设了年产 35000t 的重乳化炸药地面站，其中乳胶基质占 80%，28000t。多孔粒状铵油炸药占 20%，7000t。矿山采用预装药工艺，均衡生产，每天矿山装药 125t，需要乳胶基质约 100t。地面站为俄方自形设计、建设，技术由圣彼得堡大学一位化工教授提供。购买了山西惠丰特种汽车有限公司 BCZH-25 型（载料量 25t）现场混装重铵油炸药混装车 4 台，2000 年交付 2 台，2003 年交付 2 台。混装炸药比例为 8：2（乳化炸药：多孔粒状铵油炸药）的重乳化炸药。

水相制备设备有：水相制备罐用两台 4.6m³ 反应釜，轮流工作，每釜制备水相溶液 6t。水相储存罐 10m³ 一台，水相倒料泵一台。制备工艺是这样的：仓库内有 10 座容积 100t 的钢制料仓，火车把粒状硝酸铵运到厂区，用斗式提升机将物料提升到钢制料仓顶部的皮带机上，均匀地分别加装到 10 座钢制料仓内。10 座钢制料仓下部安装一台皮带电子秤，当皮带电子秤运动时粒状硝酸铵均匀地流到皮带机上（料仓出料口可调），运往水相制备罐内，加到量自动停止。然后加温、搅拌、溶解。手工加硝酸钠等原料。经过分析、化验合格后用倒料泵将水相溶液输送到水相储罐内。制作两釜需要 1h，12t，如除去一些辅助时间，单班制生产，能力缺少 10% 左右。水相储罐只有 10m³。乳化系统，没有设乳胶基质储罐，每车需要 1.5h，第四台车需要下午 2 点才能上山装药，水相制备能力不足。根据上述状况，地面站采取了以下改造措施：增加了热水罐，提高了溶化效率。又增设了一台 60t 水相储存罐；其中有一台车上两次山，即装两车，其余各一车，每天四台车装 125t 炸药，满足了矿山生产需要。

油相有三种原料制成，分别是乳化剂、柴油和一种润滑油，分别储存在三个 20m³ 卧式金属储罐内，油相罐为 10m³。有三台泵按比例泵入油相罐内，加热并搅拌均匀即可。

敏化剂制备罐 5m³，将水和亚硝酸钠加入敏化剂制备罐内，加热并搅拌均匀即可上车。

乳化器安装在加料间的二楼上，乳化能力 15t/h，电动机 30kW。把车开到加料间，一边乳化一边装车。

多孔粒状硝酸铵上料装置在异地另建。

对该地面站整体评价：

（1）水相制备罐太小，加水、加料、化验、倒料忙个不停。应配 30t 制备罐两台，每班各生产两罐，与 60t 水相储存罐匹配。

（2）地面站功能齐全，布局合理，办公室、各厂房都用廊道相连，适合高寒地区设计规范。虽然没有电脑控制，但机械化、自动化水平还比较高。地面站员工共计83人，其中：原料制备13人、混装车司机及操作工4台车10人、供热4人、其余为领导、秘书、化验、小车司机以及车、钳、铆、焊、电、检修等辅助人员。

（3）钢制料仓，设计新颖，加料用皮带秤应提倡使用。

（4）除尘、换气功能非常好，车间内闻不到硝酸铵和油的气味。

（5）检修非常到位，车间内没有一点跑冒滴漏。

B 重庆顺安化工有限公司

山西惠丰特种汽车有限公司2010年为重庆顺安化工有限公司建造了两套液体硝酸铵储存及自动添加系统（在水相制备一节中已有介绍）。液体硝酸铵储罐容积45m³，采用地形差自流的方式向水相制备罐内加料，加料全过程由计算机控制。加料程序是：计算机输入添加的量，并发送到现场的LED显示屏上。启动按钮打开电动球阀，液体硝酸铵通过流量计，输入水相制备罐内，显示屏上的数字倒计数为0时，自动停止。打开蒸汽阀，吹扫管路，加料完成。计算机放在一楼配电室内，启动按钮在三楼配料间，手动吹扫阀安装在液体硝酸铵储罐现场。一楼置数，上到三楼按下启动按钮，输完料后再到储罐现场打开吹扫阀，一天上下重复18次，非常不方便。原因是设计不合理，但解决的方法很简单，把计算机和启动按钮都放在三楼操作间，再把吹扫手动阀更换为电磁阀即可。

消防灭火系统有三处设计不合理：第一，应该选用电磁阀，不应选用电动球阀。电磁阀开启时间只有1~2s，而电动球阀开启时间是26s左右。第二，系统接线箱和电磁阀不应安装在着火点上，一旦着火烧坏电线，后果可想而知。第三，电磁阀不应该安装手动旁通阀，如果发生火灾没有人敢去开旁通阀。控制原件不应该安装在容易着火的场所。

9.1.6.2 地面站的设备配置

表9-5为国内典型的几个乳化炸药地面站设备配置。表9-5中所列均为单班制生产，扩大产能只要加大供气量即可。

表9-5 国内典型的几个乳化炸药地面站设备配置

	项 目	3000~4000t	6000~8000t	15000t	20000t	30000t
	单班生产能力/t	15	30	60	80	120
水相设备	破碎机（PGC-400）	1台				
	螺旋上料机（φ219）	1台				
	破碎机（PGC-500）		1台			
	破碎机（PGC-600）			1台		2台
	除尘器（CCJ/A-7）		1台			
	除尘器（CCJ/A-10）				1台	
	螺旋上料机（φ299）		1斜1平（1斜入口带叉）			2台
	倒料泵		1台			2台
	水相制备罐	15m³1台	15m³2台	25m³1台	15m³2台	25m³2台
	水相储存罐			45m³1台	25m³2台	45m³2台
	热水罐	5m³1台	5m³1台	10m³1台		

项　目		3000～4000t	6000～8000t	15000t	20000t	30000t
油相设备	机油储罐	5m³1 台			10m³1 台	
	柴油储罐	5m³1 台			10m³1 台	
	油相制备罐	1.5m³1 台	1.5m³2 台	5m³1 台	5m³1 台	5m³2 台
	柴油泵（KCB-83.3）	1 台				
	机油泵（KCB-83.3）	1 台				
	乳化剂添加装置	1m³1 台				
	制乳系统	制乳量 8～18t/时 1 套（包括以下 4 种设备）				
	水相计量泵（130）	1 台				
	油相计量泵	1 台（KCB-18.3）				
	乳化器（RHQ-10C）	1 台				
	乳胶泵（螺杆泵）	1 台				
	冷却塔	1 台，水的流量根据制乳量和温度差确定				
	乳胶储罐		15m³2 台	25m³2 台	35m³2 台	45m³2 台
敏化剂制备设备	敏化剂箱	0.3m³1 台	0.3m³2 台	0.5m³1 台	0.5m³2 台	0.5m³2 台
	敏化剂泵/台	1	2	1	2	2
	自动控制系统/套	1				

　　表 9-5 中设备配置仅供参考。地面站分地面制乳和车上制乳两种，车上制乳型地面站，没有制乳设备，不设乳胶基质储罐，但要设水相、油相储罐。地面制乳型地面站，一般不设水相、油相储罐，但要设乳胶基质储罐，特别是大型地面站。还有配乳胶基质运输车等。

　　年产 3000t 地面站建在辽宁北台钢铁厂地面站和陕西金堆城地面站等；年产 6000t 地面站建在酒钢等；年产 10000～15000t 建在弓长岭、唐钢等；年产 20000t 建在浙江金安爆破公司等；年产 30000t 建在鞍钢齐大山、安徽江南化工厂等；江西德兴铜矿在上述设备的基础上增加到 3 台 60t 水相储存罐，年产 40000t 以上。

9.1.7　地面站与周边相关建筑物的安全距离

　　为便于设计者、建设者和相关工程技术人员方便地了解地面站与周边相关建筑物的安全距离，本节把《建筑设计防火规范（GB 50016—2006）》中相关条款摘录如下：

　　（1）根据 3.4.1 条的规定，甲类厂房间（动力车和原材料制备车）的防火间距不小于 6m（设计方案审查时专家按 1 确定）。与民用建筑的防火间距不小于 25m。与室外变电站、变压器和大于 50t 的油库的防火间距不小于 25m。

　　（2）根据 3.4.2 甲类厂房与重要公共建筑物之间的防火间距不应小于 50m，与明火或散发火花地点的防火间距不应小于 30m。

　　（3）根据 11.2.1 甲类厂房、甲类仓库，可燃材料堆垛，甲、乙类液体储罐，可燃、阻燃气体储罐与架空电力线的最小水平距离不应小于电线杆（塔）高度的 1.5 倍；丙类液体储罐与架空电力线的最小水平距离不应小于电线杆（塔）高度的 1.2 倍。

（4）根据4.3.4甲类物品仓库（储存600t）与建筑物（移动地面站）防火间距12m。

（5）甲类物品仓库（储存600t）与甲类物品仓库（储存600t）防火间距20m。

（6）根据3.4.3的规定，甲类厂房与下述地点的防火间距不应小于下列规定：

1）厂外铁路线中心线30m；

2）厂内铁路线中心线20m；

3）厂外道路路边15m；

4）厂内主要道路路边10m；

5）厂内次要道路路边5m。

（7）根据4.2.9的规定，甲丙类液体储罐与下述地点的防火间距不应小于下列规定：

1）厂外铁路线中心线30m；

2）厂内铁路线中心线20m；

3）厂外道路路边15m；

4）厂内主要道路路边10m；

5）厂内次要道路路边5m。

（8）根据4.2.2丙类液体储罐间距，固定顶罐：地上式0.4D（D表示罐的直径），半地下式和地下式不限；卧式储罐不小于0.8m。

9.2 移动式地面站

移动地面站没有固定建筑物，将固定地面站设备浓缩，小型化，装在几辆半挂车上，一次投资多次使用，多地漫游。主要用于相对服务时间短的水利、电力、公路、小型采矿等爆破工程。

随着市场经济的发展，一些专业爆破公司相继成立，他们流动性大，工程时间短，固定式地面站已无法满足他们的需要。这样就必须用移动地面站来满足他们的要求。

2001年6月22日在江苏连云港首套移动地面站通过国防科工委的鉴定。鉴定委员会认为："移动地面站属国内首创，达到国际先进水平。"

现在已广泛用于湖北、广东、浙江、四川、广西、河北、内蒙古、新疆等地的爆破工程。2006年6月6日三峡围堰拆除用的就是这套设备。移动地面站已成为国内的一种畅销产品。

移动地面站的组成如图9-42所示，它主要由动力车、原材料制备车、生活车、牵引车、硝酸铵运输车、油罐车、工具车、手推式干粉灭火器等组成，这些设备中动力车和原材料制备车是必备设备，其余根据用户需求，有不同的配置。

9.2.1 BYDD-0.5型动力车

型号表示说明：B表示类别，YDD表示移动地面站。0.5自带锅炉的产气量为0.5t/h。

动力车如图9-43所示，是移动式地面站汽、电、水的供应中心。装有0.5t/h燃油锅炉一台，40kW柴油发电机组一台，水处理设备一套。附设有检修间、配电间和化验室等。

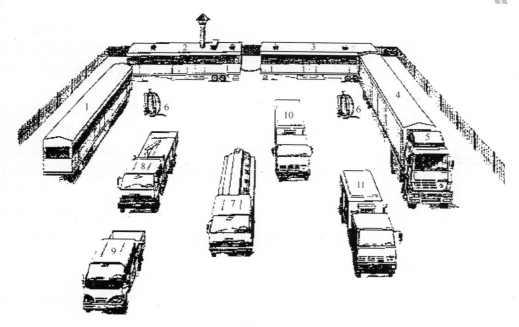

图9-42　移动地面站配置

1—生活车；2—动力车；3—制备车；4—运输车；5—牵引车；6—手推灭火器；

7—油罐车；8—工程检修车；9—工具车；10，11—装药车

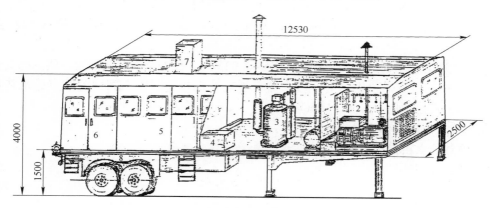

图9-43　动力车结构

1—发电机；2—配电柜；3—锅炉；4—水处理装置；

5—淋浴间；6—乳化剂预热间；7—柴油箱；8—半挂车

9.2.1.1　供汽

装有一台型号为 LSS 0.5-0.7-Y 型燃油锅炉，它具有体积小，自动化程度高等特点。就位找正，接通管路、电源、点火后 3～5min 达到供汽状态。

LSS 0.5-0.7-Y 型燃油锅炉主要技术参数见表9-6。

表9-6　**LSS 0.5-0.7-Y 型燃油锅炉主要技术参数**

额定蒸汽量/t·h⁻¹	热动力/kW	额定蒸汽温度/℃	燃油量/kg·h⁻¹	锅炉效率/%	锅炉本体质量/kg
0.5	372	170	34	>88	1500

　　该锅炉是贯流式锅炉，按锅炉使用说明书安装，检测完毕后，启动前还须重复检查一次。即可启动给水泵加水到正常水位，再按自动点火按钮，燃烧器上有一视火孔供观察火情用，如点火失败再按自动点火按钮重复点火一次。如果再点火也失败，应停止点火检查原因。为了防止误操作，禁止选用手动点火。

　　将风门调整到合适的开度，直至锅炉不冒黑烟为止，但也不宜开得过大。过剩空气太多会影响锅炉热效率，当 CO_2 含量为 10.5% ~ 12% 时为最佳状态。风机和油泵的投入次序已在自控系统中考虑到，小火和大火具有不同的风门和开度。风门开度的切换应调整到与投油的切换相同步，只要按一次点火按钮，一切将自动进行，应避免按手动方式启动。

　　A　煮炉

　　锅炉调试前首先应进行"煮炉"，可在水压试验以后正式投入运行之前进行。煮炉应按"煮炉方法"进行，煮炉后再上水、放水重复数次直至排水中无铁锈、污物为止。水位计要同时冲洗。

　　B　系统检查

　　完成以下试运行就可以投入正式运行，在投入正式运行前，对操作人员要从严要求，必须持有劳动部门认可的司炉工操作证，并掌握有关电工知识。

　　(1) 打开分汽缸疏水阀排汽暖管，当压力升到 0.2 ~ 0.3MPa 要求保持压力进行检查。

　　(2) 检查各法兰连接处有无泄漏现象，发现缺陷、泄漏则应停炉处理。

　　(3) 打开排污阀，使水位降到极限低水位，试验低水位连锁保护是否动作正常。

　　(4) 保持压力在用户的控制压力 0.7MPa，观察有无泄漏。在全自动状态下试运行，直到确认满意为止。

　　(5) 把压力调节器的压力调到 0.7MPa+0.02MPa，作安全阀起跳试验。实际的安全阀起跳压力不得超过《蒸汽锅炉安全技术监察规程》的规定。安全阀试验结束后重新把压力调节器调回到控制压力 (0.7MPa)。

　　(6) 每班启动前都要检查以下项目：

　　1) 检查给水箱存水量；

　　2) 检查日用计量油箱存油量；

　　3) 化验给水硬度。

　　C　启动

　　(1) 打开锅炉电源开关，电源指示灯亮，同时试验超压、超温声光报警，按消声按钮。

　　(2) 手动给水到正常水位，转入自动控制到停泵。

　　(3) 打开启动按钮，燃烧器进入自动控制状态。

　　D　停炉

　　(1) 关闭停烧按钮，燃烧器停。

　　(2) 当蒸汽压力降至零时，关闭电源。

　　(3) 关闭给水阀、燃料阀、主蒸汽阀。注意：夜间锅炉内成为负压，会吸入水，因此务必确认关闭主蒸汽阀、给水阀。

　　(4) 若有结冰可能时，为避免锅炉及机器的损伤，要进行排水。

E 锅炉定期保养

锅炉定期保养，见表9-7。

表9-7 锅炉定期保养表

保养项目	施行方法	保养周期
储油槽过滤网	清洗	每3个月1次
油过滤器	分解并以清洗	每3个月1次
油泵过滤网	分解并予以清洗	每年1~2次
燃烧机喷嘴	分解并予以清洗	每月1次
雾化板	清洗	每月1次
点火棒	清洗	每月1次
光敏管	清洗	每月1~2次
软水测试	取水样自行测试	每天1次
炉水检测	取水样送锅检所化验	每月1次
锅炉排污	自行施行	每班1次
水位控制装置之电击棒	将锅垢清除并测试	每月1~2次
罐体内部的沉泥锅垢	开启检查孔检查	每3个月1次

F 水质管理

用户必须严格控制给水指标，严禁不合格水进入锅炉，水质指标应执行《低压锅炉水质标准（GB 1576—2008）》，见表9-8。

表9-8 低压锅炉水质标准

蒸汽压力 ≤ 1MPa	悬浮物 /mg·L^{-1}	总硬度 /mmol·L^{-1}	pH 值 （20℃）	含油量 /mg·L^{-1}	溶解氧 /mg·L^{-1}	溶解固形物 /mg·L^{-1}
给水	<5	<0.03	>7~9	≤2	≤0.1	≤4000

该锅炉配套的全自动水处理设备是一种钠离子交换软水装置，该装置的作用在于去除水中的钙、镁离子，防止炉内结水垢，用户必须根据随机提供的水处理说明书进行操作和维护。

锅炉运行时至少每班进行一次给水采样化验，根据给水指标的实际情况进行操作。

该锅炉提供的水处理设备适用于一般地区的自来水。对于原水硬度较高的地区应在订货时声明，以便合理配备水处理设备的容量，使用河水或杂质较多的原水时，必须在进入水处理设备之前加设滤水装置，以保护锅炉的正常运行。

用户不要在现场存放水处理用的树脂，以免树脂破损或脱水。

G 锅炉的排污

（1）该锅炉容积较小，炉水浓缩较快，所以必须严格按《低压水质标准（GB 1576—1996）》进行炉水检测，每班至少进行一次炉水采样化验，采样可取水位计的放水。

（2）根据水质情况进行定期排污操作，至少每班一次。排污时应先把水位提到最高。在较低水位时排污可能导致低水位保护动作而停止燃烧。如发生这种情况，一般不会构成危险，可再次点火燃烧。

（3）锅炉排污操作可在正常压力下进行，一般应在切换压力以上进行排污，以免压力骤降，停止燃烧。

（4）周末、节假日，停炉后需要排空炉水，可在压力降到0.2MPa后打开排污阀放水。

H 锅炉给水处理

（1）给水虽经软化处理，仍会留有残余硬度，因此必须进行锅内加药处理。为了减少向锅内投药的费用，用户给锅炉加水，水质必须符合《工业锅炉水质标准（GB/T 1576—2008）》。

（2）供锅炉处理的药剂可根据药剂说明用量，直接投放到软水箱或另一个加药水箱，滴流到给水泵入口管中，也可使用电磁计量泵，加药剂从给水泵入口管处进入锅炉。

（3）使用药剂后所增加的泥垢沉积，应适当增加锅炉排污，使用方法见药剂使用说明书。

I 清洗

锅内清洗，因锅炉给水品质不良，运行时很快就会在炉管上结垢，使传热热阻增加，降低热效率，排烟温度上升，而且还会造成水管局部过热，降低水管的机械强度，导致水管破裂，所以进行锅内清洗。一般应每年进行一次锅内清洗。这种清洗必须请当地有清洗资质的专业单位进行。

J 注意事项

（1）该锅炉额定压力为0.7MPa，为防止锅炉压力在运行时产生操作不正常及蒸汽带水现象，用户使用时设定压力必须在0.7MPa左右，如确需低压运行，建议用户可以在系统中加减压阀，把工作压力降到所需的压力。

（2）给水系统。要求供原水（自来水）的容量应大于所配锅炉的总额蒸发量，原水的压力需满足0.2~0.5MPa的范围，如不能满足此要求，必须配置增压泵或减压阀。所有给水管道应尽量少用弯头，水处理设备及其他配套附件的安装必须严格按有关说明书进行。

9.2.1.2 供电

采用国家电网供电和柴油发电机组供电双电源，自带40kW柴油发电机组一套。这种发电机具有调压精度高、电压波形畸变小、运行可靠等特点。

40GF型柴油发电机组主要技术参数见表9-9。

表9-9 40GF型柴油发电机组主要技术参数

型号	功率/kW	稳定电压调整率/%	电压/V	频率/Hz	电压波动率/%	柴油机功率/kW（hp）
40GF	40	<±5	400	50	<1.5	49.2（66）

9.2.1.3 供水

供水可采用自来水和地表水双水源，可附带一套地表水综合净化设备，集絮凝、吸附、沉淀、过滤、淡化、消毒为一体。占用空间小，安装简便，易于维修，便于使用。

地表水处理装置主要技术参数见表 9-10。

表 9-10 地表水处理装置主要技术参数

型号	产水量 /m³·h⁻¹	外轮廓尺寸（直径×高）/mm×mm	原水标准	净化水质标准
FDDI	0.5～3	φ1200×1500	pH 值为 5～9.5，浑浊浓度 4000 以下，符合《中国地面水环境质量标准（GB 3838—2006）》	符合国家卫生部颁发的《城市居民饮用水标准（GB 5749—2006）》

9.2.1.4 乳化剂预热间

预热间采用双层结构，中间注有保温材料，屋内安装有加热器和乳化剂泵送装置，一次可预热 8 桶（1600kg）。

9.2.1.5 化验室

车上设有化验室，化验室内设有化验台、化验仪器和监视设备等。

9.2.1.6 乳胶基质制备系统

乳化器采用引进美国技术生产的乳化器。它具有转速低、间隙大、产能高、材质采用钢铝组合，具有安全程度高等特点。

油相、水相配比跟踪，计算机控制。配比准确，炸药能量得以充分发挥。和固定地面站工艺相同，本节不做详细介绍。

9.2.1.7 动力车的运输

运输时车厢顶上的锅炉烟筒、柴油箱，柴油发电机排烟筒等零件拆下放在车内，用牵引车拖挂。

9.2.2 BYDZ-4 型原材料制备车

型号说明：B 表示类别，YDZ 表示移动地面站原材料制备车，4 表示单班制年生产能力为 4000t。

原材料制备车如图 9-44 所示，是移动式地面站的核心设备，车上装有破碎机、螺旋上料机、水相溶化罐、水相泵送装置、油相罐、油相泵、微量元素箱和微量元素泵等设备。

主要设备型号及技术参数如下：

（1）破碎机。

1）型号：PGC-400A。

2）破碎效率：4～6t/h。

3）喂料块度：600mm×400mm×400mm。

4）破碎粒度：不大于 43mm。

5）电动机功率：11kW。

（2）螺旋上料机。

1）叶片直径：200mm。

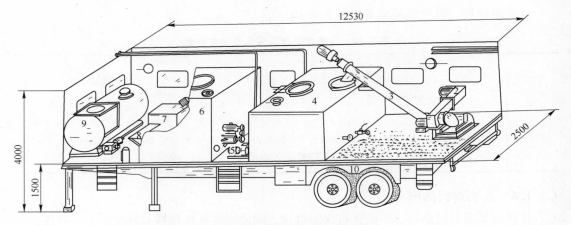

图 9-44 原材料制备车结构

1—破碎机；2—除尘器；3—上料机；4—水相制备罐；5—水相泵送装置；
6—储存罐；7—微量元素罐；8—操纵台；9—油相罐；10—半挂车

2）螺距：150mm。

3）输送效率：8t/h。

4）电动机功率：3kW。

（3）水相制备（储存）罐。内衬为不锈钢板焊接而成，外层为铝板铆接而成，中间有保温材料，还装有搅拌器、液位计、温度计、加热器。有效容积为 6.8m³。溶化效率为 2.7t/h。

水相储存罐和水相制备罐结构基本相同，容积为9m³。

（4）油相罐。油相罐用普通钢板焊接而成，装有液位计、搅拌器和加热器。有效容积为2m³。

（5）微量元素（敏化剂）系统。微量元素罐用不锈钢板焊接而成，装有搅拌器、泵送装置。有效容积为0.3m³。

（6）乳胶基质制备系统。乳化器采用引进美国技术生产的乳化器。它具有转速低、间隙大、产能高、材质采用钢铝组合安全程度高等特点。油相、水相配比跟踪，计算机控制。配比准确，炸药能量得以充分发挥。

（7）自动控制。地面站电气和仪表控制系统拟采用 PLC 进行控制，所有设备的启动、停止及工艺信号采集均由 PLC 按工艺要求自动完成，配有两台计算机，一台为控制；一台用于监视系统。进行显示和操作，除必要的加料工人外，其余岗位均无需人员现场操作。生产时，计算机操作员将当日（次）生产量输入计算机，计算机会根据配方计算出应加的各原料数量，并将计算结果显示在现场的显示屏上，指导现场加料工人操作。工作时，在计算机上用鼠标点击启动，相关设备会按程序顺序启动进入正常工作，在动画图上显示出来。当某设备发生故障时，控制系统会声光报警自动停机，并立即在显示屏上报出故障原因。某一物料超过料位时，控制系统也会自动停止加料，所有设备均设有计算机自动控制系统和手动控制两种控制方式。手动设有两套按钮，一套设在计算机上；一套设在工作现场。

乳化器和乳胶泵都设有超温、超压、断流报警停机等紧急安全措施。

9.2.3　硝酸铵运输车

一般一套移动地面站配两台硝酸铵运输车，实际为厢式半挂车，一车可装 40t。硝酸铵运输车左右和后面开门，前面有进风口，左右和后面开有百叶窗，车厢内通风。硝酸铵运来后把后面打开，正对破碎机。两辆车轮换运输，既是仓库又是运输车。

9.2.4　炸药

生产出的炸药符合 GB 18095—2000 的要求或满足各种特殊工程的要求（详见第 11 章）。

9.2.5　安全与消防

移动式地面站有关安全与消防，符合《民用爆破器材工厂设计安全规范（GB 50089—2007）》中 14.2.3 款和 14.2.4 款的规定：移动式辅助设施站区内和外部距离可执行现行国家标准《建筑设计防火规范（GB 50016—2006）》的有关规定；移动式辅助设施消防设计应符合现行国家标准《建筑设计防火规范（GB 50016—2006）》的有关规定。

移动式地面站内设计不附建爆破器材库，爆破器材仓库按照《小型民用爆破器材仓库安全标准（GB 15745—1995）》异地另建。

移动式地面站中有三处容易发生火灾的场所：

（1）燃油锅炉，柴油箱按《锅炉设计规范（GB 50041—92）》中的第 3.2.22 条的规定，不超过 $1m^3$，设计一个为 $0.5m^3$，一个为 $0.4m^3$，两个计 $0.9m^3$。柴油的闪点为 65℃，火灾危险分类为丙类。

（2）油相原料，当加入乳化剂和其他油相组分时，闪点比柴油更低，火灾危险分类为丙类。

（3）硝酸铵，硝酸铵是一种氧化剂，火灾分类为甲类。

移动式地面站按甲类防火进行设计。

车辆全部用非燃烧体材料和阻燃材料制成，电动机采用防爆型。选用的燃油锅炉采用高效燃烧器，燃烧完全，称无明火锅炉。柴油发电机增设了消声消焰器也无明火。

消防，设室外消火栓，水泵水量 15L/s。

依据《建筑灭火器配置设计规范（GB J120—2008）》按严重危险级 B 类火灾，选用了两具手推式 35B 干粉磷酸铵盐灭火器。每辆车上又配置了手提式 12B 干粉磷酸铵盐灭火器。

9.2.6　防静电与避雷

根据《民用爆破器材工厂设计安全规范（GB 50089）》中 14 款的规定：移动式辅助设施防雷设计应符合国家标准《建筑物防雷设计规范（GB 50057—2010）》中二类防雷要求的相关规定。由于最高危险等级为防火甲，防火甲二类避雷，防静电与避雷采用同一接地极。每一个车上设两个接地极，具体做法是采用 L50mm×50mm×5mm 角钢，2.5m 长打入地下，再用 25×4m 扁钢连接车底与角钢，车内所有金属设备都和车底相连，使其接地电阻不大于 10Ω。每一个车上还有一根接地链条。

9.2.7 环境保护

移动式地面站的设计对环境保护采取了以下措施：

（1）废水处理。乳化炸药的原材料在制作过程中排放的废水极少，只是有一些冲洗地板的废水。每一辆车上都设有污水收集箱，集中排放。

（2）在硝酸铵破碎间设立了除尘装置。每个工作间内设有轴流风机通风换气。

（3）柴油锅炉大气污染极小，噪声低。

9.2.8 变形设计

根据不同的客户、不同的爆破工程以及不同的炸药量可进行变形设计。

（1）河南前进化工厂为栾川钼矿装药服务，地面站要求单班制生产8000t炸药。做了四处改动：1）燃油锅炉由0.5t/h改为0.8t/h；2）制备车上的水相储存罐也改为水相制备罐，一台斜螺旋和一台横螺旋把破碎机和两台水相制备罐连接起来，两套轮番制备水相，效率提高了一倍；3）新建了一台60t水相储罐；4）加大油相罐为5m³。满足了单班制生产8000t炸药需求。

（2）老挝普比尔金矿地面站增加了乳胶基质储罐，并增加了一套冷却装置，如图9-45所示。左面为动力车，右面为原材料制备车，中间钢构架上的为乳胶基质储罐，每一台容积为15t。

图9-45　老挝普比尔金矿地面站增加了乳胶基质储罐

9.3　现场混装多孔粒状铵油炸药车上料装置

现场混装多孔粒状铵油炸药混装车是无水炮孔混制和装填炸药广泛采用的设备，为缩短辅助时间，提高装车效率，地面站应建设多孔粒状硝酸铵上料装置。随着混装车的发展，各种各样的上料装置也发展起来。有的利用螺旋上料机加料；有的利用气力输送方式加料；有的利用地形加料等等。多孔粒状硝酸铵的包装也有了很大变化：有40kg一袋的小包装，1000kg一袋大包装和散装等。大包和散装不仅节约了包装费用，而且大大提高了装车、开包和装料效率。国外多数采用吨袋包装和散装运输，而我国还多数采用40kg小包装，而出口的粒状硝酸铵多数为吨袋包装，如山西天脊化肥厂即是这样。

下面把国内外广泛采用的几种上料装置做一介绍，供多孔粒状铵油炸药混装车用户根据各自具体情况、因地制宜，选择合理的上料装置。

9.3.1　螺旋上料装置

螺旋输送机是一种用途较广泛的粉粒状物料输送设备。采用管式螺旋，可水平及倾斜输送。倾角可在 0°~90°任意选择。一般倾角在 45°以下为好，长度在 5m 以下可以在中间不加吊架轴承，最长不超过 6m。

当螺旋转动时，加入槽内的物料，由于自身的重力作用，不能随着螺旋面旋转，但受到螺旋的旋转作用向一方推进，就像螺栓上的螺母一样做直线前进运动，起到了输送的目的。

螺旋输送机一般是由料斗、外壳、轴和装在轴上的叶片组成。外壳上一般上、中、下设三个观察口，下部设有排料口。本螺旋输送机采用不等距螺旋，克服了堵料现象。出料口处装有卸料板，起到了防止物料输送到轴承内的现象。材质全部用不锈钢制成，解决了硝酸铵的腐蚀问题。

9.3.1.1　不设料仓的螺旋上料装置

不设料仓的螺旋上料装置构造简单，适用于一些小型爆破工程。螺旋输送机构造简单，占地较小，输送效率高，容易做到密闭，管理和操作都很简单。其缺点是：对多孔粒状硝酸铵有所磨损，螺旋越长磨损越大。在我国福建某军事工程、南海化工厂、瑞典诺贝尔公司炸药厂等都在使用。

常见的螺旋上料装置有三种形式，如图 9-46 ~ 图 9-48 所示。图 9-46 和图 9-47 所示为一台斜螺旋上料机，第一种仓库的地面高出路面 120mm，第二种仓库地面高出路面 1200mm。在这两种安装方式中，推荐第二种安装方式，螺旋倾斜角度小，有利于上料。卸车方便，打开货箱和库房地面在一个水平上。设单梁吊车主要用于吨袋大包硝酸铵。这

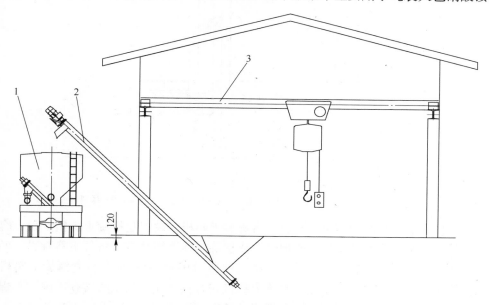

图 9-46　螺旋上料装置

1—混装车；2—螺旋上料机；3—单梁吊

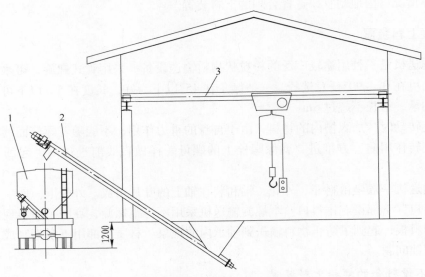

图 9-47　螺旋上料装置

1—混装车；2—螺旋上料机；3—单梁吊

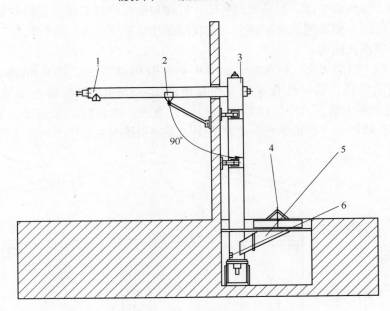

图 9-48　螺旋上料装置

1—平螺旋；2—平螺旋支架；3—立螺旋；4—开包器；5—漏斗；6—排料口

两种上料螺旋优点就是结构简单，只有一台螺旋上料机，缺点是螺旋上料机太长，容易造成螺旋本体和螺旋外壳摩擦，这样不但会造成螺旋本体磨损严重，备件更换频繁，而且会把多孔粒状硝酸铵磨碎，影响炸药质量。第三种为图 9-48 所示的一台立螺旋上料机和一台平螺旋输送机组合而成的，一般立螺旋上料机安装在多孔粒状硝酸铵仓库内，平螺旋伸到墙外，混装车停到出料口下面。两套螺旋的长度都控制在 5m 以内，前两种螺旋上料机的弊病都会克服，近年来这种上料装置应用较为广泛。传动方式有液压和电动两种：液压传动需要一台配电柜、一套液压泵站、一台液压控制装置和两台液压马达组成，比较复杂。上料速度来调整马达的流量控制阀，使马达达到不同的转速，而获得不同的输送效率。电动机传动只需要一台配电柜、两台电动机和两套变频调速器即可，上料速度是调整变频器的频率，改变电动机的转速，而获得不同的输送效率。著者推荐用电动机传动方式。

主要技术参数如下：

（1）螺旋叶片直径：270mm。

（2）螺旋长度：4000～5000mm。

（3）输送效率：15～20t/h。

（4）输送电动机功率：5.5kW。

（5）转数：130r/min 左右（可调）。

（6）螺旋倾角：45°（图9-46）、35°（图9-47）。

（7）材质：0Cr18Ni9。

9.3.1.2 设料仓的螺旋上料装置

图9-49 所示为复合螺旋上料装置，即三台螺旋加高位料仓，这种上料装置有液压驱动和全电动两种。

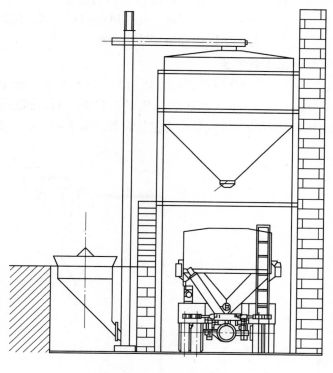

图9-49 螺旋上料装置+高位料仓

液压驱动形式，主要由液压泵站、加料漏斗、螺旋上料机、高位料仓、放料口、支撑柱、平台等组成，液压泵站有液压油箱、电动机、油泵、电磁溢流阀、电液换向阀、滤油器、冷却器及电气控制系统组成。加料螺旋动力来源于油泵，产生的高压油驱动三台液压马达。加料漏斗是上料螺旋的供料箱，用不锈钢制成。为减轻负荷，立螺旋采用上下两段，两根立螺旋把物料提升到所需高度，横螺旋把物料送入料仓。螺旋两端采用不等距螺距结构，进料口端螺距小，其余螺距大于进料口螺距，可有效防止物料堵塞，螺旋输送机用不锈钢管和不锈钢板制成。料仓是物料储存场所，上面设有加料孔，下方设有放料口，放料口有油缸开关，料仓用不锈钢材料制成。支撑柱用普通钢做成，用来支撑料仓便于装药车进入料仓底面。

还有一种形式，即全电动式，三根螺旋全部有电动机驱动，控制装置装有变频器，输料快慢调整非常方便，著者认为全电动式简单，应推广使用。

9.3.2 气力输送式上料装置

气力输送也是一种粉粒状物料常用的输送方式之一。在粮食加工、水泥输送等行业早有使用，输送速度高，可缩短装车时间，提高车辆的周转率；可进行长距离输送；所用设备的操作管理人员少；输送管路敷设灵活性大，只要配置合理，可以按水平、垂直、倾斜任意地输送；对厂房结构也无特殊要求等，其最大的缺点是：动力消耗大，噪声大。

气力输送装置通常包括输料设备、输料管道、分离器和供气设备四个组成部分。所谓输送设备，就是指接收物料并把物料输送入输送管道内的设备。常用有各类型的输送泵、吸嘴等。供气设备是指一般通用的空气压缩机、高压风机和真空泵，用以提供一定压力的输送空气。气力输送一般可分为正压输送和负压输送两种。

9.3.2.1 正压式气力输送上料装置

正压式气力输送装置如图 9-50 所示，压力高于大气压，整个系统呈正压状态，工作压力（表压）一般在 0.1 ~ 0.7MPa 为高压式，低于 0.1MPa 为低压输送。可分别选用空气压缩机、高压离心风机和罗茨鼓风机等作为供气设备。输送物料时，关闭出料阀门，先

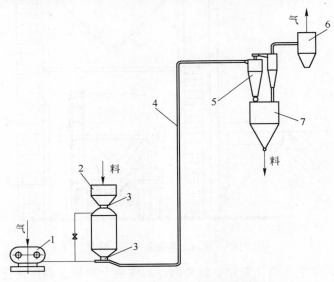

图 9-50 正压式气力输送装置

1—压缩机；2—仓式输送泵；3—电动蝶阀；4—输料管；5—分离器；6—袋式除尘器；7—漏斗

将物料装入仓式输送泵内，关闭进料口阀门，启动压气机，打开仓式输送泵进气阀门，仓泵内压气（表压）达到要求时，打开出料口阀门。物料随压气通过管道进入分离器，物料在分离器内突然减速，落入漏斗，装入车内。压气携带少量物料进入二级分离器，物料再次落入漏斗装入车内。压缩气携带的粉尘进入除尘器，除尘后，物料排入料仓，压气排入大气。

正压输送的主要优点是输送量大，而且输送距离远，对管路的密封要求严。其缺点是：供料装置复杂，制造时为压力容器，不能连续加料，充气、排气时间长。山西惠丰特种汽车有限公司生产的装药器就是这种输送方式，目前已在全国 100 多座矿山使用，共计生产约 4000 多台。

主要技术参数如下：

（1）输送能力：20～40t/h（可根据要求设计）。

（2）风机功率：30kW。

（3）仓式输送泵容积：20m³（可根据要求设计）。

9.3.2.2　负压吸送式气力输送上料装置

负压吸送式气力输送装置如图 9-51 所示，物料在输送过程中，管道内的压力由于真空泵的抽吸作用，而形成一定程度的真空度，具有一定的负压。吸嘴部位的压力接近于大气压，粉粒状物料极易吸入管内，经过分离器及除尘器的分离卸入料仓。

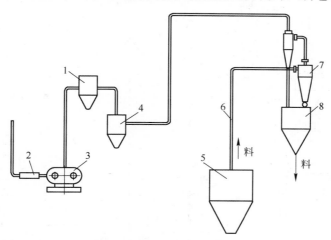

图 9-51　负压式气力输送装置

1—水浴除尘器；2—消声器；3—真空泵；4—袋式除尘器；

5—料仓；6—输料管；7—分离器；8—漏斗

负压吸送式气力输送，具有以下特点：吸嘴结构简单；吸料部位无粉尘飞扬；可连续加料，自动化程度高。其缺点是：输送系统必须严密，避免空气漏入系统内，干扰正常输送；需要有效地分离物料和良好的除尘设备。这是因为真空泵在系统的末端，含有粉尘的空气通过时易造成机件的损坏和环境污染。

负压吸送式气力输送装置，曾在我国某铁矿使用过，当时存在以下三个问题：（1）排出的尾气粉尘过大，造成环境污染严重；改进设计加大了除尘器，并增加了水浴除尘器，彻底解决了粉尘问题；（2）在分离器中堵料，原因是叶轮排料器输送能力小造成的。来的料多，排的料少，从而造成堵料，改进设计加大了叶轮排料器；（3）该铁矿自己生产的多孔粒状硝酸铵不符合国家标准，粉尘大，水分大，易结块。改进设计选用符合国家标准的多孔粒状硝酸铵。

主要技术参数：

（1）输送能力：30~40t/h（可根据要求设计）。

（2）叶轮排料能力：60t/h以上。

（3）叶轮排料器功率：2kW×2。

（4）风机功率：30kW。

9.3.2.3 负压式气力输送上料装置设计

负压式气力输送上料装置实例如图9-52所示。物料形成的混合物从吸嘴被吸入管道，经管道高速进入容积分离器内，利用容器有效面积的扩大来降低风速，使气流失去对物料的携带能力，物料在自身的重力作用下向下沉降，落入下部的叶轮给料器内，叶轮给料器不停地转动，物料不停地输入到高位料仓内。而含尘空气则向上（可能还会有少量物料）进入旋风分离器内，再次分离，少量物料再次落入下部的叶轮给料器内。而含尘空气则经旋风分离器上部进入除尘器，清洁的空气由鼓风机排入大气。

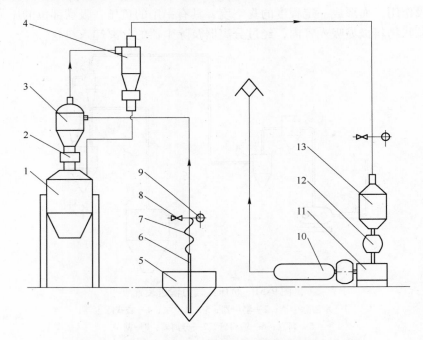

图9-52　负压式气力输送上料装置输送应用实例示意图

1—高位料仓；2—叶轮给料器；3—容积式分离器；4—旋风分离器；5—地下料仓；6—吸嘴；

7—金属软管；8—阀门；9—压力表；10—消声器；11—鼓风机；12—弹性接头；13—除尘器

A　基本参数的确定

（1）输送效率的确定。设计任务书和合同的要求是确定输送效率的重要依据，确定为 $Q = 30t/h$。

（2）输送管风速：查资料一般为 17~23m/s，确定为 $v = 20m/s$。

（3）浓度比，也称混合比：就是在单位时间内，通过输料管道一截面的物料重量与同一时间内通过空气的重量之比，简单地说就是1kg空气能输送多少物料。浓度比的计算公式为：

$$\mu = \frac{Q}{\gamma G} \tag{9-6}$$

式中　γ——空气的重度，标准状态下为1.2kg/m³；

　　　G——风量，m³/h。

从式（9-6）可以看出，输送一定量的物料所需的风量和浓度比有关，浓度比大，所需风量小，但浓度比过大，会使系统中的压力损失增大，还可能发生输料管堵塞；浓度比小，所需风量大，风机就大，功率消耗也大。因此在设计气力输送系统时选择合理的μ值非常重要。一般都是按照经验或查表得来，$\mu = 12.5$。

（4）计算风量$G_{计}$。计算风量是指不包括系统的泄漏量。

$$G_{计} = \frac{Q}{\mu \gamma} \tag{9-7}$$

$$G_{计} = \frac{Q}{\mu \gamma} = \frac{30000}{12.5 \times 1.2} = \frac{30000}{15} = 2000 \text{m}^3/\text{h}$$

计算风量时要把泄漏量考虑进去，通常泄漏量占计算风量的10%～20%，则实际风量为$G = 1.1 \times 2000 = 2200 \text{m}^3/\text{h}$。

（5）计算输料管直径D。在确定了风量Q和风速v以后，输料管的直径D（m）可按式（9-8）计算：

$$D = \sqrt{\frac{4G_{计}}{3600 \pi n v}} = 0.0188 \sqrt{\frac{G_{计}}{vn}} \tag{9-8}$$

式中　n——输料管根数，$n = 1$。

$$D = 0.0188 \sqrt{\frac{G_{计}}{vn}} = 0.0188 \times \sqrt{\frac{2000}{20 \times 1}} = 0.0188 \times \sqrt{100} = 0.188 \text{m} = 188 \text{mm}$$

B　压力损失的确定

空气和物料混合后进入吸嘴、垂直管道、水平管道、容积式分离器、旋风分离器、连接管道、除尘器等，每经过一个设备、一段管路、一个弯头都有压力损失，把各分项损失相加得出总损失，为选择风机做好理论计算。这些损失有的是计算出来的，有的是按经验估算的。

（1）吸嘴压力损失H_1（mmH₂O）计算。

$$H_1 = (c_1 + \mu) \gamma \frac{v^2}{2g} \tag{9-9}$$

式中　c_1——系数，取$c_1 = 1$；

　　　g——重力加速度，取$g = 9.81 \text{m/s}^2$。

$$H_1 = (c_1 + \mu) \gamma \frac{v^2}{2g} = (1 + 12.5) \times 1.2 \times \frac{20^2}{2 \times 9.81} = 13.5 \div 1.2 \times 20.39 = 331.8 \text{mmH}_2\text{O}$$

（2）空气使物料加速时的压力损失计算。当空气和物料进入吸嘴及其先连接的垂直输料管时，在一定距离内，物料的动能增加，即物料处在加速过程中，这种相应增加输送速度的能量消耗称为加速物料压力损失，它取决于输送量、输送速度、输送管直径和物料的性质。空气使物料加速时的压力损失 $H_2(\text{mmH}_2\text{O})$ 用式 (9-10) 计算：

$$H_2 = (c_1 + \mu c_2)\gamma \frac{v^2}{2g} \tag{9-10}$$

式中　c_2——系数，取 $c_2 = 0.65 \sim 0.75$。

$$H_2 = (c_1 + \mu c_2)\gamma \frac{v^2}{2g} = (1 + 12.5 \times 0.7) \times 1.2 \times \frac{20^2}{2 \times 9.81}$$
$$= 9.75 \times 1.2 \times 20.39 = 239\text{mmH}_2\text{O}$$

（3）克服管道中摩擦阻力的压力损失。管道有垂直和水平两段组成，物料通过这两段管路压力损失 $H_3(\text{mmH}_2\text{O})$ 用式(9-11)计算：

$$H_3 = R[L_{\text{垂}}(1 + K_{\text{垂}}\mu) + L_{\text{平}}(1 + K_{\text{平}}\mu)] \tag{9-11}$$

式中　R——纯空气通过单位管长压力损失系数，$R = 2.22$（见表9-11）；

$L_{\text{平}}$——水平管道长度，$L_{\text{平}} = 15\text{m}$；

$K_{\text{平}}$——阻力系数，$K_{\text{平}} = 0.321$（见表9-11）。

$$H_3 = R[L_{\text{垂}}(1 + K_{\text{垂}}\mu) + L_{\text{平}}(1 + K_{\text{平}}\mu)]$$
$$= 2.22 \times [15 \times (1 + 0.95 \times 12.5) + 5 \times (1 + 0.648 \times 12.5)]$$
$$= 2.22 \times [15 \times 12.9 + 5 \times 9.1] = 2.22 \times 239 = 531\text{mmH}_2\text{O}$$

表9-11　气力输送计算

D/mm		80	100	110	120	130	140	150	160	170	180	190	200
$v=18\text{m/s}$	Q	618	509	606	733	860	997	1145	1303	1472	1643	1840	2038
	R	4.26	3.75	3.33	2.99	2.72	2.46	2.26	2.08	1.94	1.84	1.73	1.63
	$K_{\text{垂}}$	0.645	0.685	0.727	0.785	0.828	0.874	0.918	0.956	1.003	1.048	1.092	1.136
	$K_{\text{平}}$	0.35	0.40	0.440	0.480	0.520	0.560	0.60	0.640	0.680	0.720	0.760	0.80
	i	70	59	49	41	35	30	26	23	20.6	18.3	16.5	14.9
$v=19\text{m/s}$	Q	427	537	650	774	908	1053	1209	1376	1530	1745	1942	2150
	R	4.56	4.11	3.67	3.29	2.96	2.72	2.50	2.29	2.18	2.03	1.91	1.81
	$K_{\text{垂}}$	0.600	0.646	0.693	0.747	0.791	0.836	0.876	0.913	0.957	1.000	1.042	1.083
	$K_{\text{平}}$	0.350	0.388	0.418	0.456	0.494	0.532	0.570	0.608	0.646	0.684	0.722	0.760
	i	71	63	52	44	37	32	28	24	21.7	19.4	17.4	15.7
$v=20\text{m/s}$	Q	449	565	684	814	955	1108	1272	1448	1635	1837	2045	2263
	R	4.97	4.47	3.98	3.60	3.22	2.93	2.69	2.50	2.39	2.22	2.10	1.98
	$K_{\text{垂}}$	0.568	0.615	0.659	0.712	0.751	0.795	0.834	0.868	0.912	0.952	0.993	1.034
	$K_{\text{平}}$	0.321	0.360	0.396	0.432	0.468	0.504	0.54	0.576	0.612	0.648	0.684	0.72
	i	79	66	55	46	39	34	26	26	22.8	20.4	18.3	16.5
$v=21\text{m/s}$	Q	464	594	718	855	1003	1163	1336	1520	1718	1929	2145	2378
	R	4.33	4.87	4.37	3.94	3.53	3.24	2.97	2.76	2.60	2.43	2.30	2.21
	$K_{\text{垂}}$	0.550	0.592	0.635	0.485	0.724	0.766	0.835	0.835	0.877	0.916	0.955	0.994
	$K_{\text{平}}$	0.290	0.330	0.363	0.396	0.429	0.462	0.528	0.528	0.561	0.594	0.626	0.66
	i	83	69	57	48	41	35	24	27	24	21.4	19.2	17.3

续表 9-11

D/mm		80	100	110	120	130	140	150	160	170	180	190	200
$v=22\text{m/s}$	Q	512	622	753	896	1051	1219	1400	1593	1800	2020	2247	2490
	R	5.93	5.32	4.74	4.24	3.85	3.50	3.23	3.01	2.81	2.64	2.49	2.38
	$K_垂$	0.48	0.572	0.613	0.661	0.699	0.739	0.775	0.806	0.848	0.885	0.922	0.960
	$K_平$	0.78	0.310	0.341	0.372	0.403	0.434	0.467	0.496	0.527	0.558	0.589	0.62
	i	87	73	60	50	43	37	32	28	25.1	22.4	20.1	18.2

（4）空气将物料提升到一定高度的压力损失 H_4（mmH_2O）。

$$H_4 = \gamma(c_1 + \mu)S \tag{9-12}$$

式中　S——物料提升高度，$S=15\text{m}$。

$H_4 = \gamma(c_1 + \mu)S = 1.2 \times (1 + 12.5) \times 15 = 1.2 \times 13.5 \times 15 = 243\text{mmH}_2\text{O}$

（5）空气和物料通过弯头时的压力损失 H_5（mmH_2O）。

$$H_5 = \xi_弯 \frac{\gamma v^2}{2g}(1 + K_弯 \mu) \tag{9-13}$$

式中　$\xi_弯$——纯空气通过弯头时的阻力系数，根据曲率半径 R，风管直径 D 和弯管中心角 α，曲率半径 $R=6D$，中心角 $\alpha=90°$；从表 9-12 查得，$\xi_弯=0.083$；

　　$K_弯$——物料通过弯头时的阻力系数，从图 9-53 中查得，$K_弯=1.75$。

表 9-12　纯空气通过弯头时的阻力系数

$\alpha/(°)$	D	$1.5D$	$2D$	$2.5D$	$3D$	$6D$	$10D$
15	0.058	0.044	0.037	0.033	0.029	0.021	0.016
30	0.110	0.081	0.069	0.061	0.054	0.038	0.030
60	0.180	0.14	0.12	0.10	0.091	0.064	0.051
90	0.23	0.18	0.15	0.13	0.12	0.083	0.066
120	0.27	0.20	0.17	0.15	0.13	0.10	0.076
150	0.30	0.22	0.19	0.17	0.15	0.11	0.084
180	0.33	0.25	0.21	0.18	0.16	0.12	0.092

$$H_5 = \xi_弯 \frac{\gamma v^2}{2g}(1 + K_弯 \mu) = 0.083 \times \frac{1.2 \times 20^2}{2 \times 9.81} \times (1 + 1.75 \times 12.5) = 46.5\text{mmH}_2\text{O}$$

（6）空气和物料混合物恢复时的压力损失计算。

空气和物料混合物通过弯头时，由于改变运动方向，不断同弯头壁面撞击而使输送速度减小，弯头到分离器间有 5m 直管，输送速度要恢复到原来速度要消耗一定能量，也叫压力损失。这部分压力损失 H_6（mmH_2O）用式（9-14）计算：

$$H_6 = \beta \Delta H_2 \tag{9-14}$$

式中　β——系数，$\beta=1.5$，从表 9-13 中查得；

　　Δ——系数，输送量大于 5t/h 时，取 $\Delta=0.07$。

$H_6 = \beta \Delta H_2 = 1.5 \times 0.07 \times 239 = 25\text{mmH}_2\text{O}$

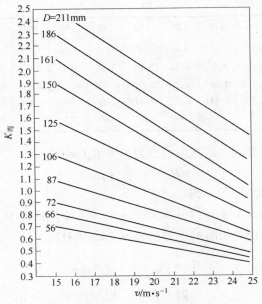

图 9-53 $K_弯$ 值图

表 9-13 β 值

弯头后水平管长/m	1	2	3	4	5
β	0.7	1	1.25	1.4	1.5

（7）空气和物料混合物经过容积式分离器时的压力损失 $H_7(\text{mmH}_2\text{O})$。

$$H_7 = \xi_容 \frac{\gamma v^2}{2g} \tag{9-15}$$

式中　$\xi_容$——分离器的阻力系数，取 $\xi_容 = 2 \sim 3$；

$$H_7 = \xi_容 \frac{\gamma v^2}{2g} = 2 \times \frac{1.2 \times 20^2}{2 \times 9.81} = 2 \times 24.5 = 48.9\,\text{mmH}_2\text{O}$$

（8）其他部分压力损失，如旋风除尘器、空气过滤器、消声器等用估算的方法来确定：

1）旋风除尘器压力损失 $H_8 = 150$ mmH$_2$O；

2）空气过滤器压力损失 $H_9 = 100$ mmH$_2$O；

3）消声器压力损失 $H_{10} = 50$ mmH$_2$O。

则系统总压力损失为：

$$H_总 = H_1 + H_2 + H_3 + H_4 + H_5 + H_6 + H_7 + H_8 + H_9 + H_{10}$$
$$= 331.8 + 239 + 531 + 243 + 46.5 + 25 + 48.9 + 150 + 100 + 50 = 1765.2\,\text{mmH}_2\text{O}$$

C　风机的选择

根据以上的计算，来选择风机。风机的风压选择，系统总压力损失的 1.15 倍。风机的风量选择，计算风量的 1.15 倍。

根据以上参数就可选择合理的风机和风机的功率。

D 吸嘴

吸嘴是使物料与空气混合并送入输料管的一种装置，它的结构是否合理直接引向到输送效率和动力消耗。因此在设计吸嘴时要做到：

（1）轻便、牢靠、安装方便。

（2）在进风量相同的情况下，吸料量多且均匀，减少压力损失。

（3）具有补充风量装置及调节机构，以便获得最佳混合比。

（4）选择不锈钢材质。

图 9-54 所示为一个典型的吸嘴结构，内筒和输料管连通，物料和大部分空气从吸嘴底部进入内筒，补充空气经内外筒之间的环形空间进入内筒。外筒可上下移动，改变内外筒下端端面间隙来调剂补充进气量，以获得最佳混合比。

主要技术参数的确定：

（1）输料管直径 $D_1 = 180\text{mm}$。

（2）外筒直径 D_2 确定方法是：外筒和内筒形成了一个圆环，圆环的面积等于内筒面积，根据计算结合管材的标准选择接近的钢管。这个环状面积为补气的通道。

$$D_2 = \sqrt{2D_1^2} = \sqrt{2 \times 180^2} = 254 \text{ mm} \tag{9-16}$$

（3）其他参数的确定。

$$R = \frac{D_2 - D_1}{4} \tag{9-17}$$

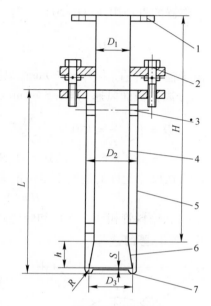

图 9-54　吸嘴

1—法兰；2—调节机构；3—支撑；4—内管；
5—外管；6—锥管；7—圆弧体

$$R = \frac{D_2 - D_1}{4} = \frac{254 - 180}{4} = 18.5 \text{ mm}$$

$$D_3 = D_2 - 2R \tag{9-18}$$

$$D_3 = D_2 - 2R = 254 - 2 \times 18.5 = 217\text{mm}$$

喇叭管下口直径和外管下圆弧中心重合。

$$h = 1.1D_1 = 1.1 \times 180 = 198\text{mm}$$

$$L \geqslant 1000\text{mm}$$

$$H = L - (h + 1) + 250 \tag{9-19}$$

$$H = L - (h + 1) + 250 = 1000 - (198 + 1) + 250 = 1051\text{mm}$$

$S = 2 \sim 4\text{mm}$，调试时确定内外筒的壁厚为 $2 \sim 4\text{mm}$。

E 容积式分离器

以上所讲部件都是空气如何和物料混合在一起，并输送到一定高度。分离器正好和以上所讲的部件相反，而是如何将物料和空气分开。

容积式分离器的原理是，利用容器有效面积的扩大来降低风速，使气流失去对物料的携带能力，物料在自身重力作用下向下沉降，而含尘空气从上口溢出，使物料和空气分离。图9-55 所示为一个常用的容积式分离器。容积式分离器结构简单，便于制造，工作可靠，但尺寸较大。分离器的截面风速越低，分离效果越好，但体积越大，设计时要全面考虑。根据著者在气力输送的实践经验，在容积式分离器的上部加一层滤布，粒状物料可全部分离出来，可省去旋风除尘器。

分离器的直径用式（9-20）计算：

$$D = D_1 \sqrt{\frac{v_1}{v_2}} \qquad (9-20)$$

由于输料管直径 $D_1 = 180mm$，风速 $v_1 = 20m/s$，分离器截面风速 $v_2 = 0.5 \sim 1m/s$，所以：

$$D = d \sqrt{\frac{v_1}{v_2}} = 180 \times \sqrt{\frac{20}{0.5}}$$
$$= 180 \times 6.3 = 1138 \approx 1150mm$$

D 值在尺寸允许的情况下尽可能大点。

$$H = (1.1 \sim 1.3)D = 1265mm$$

上口和输料管相同，下口和叶轮式给料器相同。

F 卸料器的选择

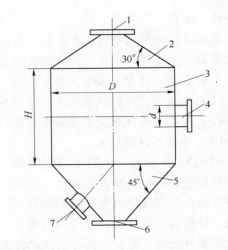

图 9-55 容积式分离器
1—空气出口；2—上锥体；3—圆柱筒体；4—进料口；
5—下锥体；6—下出料口；7—排料口（堵料时用）

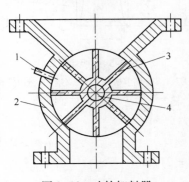

图 9-56 叶轮卸料器
1—均压管；2—定子；3—转子；4—中间轴

为了使负压状态工作的分离器能顺利地排出物料，而又不让外界空气吸入，在放料口应装卸料器。图9-56 所示为常用的叶轮卸料器，它主要由定子、转子、中间轴和均压管等组成。上法兰连接容积式分离器，下法兰连接高位料仓。

当转子在电动机和减速机的驱动下，在定子中缓慢转动时，物料落入转子的上部格室中，转至下部物料靠自重排出。为了提高格室物料的充满程度，使转子转到装料口之前把格室中的高压空气排出，特设立了均压管。卸料器转子和定子之间要密封严密，以防漏气。为了减少漏气量，定子工作时从入口到出口一侧应经常保证有两个叶片以上和定子内壁接触，已形成一个迷宫式的密封腔。同时转子和定子之间间隙尽可能小，一般为 0.2 ~ 0.5mm。转速不能太快，如果太快，上部格室装不满，下部格室又排不空料，一般为 30 ~ 50r/min。卸料量选择一般为输送效率的 1.2 ~ 1.3 倍。

G 除尘器的选择

除尘器的选择应遵循以下原则：

（1）通风量为风机风量的 1.3 倍以上。

（2）过滤精度满足风机的要求。

（3）清理粉尘方便，安装方便。

通过以上计算、设计、部件制造、外购件的选择采购、安装、空运转调试，带料调试，就可投入正常使用。

9.3.3 高位料仓式加料装置

高位料仓加料装置是将散装多孔粒状硝酸铵通过提升装置将物料装在料仓内，混装车开到料仓下部，打开闸门，几分钟内装满混装车的料箱，这样可大大提高混装车的装车效率。这种加料装置有用于散装多孔粒状硝酸铵和袋装多孔粒状硝酸铵两种形式：第一种为仓库式加料装置，如图9-57所示，既是仓库，又是加料设备。这种仓库型高位料仓，技术难点是：当硝酸铵在罐内停留时间长时，硝酸铵吸入空气中的水分会结块，从而影响卸料。第二种纯粹就是为了给混装车加料，把袋装多孔粒状硝酸铵提高到高位料仓内，方便装车，提高装车效率而建，这种加料装置如图9-58所示。

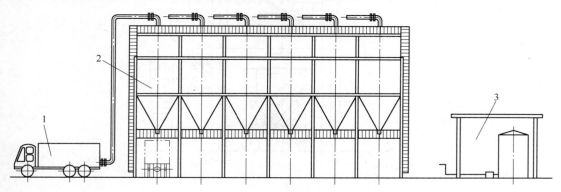

图9-57　散装硝酸铵钢制料仓

1—运输车；2—钢制料仓；3—柴油输送系统

9.3.3.1 散装硝酸铵、钢制料仓加料装置

散装硝酸铵、钢制料仓加料装置如图9-57所示，是由粉粒体散装物料运输车、钢制料仓、柴油输送系统三部分组成。柴油系统要按规范要求安装在安全距离以外。混装车停靠到某一台储罐下面，自动或手动打开闸门，并启动柴油泵，一次加料完成。这种加料装置在国外已有使用，在俄罗斯卡其卡纳尔瓦纳基采选联合公司地面站和美国盐湖城埃列克公司凯模地面站都采用这种装置。几座100t（可根据需要确定料仓的容积和数量）料仓组合在一起，既是硝酸铵仓库，又是混装车的加料装置。料仓内设有料位计，下端出口处装有散装物料流量计，上端入口处装有除尘器。为了解决硝酸铵在罐内停放时间长时防止结块，特意在空气入口处安装了空气烘干装置。选用30～50t的散装粒状硝酸铵运输车，从硝酸铵加工厂运来，接上料管用车上自带的空气压缩机产生的压缩空气，用正压方式把硝酸铵吹到桶型钢制料仓内。这种设计新颖，自动化水平高，占地面积小，减掉了基建投资，还可节省10%以上的包装和装卸费用，运行成本低。

在俄罗斯卡其卡纳尔瓦纳基采选联合公司建有这样的高位料仓两组，一组为多孔粒状硝酸铵混装车加料之用，4座100t的钢制料仓组合在一起。另一组建在地面站内，用粒状硝酸铵为配制水相溶液之用。10座100t的料仓组合在一起，料仓下面装有一台皮带运输

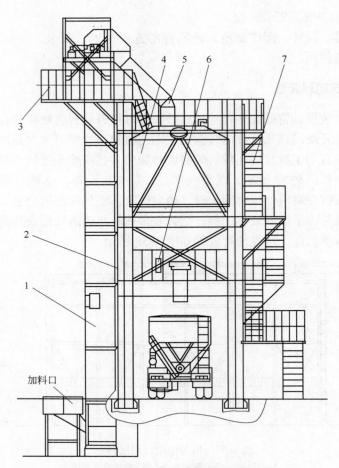

图 9-58　斗式提升机+高位料仓加料装置

1—斗式提升机；2—钢构架；3—斗式提升机检修平台；4—钢制料仓；

5—斗式提升机出料管；6—平台；7—梯子

机，再入水相制备罐前装有一台皮带秤，称量后将硝酸铵加入到水相制备罐内，整个配料工序无人操纵。硝酸铵用火车运来，用斗式提升机提到罐的上部，上部装一台皮带运输机，每一台储罐的入料口处设有物料分配器，使 10 座料仓装料均匀。

美国凯模地面站料仓主要是为配置水相溶液而设置的，高于水相制备罐，通过固体流量计，采用自流的方式制备水相溶液，配料系统无人操纵，自动化程度非常高，这种装置应该大力推广使用。

散装粒状硝酸铵公路运输车也有三种形式，即：整车式、半挂车式，集装箱式。采用正压输送方式，用流化床输送原理，把罐内的物料沸腾起来，流向出料口。自带压气机，这是一种专用压气机，大风量，低风压。散装粉粒体运输车技术早已成熟，设备市场有售，本节不做详细介绍，只把流态化床的工作原理作一简介。

图 9-59 所示为罐体内流化床构造示意图，图 9-59 中多孔板 2 和透气布 3 组成一个联合体，称流态化床。压缩空气从风道 1 进入罐内，经过流态化床将压气充满罐体。气压达到 0.2MPa 时打开放料阀，物料输入高位料仓。在输送过程中应用了流态化床原理，物料

在罐内处于沸腾状态，出料口处的压力低于罐内压力，物料源源不断地流向出料口。源源不断地输送到高位料仓内。罐体的设计按车载容器进行设计，气力输送设计见本章9.3.2节。

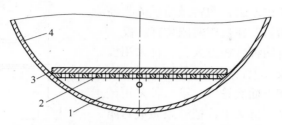

图 9-59　散装粒状硝酸铵运输车罐体构造示意图
1—风道；2—多孔板；3—透气布；4—罐体

9.3.3.2　斗式提升机+高位料仓加料装置

斗式提升机和高位料仓相结合的上料装置，是国内外普遍采用的一种上料装置。斗式提升机占地面积小，效率高，提升高度高，运行故障率低。

斗式提升机和钢制高位料仓组合方式有以下三种组合：第一种是两套钢制高位料仓组合在一起，共用一台斗式提升机供料，充分发挥了斗式提升机的功效；第二种是两套钢制料仓和两套斗式提升机组合在一起，好处是省去了一组钢构架，节省了一套爬梯，还减少了占地面积；第三种为图 9-58 所示结构，目前这种组合方式使用最多。出料的计量方式：（1）罐体和钢构架结合处装有称重传感器，信号传输给计算机，罐内存料量和输出量一清二楚；（2）出料口处装有粉粒体物料流量计，罐内装有物料计和计算机联网，在计算机上可以查到仓内存料和输出的量；（3）装记袋法，装料时记袋，输出时估计混装车上的装料量，多数地面站用的是这种方式。

斗式提升机加钢制高位料仓加料方式在我国建了很多座，如：在我国齐大山铁矿、贵州翁福磷矿、包钢白云鄂博铁矿、准格尔煤矿、唐山钢铁公司司家营铁矿和平朔煤矿等地面站都在使用，已形成系列化，仓容有：$20m^3$、$35m^3$、$55m^3$、$75m^3$、$100m^3$ 等。斗式提升机上料效率有 $20m^3/h$、$30m^3/h$、$70m^3/h$ 等多品种。

A　斗式提升机

斗式提升机，是常用的一种提升机械，在粮食系统，水泥行业早有使用。构造简单，工作可靠。一般由上部区段（机头）、顶轮、中部区段（中间壳体）、下部区段（机座）、底轮、张紧装置、畚斗带或链条、进料口、出料口、畚斗和传动装置等组成。图 9-60 所示为斗式提升机的结构。畚斗带环绕于顶轮和底轮之间，固定畚斗有两种方法：一是胶带，畚斗在畚斗带上每隔一段距离用畚斗专用螺钉紧固在畚斗带上；二是链条，用螺钉把畚斗和链条连接在一起。为防止物料抛撒和灰尘飞扬，全部结构均用外壳封闭。上部外壳连同顶轮、电动机、轴承、传动装置等部件组成机头，也称为上部区段；下部外壳连同底轮、轴承、张紧装置、进料口等部件组成机座，也称为下部区段；机头和机座之间用垂直机筒连接，也称为中部区段。在上部区段、中部区段设有观察孔门。提升机由电动机通过三角皮带驱动顶轮转动，畚斗带围绕顶轮和底轮转动，为保证畚斗带有一定的张力，在机座上装有螺栓张紧装置。

斗式提升机的工作原理是：物料由进料口进入机座储藏室内，畚斗把物料从下部储料室内舀起，随着顶轮旋转，畚斗带上升，畚斗将物料提升到顶部，绕过顶轮时，物料被抛出，物料经溜槽流入高位料仓内。为了排除堵料，在机座两侧装有插板。

斗式提升机一般有两种传送方式，一种采用橡胶带，畚斗固定在橡胶带上，把橡胶带做成封闭圆环状，套在上面顶轮和下面底轮上。第二种采用链条，畚斗固定在两条平行链条上，把链条做成封闭圆环状，套在上面顶动轮和下面底轮上。斗式提升机的优点是：占地面积小，提升高度和输送能力大，需用动力小，约 $0.0039 \sim 0.006$ kW·h/（t·m）（数据来源于《粮食机械》），有良好的密封性；其缺点是过载时易堵塞，畚斗容易磨损。

a 斗式提升机装料

提升机畚斗的装料过程是否完善，直接影响其输送效率。衡量装料过程好坏的标志是畚斗的装满系数 ψ。装满系数越大，输送效率越高。装满系数用式（9-21）计算：

$$\psi = 畚斗内所装物料的体积/畚斗的几何容积$$

$$(9\text{-}21)$$

影响畚斗装满系数的因素很多，除了畚斗的运动速度、形式和被装载物料的物理性能等，还与进料方式有关，有顺向进料和逆向进料两种。两种进料方法如图 9-61 所示。

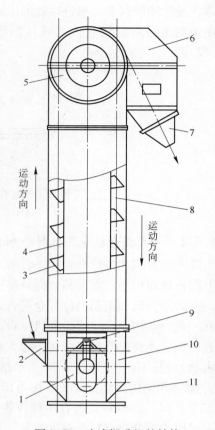

图 9-60 斗式提升机的结构

1—底轮；2—进料口；3—畚斗；4—畚斗带；
5—顶轮；6—机头；7—卸料口；8—中间机壳；
9—张紧装置；10—机座；11—插板

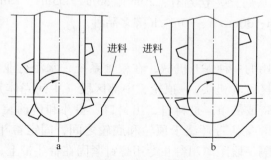

图 9-61 斗式提升机进料方式

a—顺向进料；b—逆向进料

顺向进料就是物料进入机座储料室的方向与畚斗运动的方向一致，在这种情况下，物料进入机座储料室与畚斗的背面相遇，畚斗不能立即装料，只有当畚斗在物料堆中移动，并转向上行方向时，才能装料。所以畚斗往往不能装满，装满系数较小。阻力增大，功率消耗增大，不采用顺向装料方式。

逆向进料就是物料进入机座储料室的方向与畚斗运动的方向相反。在这种情况下，物料能直接装入畚斗，以补充畚斗在机座储料仓内舀取的不足，所以装满系数较大。

为了便于物料装满畚斗，应该进料口的位置要高于底轮的水平中心线，进料口的下部位置与底轮水平中心线相平。储料仓底部距底轮边沿的距离不易过大，否则存料过多，当畚斗带涨到极限时斗口距储料仓底圆弧面应有 50~80mm。在设计或选择斗式提升机时一定要设计和选择逆向进料。

不同的带速，不同的进料方式畚斗的装满系数 ψ 见表 9-14。

表 9-14　畚斗装满系数 ψ

畚斗带速度/m·s⁻¹	逆向进料 ψ	顺向进料 ψ
1.0~1.5	0.9	0.85
1.5~2.5	0.85	0.75
2.5~4	0.7	0.7

进料口的大小目前有两种可选择，一种适用于小包装，进料口小；一种适用于吨袋包装，进料口大，口部还设有开包器。

斗提机的安装也有两种方式：一种机座安装在地下，进料口上平面高于地平面50mm，如果进料口小，适用于小包装，如果进料口大，适用于吨袋包装。工人投料比较方便，地坑较大，可以下去维修和调试设备；一种机座装在地面上，进料口也高，适用于吨袋大包装，用叉车或吊车作业。

b　斗式提升机卸料

斗式提升机的卸料过程是在畚斗提升到机头的头轮而做回转运动时完成的。根据头轮的直径和转速的不同，斗式提升机的卸料方式也分为三种，即离心卸料、重力卸料和混合卸料（离心加重力卸料）。

当斗式提升机速度较高，畚斗带着物料运动到上极限点时，离心惯性力大于重力时，物料将主要依靠离心惯性力沿着畚斗外壁抛出，这种卸料方法称为离心卸料，用这种方式卸料的斗式提升机称为快速提升机。

当离心惯性力小于重力时，畚斗带着物料运动到上极限点时，物料将主要依靠重力沿畚斗内壁自流卸出，这种卸料方式称为重力卸料。用这种方式卸料的提升机称为慢速提升机。

当离心惯性力等于重力时，畚斗带着物料运动到上极限点时，物料将沿畚斗内壁和外壁（即整个畚斗口）卸出，这种卸料方式称为混合卸料（离心加重力卸料）。用这种方式卸料的提升机称为中速提升机。

在使用过程中一般采用混合卸料，中速提升机。当输送量超过 30t/h 时，采用离心卸料高速提升机。

斗式提升机是一种成熟产品，形成了系列化，生产厂家很多，做好选型即可。一般不自行设计，图纸很容易买到，但要换掉原来一些老的配件，如调心吊瓦轴承等。

c　输送量计算

斗式提升机的输送量可按下列公式计算：

$$Q = 3.6 \frac{I}{a} v \gamma \psi \tag{9-22}$$

式中 Q——输送量，t/h；

I——畚斗容积，Sd 型畚斗 $I = 5.8L$；

a——相邻两畚斗间距，$a = 0.4m$；

v——畚斗带速度，$v = 1.6m/s$；

γ——物料容重，$\gamma = 0.83t/m^3$；

ψ——畚斗装满系数，查表 9-14，$\varphi = 0.85$。

以 DT315 型斗式提升机为例做输送量计算：

$$Q = 3.6 \frac{I}{a} v \gamma \psi = 3.6 \times \frac{5.8}{0.4} \times 1.6 \times 0.83 \times 0.85 = 58.9t$$

d 功率计算

斗式提升机驱动轴功率决定于畚斗运动时所克服的一系列阻力，其中包括：提升物料的阻力，运动部分的阻力和畚斗装料时的阻力等。畚斗装料时的阻力很复杂，只能通过试验来确定。如果不考虑驱动机构效率，则提升机轴功率可用式（9-23）计算：

$$N_0 = \frac{QH}{367\eta_1} \tag{9-23}$$

式中 N_0——提升机的轴功率，kW；

H——提升高度，根据高位料仓高度确定，$H = 20m$；

η_1——提升机效率，根据提升机高度来确定，当 $H < 30m$ 时，$\eta_1 = 0.7$；$H = 30 \sim 40m$ 时，$\eta_1 = 0.75$；$H = 40 \sim 50m$ 时，$\eta_1 = 0.8$。

$$N_0 = \frac{QH}{367\eta_1} = \frac{58.9 \times 20}{367 \times 0.7} = \frac{1178}{256.9} = 4.585kW$$

需要电动机的功率按下式计算：

$$N = \frac{N_0}{\eta} K \tag{9-24}$$

式中 N——电动机功率，kW；

η——传动效率，查表 9-15，驱动轴采用滚动轴衬、三角皮带和减速机传动 0.98、0.92 和 0.95，即 $\eta = 0.98 \times 0.92 \times 0.95 = 0.86$；

K——储备系数，$H < 10m$ 时，$K = 1.45$；$10m < H < 20m$ 时，$K = 1.25$；$H > 20m$ 时，$K = 1.15$。

$$N = \frac{N_0}{\eta} K = \frac{4.585}{0.86} \times 1.25 = 5.33 \times 1.25 = 6.66 \approx 7kW$$

表 9-15 传动效率

传 动 件	效 率	传 动 件	效 率
驱动滚筒（用滚动轴衬）	0.98	减速机	0.95
一对三角带轮	0.92	一对蜗杆蜗轮	0.7
一对开式圆柱齿轮	0.94		

e 斗式提升机的操作、保养

（1）提升机运转时，应是畚斗带在机筒正中间运行。如有跑偏现象和畚斗带松弛而引起畚斗和机壳摩擦时，要及时调节张紧装置的螺杆，使其正常运行。

（2）提升机进料必须均匀，出料管道必须畅通，以免进料过多或排料不畅而引起堵塞。如发生堵塞，应立即停止进料，并将机座上的插板拉开，排出物料（注意不能用手伸进去扒），直到畚斗带重新运行，再把插板插上，打开进料闸门。

（3）提升机在工作过程中，如回料过多，会降低输送量，增加动力消耗和粒状硝酸铵的破碎率。造成回料过多的原因多数是由于畚斗带速度选择不当，机头的外形尺寸不正确或机头出口的刮板装置不合适等引起，应查清原因，及时解决。

（4）严格防止大块落入机座，以免损坏畚斗或影响提升机运行。在进料斗上应加设不锈钢栅网，防止编织袋、塑料袋、绳子等进入机内，缠住机件。

（5）要定期检查畚斗与畚斗带的联结是否牢固，发现螺钉松动、脱落、畚斗歪斜和破损等现象，要及时检修或更换，以免发生事故。

（6）如发生突然停机情况时，必须先将提升机机座内的存积物料排出，排除故障后再重新开机。

f 安装斗式提升机时的技术要求

（1）先将提升机下部机座固定在基础预埋的地脚螺丝上，校正机座的水平度和垂直度，并紧固螺栓。

（2）在机座上依次连接提升机的机筒（中间机壳）。为了保证机筒连接处密封，在两法兰间可垫以橡皮板或防水帆布。机筒安装完毕，再连接提升机机头。

（3）整个提升机机壳安装完毕后，应力求其中心线在同一垂直平面内。其垂线偏差在 1000mm 长度上，不应超过 2mm，全部高度上积累偏差不应超过 8mm。

（4）斗式提升机一般安装在仓库内，高位料仓安装在仓库外，斗式提升机安装后，为防止其倾斜或位移，在穿过每层楼板时均须用法兰或其他措施与楼板或墙壁固定。在其他场合，即全部安装在露天时，则必须和高位料仓骨架安装在一起。

（5）斗式提升机机头和机座的安装，应保证头轮和底轮的传动轴，在同一垂直平面内，两轴应安装和调整在水平位置。机头顶部与建筑物之间应留有足够的空间，便于打开顶壳进行检查。

（6）提升机外壳安装完毕后，接着安装畚斗和畚斗带。在现场根据图纸先切割一段需要长度的畚斗带。在畚斗带上按规定的间距，冲孔装上畚斗。将装好畚斗的畚斗带由提升机头部放入，穿过头轮和底轮，由检修窗拉出。通过专门的畚斗的张紧装置调在最高位置。同时，使张紧装置张紧后尚未利用的行程，不应小于全行程的 50%。

（7）当提升机安装完毕后，对各润滑部位注油，并进行空载运转。空载运转时不应有畚斗碰壳声，发现畚斗带走偏时，可用机座上的张紧螺杆进行调整。在确认空载试车合格后，再正式进料，进行负载运转。

B 高位料仓

高位料仓安装在高处，存放多孔粒状硝酸铵物料的容器，用优质不锈钢板焊接而成。料仓的几何形状一般上部为反向漏斗状，中部为圆柱体，下部为漏斗状。料仓用钢构件托起。混装车开到料仓下面，打开仓门即可加料。料仓内装有料位计，料仓顶部装有呼吸阀。排料计量有三种方式：（1）料仓和钢构架连接处装有称重传感器；（2）出料口处设有冲板式固体物料流量计；（3）估算法。

这种加料装置有以下特点：结构简单，装车效率高，自动化程度高，可随时查看仓内的存料情况，可统计出加料和出料量。

a 料仓的设计准则和需要注意的问题

首先要考虑钢构件和料仓的强度和刚度；在设计地基时，应考虑料仓和钢构架的重量、满仓时物料重量之和；地质条件；还要考虑料仓所在地区一年中最大风力和风向。

料仓形状的确定，根据物料的物理特性确定料仓的形状，一般有圆柱形和矩形两种，矩形料仓刚度不如圆柱形。粒状硝酸铵流动性较好，一般料仓的形状为圆柱形，上部为反向漏斗状，中部为圆柱体，下部为漏斗状。在确定料仓结构及下部漏斗角度时要考虑到料仓中物料的流动形态是整体流还是漏斗流。试验证实，料仓内物料的流动形态整体流和漏斗流都有可能出现，漏斗流是不希望看到的，物料整体流和漏斗流如图 9-62 所示。

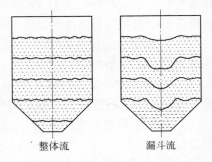

图 9-62 物料在料仓中的流动方式

整体流是指料仓内的物料运动时，整个料仓内的物料都在同时运动。虽然漏斗区的物料比其他部位的物料流动的快些，但是它们始终都处于运动状态，在物料和仓壁之间也存在着相对运动。

漏斗流表示发生在料仓中心的流动状态，只有料仓中心的物料在运动着。如果料仓顶部的物料不能及时落入中心孔中卸出，则整个流动就会终止，这种情况称为穿孔；还有，如果粒状硝酸铵在料仓内存放时间较长，特别是在潮湿的雨季，打开仓门物料不流，这种现象就是结块，在设计时后两种现象是应避免出现的。

从整个过程来看，这两种流动状态造成了两种不同的结果。整体流，流动均匀而平稳，仓内没有死角。不利的方面是陡峭的仓壁增加了料仓的高度。经验证明，下部漏斗两边夹角为 60°～90°时漏斗就不会形成漏斗流。漏斗流会形成穿孔和结块，使物料不能正常流动，影响装车。

b 料仓堵塞的原因

料仓堵塞的原因很多，其主要有：

（1）仓壁与物料的摩擦。

（2）物料内部的摩擦。

（3）粒度大小。

（4）物料的含水量多。

（5）料仓的形状设计不合理等。

c 防止料仓堵塞的方法

根据上述堵塞的原因，采取以下防止堵塞的措施：

（1）料仓内壁要光滑，抛光或涂料。

（2）要购买符合国家标准粒状硝酸铵。

（3）在设计料仓时下部漏斗角度要小，出料口要大。

（4）在料仓内中间安装隔板，以减少内部摩擦。

（5）下部锥体面加振动装置。

振动装置有：（1）手工振动法，在锥体面上用铰链悬挂一个重锤，堵料时用手摆动重锤敲击筒壁，准格尔煤矿地面站高位料仓就安装了这样的装置，还可以手拿木榔头击打筒壁；（2）安装电动振动器；（3）仓内还可安装流态化床等。

下面有一组防止料仓物料堵塞措施方法供大家参考，图9-63a采取了两种方法，第一，罐体内加隔板，减小物料与物料的摩擦，从而起到防止物料堵塞的目的。第二，锥体部分挂着两只冲击锤，堵料时人工锤击筒体，起到防止物料堵塞的目的，著者推荐用这种方法，即组合式防堵塞设计，也可采取其中的一种方法。图9-63b所示方法，是在筒体内锥体部分加了流化床，落料时把物料沸腾起来，从而起到防止物料堵塞的目的。图9-64所示的方法，是采用了出料口非对称法，从而起到防止物料堵塞的目的。以上几种方法根据具体情况选用。

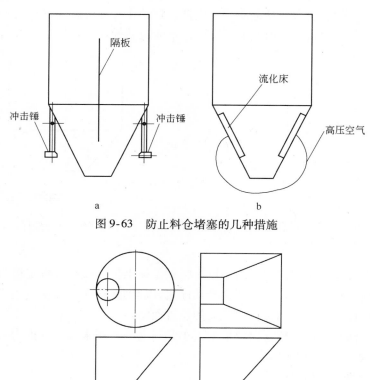

图9-63　防止料仓堵塞的几种措施

图9-64　出料口非对称形防止料仓堵料

d　防雨

斗式提升机的机头和高位料仓一般都安装在露天，防雨非常重要。多孔粒状硝酸铵一见水就会溶化变质，影响炸药质量。防水的部位主要有两处：斗式提升机的机头和料仓的出口处。斗式提升机机头防水主要采取加雨棚和加垫的方法，在钢构架的顶部加雨棚；再则就是外罩和机筒连接处加垫，筒体与筒体的连接处也加垫。料仓出料口处进水主要从外壁流到出料口部时和硝酸铵结合，从而水渗进料仓内使硝酸铵溶化变质。著者的经验是在出料口的上方焊一个导雨板，如图 9-65 所示。雨水顺仓壁流下，经导雨板流到地面上。还有一处容易进水的地方就是斗式提升机出料口和料仓进料口的连接处，同样是采用加垫的方法。

e 料仓出料口开关（闸门）装置

料仓出料口开关装置一般有电动推杆式和手动闸门式两种，手动闸门式开关装置又有单门式和双门式两种，两种均为手工操作。

图 9-66 所示为电动推杆式卸料门示意图，电动推杆是一种往复运动的电力驱动装置，可以用于简单或复杂的工艺流程中，作为电动执行机构可以实现远程集中控制或自动控制。如与计算机相连，便可实现自动化。它主要由闸门、导轨和电动推杆等部件组成。电动推杆主要由电动机、齿轮减速机、丝杆丝母等零部件组成。它的工作原理是：电动机通过一对蜗轮、蜗杆或齿轮减速后，带动丝杆丝母，把电动机的圆周运动改变成直线运动，利用电动机反、正转改变为往复运动，完成推、拉动作。通过改变杠杆的长度，可以加大行程。还设有一套手动装置，当停电等原因，不能自动操作时可以手动开启闸门。

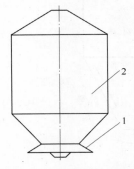

图 9-65 导雨板示意图
1—导雨板；2—料仓

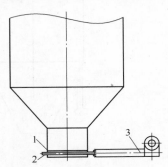

图 9-66 电动推杆式卸料门
1—导轨；2—闸门；3—电动推杆

电动推杆设有过载保护作用，当推杆行程到了极限位置或超过额定推力时，电动机会空转。当行程到了极限位置时，推杆会自动停机，起到保护作用，使电动机和其他机构不会损坏。推杆的行程大小靠调整行程开关的位置而定。

选用电动推杆时要根据料仓出料口的大小和料仓的容积来选择，推力要大于计算推力的 30%，材质要选用不锈钢材质。

电动推杆式的维护和保养：

（1）工作环境温度在 -10~60℃ 之间，相对湿度在 85% 以下正常运行。

（2）推杆前端设有保护套，防止尘埃侵入机体，因此使用时切勿拆下，如有破损要立即更换。

（3）运行半年后，应进行检修，轴承要换油。

（4）要经常注意行程开关的位置，防止对此使用造成移位而失灵，并会烧坏电动机。

图 9-67 所示为单扇闸板式卸料门，主要由配重块、单扇闸门和操作手柄等零部件组成。这是最简单的卸料门，早期生产的上料装置基本上全部用这种卸料门。

图 9-68 所示为双扇闸板式卸料门，主要由配重块、闸门、驱动齿轮和操作手柄等零部件组成。与单扇式卸料门区别在于卸料门从中间一分为二，在两扇门的装轴上安装了驱动齿轮（齿轮为三分之一即可）。开启卸料门时，手柄向下压（手柄作用力点在左面门的转轴上），两扇门在齿轮的作用下闸门向两边开启。

三种卸料门各有优、缺点，设计时可根据具体情况而定。

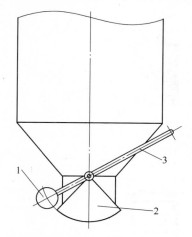 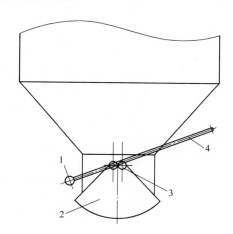

图 9-67　单扇闸板式卸料门　　　　　　　图 9-68　双扇闸板式卸料门

1—配重块；2—单扇闸门；3—操作手柄　　　1—配重块；2—闸门；3—驱动齿轮；4—操作手柄

9.3.4　利用地形加料

在有条件的地方，利用地形差加料节省了主体设备，节省了投资，是最经济、最实用的一种加料方式。图 9-69 和图 9-70 所示的两种上料方式是利用地形，把仓库设在二层，加料间（车库）设在一层。可利用山坡，库房建在上一个台阶，车在下一个台阶，中间用溜桶连接。这种加料方法在太钢尖山铁矿、河北云山化工有限公司等都在使用。

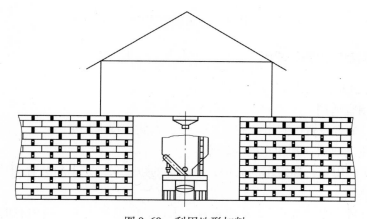

图 9-69　利用地形加料

给混装车加料的方法除上述几种外，还有很多，如有的是用装载机上料等。

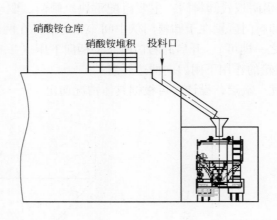

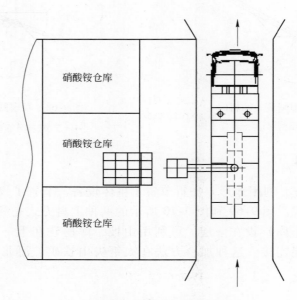

图 9-70 利用地形加料

9.3.5 选择上料方式遵循的原则

选择上料方式应遵循以下几项原则:

（1）因地制宜适用。

（2）经济，节省投资，省电，省人，运行成本低，技术先进。

（3）装车速度要快，加快车的周转率。

（4）根据炸药用量，确定车的数量，根据车的数量来确定上料装置的输送效率和料仓容积大小及数量等。

（5）不要盲目追求"先进"，不要盲目要求过高的输料效率。国内有的单位只购买了一台 BCLH-15 型混装车，选用一台立式螺旋和一台平螺旋组合上料机。这种选择没错。两台螺旋上料机一般为电动机驱动，摆线针轮减速机和变频器相结合调整运转速度，输料效率20t/h以下。两台电动机共11kW，比较合理。但有的单位也是一台车，也选了螺旋输送机上料。要求液压传动，输料效率要求30t/h以上。设计了液压泵站，22kW电动机驱动一台PVBW-45泵，产生的高压油通过液压控制组件再驱动两台液压马达。耗电量增加了一倍，外购件的数量和成本增加了数倍。液压油随着冬、夏季节的变化还要换油，增加维护费用。输料效率要求30t/h，小包装共有750袋，入料口400mm×400mm，每分钟投不了12.5袋。

10　散装乳化炸药

炸药在销售和装填过程中按其包装形式可分为包装炸药和散装炸药。包装炸药是在固定加工厂内加工成成品炸药，装成小药卷、装成中包后装箱，入库。通过多个主管部门审批、购买和运输等环节运往爆破现场，开箱后装入炮孔。散装炸药是现场混装炸药车在地面站把炸药原材料或炸药半成品分别装在车上的料箱内，驶往爆破现场，一边混制炸药一边装入炮孔，无需包装，故称为散装炸药。散装炸药包括：散装乳化炸药、散装多孔粒状铵油炸药、散装黏性多孔粒状铵油炸药和散装重铵油炸药等。多孔粒状铵油炸药比较简单，由多孔粒状硝酸铵和柴油按一定比例混合均匀即可。散装黏性多孔粒状铵油炸药由多孔粒状硝酸铵、柴油和黏合剂按比例混合均匀即可，主要用于井下矿装填上向炮孔之用。重铵油炸药由乳化炸药和多孔粒状铵油炸药按不同的比例混制而成。乳化炸药组分多，混装工艺也比较复杂。

散装乳化炸药配方设计、原材料选择要遵循散装炸药的性能及应用特点，应该是：配方简单，材料来源广泛，价格低廉，有良好的流动性，耐颠簸，抗振动，感度低，有较长的储存期，性能满足爆破工程要求。

散装炸药（混装车混制炸药）灵活性比较大，根据不同的爆破工程，可混装高威力或低威力、高爆速或低爆速的炸药。不同的混装车，混制工艺也不相同：有车上制乳，有地面制乳，有高温敏化，有常温敏化等。当天装药当天起爆的乳化炸药配方最简单，高温敏化，储存期 3~5 天，不要求耐颠簸、抗振动。如果采用预装药工艺，根据预装药的时间，确定储存期的时间，储存期一般为 10~60 天。如果是地面制乳，一点建站，多点配送，散装乳化炸药就要求乳胶基质耐颠簸、抗振动，储存期要求 30 天以上或更长的时间。散装乳化炸药研究的重点是：乳胶基质有良好的流动性，黏度小，一般 15~40Pa·s，料箱内残留量少，不挂壁，耐颠簸、抗振动，能长距离运输，储存期长。敏化温度宽，性能要满足爆破工程需要。

我国散装炸药的发展和现场混装炸药车同步，1986 年从美国埃列克公司引进，1990年国产化现场混装炸药车通过原机械工业部和原冶金工业部鉴定，混装车和散装炸药同时在我国的露天矿推广使用。当时美国埃列克公司提供的配方有：多孔粒状铵油炸药、多种比例的重铵油炸药和 1116 号乳化炸药等多个配方。1116 号乳化炸药配方最简单，水相：20% 的水，80% 的硝酸铵；油相：20% 的乳化剂，80% 的柴油；敏化剂：20% 亚硝酸钠，80% 的水。1116 号乳化炸药要求工艺参数比较高，要求乳化剂性能要好，稍有不慎就会破乳。混制成的乳化炸药黏度很小，只有 10~20Pa·s，发现高温乳胶基质和低温乳胶基质黏度没有太大变化，敏化后产生的气泡易集聚并溢出，影响了炸药性能。当天装药当天起爆常有少量炮孔拒爆，爆炸威力也不令人满意。这样就需要重新钻孔，重新装药，给生产带来了安全隐患。后来在油相中添加了增稠剂，调整了配方，提高了乳化器的转速，解决了上述问题。

2000 年在广东南海化工厂开始研究地面制乳，异地装药。南海化工厂地处广州市大沥镇长虹岭工业园区，为珠江水泥厂矿山装药，往返一次约 70km。该项目是南海化工厂和珠江水泥厂合资兴建，地面站设计能力年产乳胶基质 3000t，一台重铵油混装车。研究表明，炸药储存期太短，在保证良好流动性的条件下，储存期一般为 3 ~ 5 天。当时把有关文献上所讲提高乳胶基质稳定性的原材料和方法都一一做了实验，都没有超过 7 天。2005 年美国路博润公司提供了 2731 和 2735 两种乳化剂，首先在实验室内做了实验，同样的配方，同样的工艺条件，只是把乳化剂换成了 2731 和 2735，乳胶基质在常温条件下，可存放两个月以上。乳胶基质稳定性问题得到了解决，由此可以看出乳化剂是提高乳胶基质稳定性的关键原料之一。

乳化炸药是由乳胶基质加适量的敏化剂搅拌均匀，密度降低到 $1.05 ~ 1.25 \mathrm{g/cm}^3$ 之间形成乳化炸药。乳胶基质是水相和油相高速搅拌、剪切形成油包水型乳胶体系。其中水相成为微小液滴，并均匀地分散在油相中，被油相包覆，因此水相也称为内相或叫分散相，而油相也称为外相或叫连续相。分散相每一个细微小液滴在爆炸时就是一个灼热点，由此可见分散相液滴越小灼热点就越多，炸药的爆炸性能就越好。连续相强度越大，分散相越不容易析出，抗水性能越好。根据水相和油相的上述特点选择合适的原材料和乳化设备非常重要。减小内相界面张力，加强外相油膜强度是选择材料和设计炸药配方的重要依据。

10.1　油相材料选择

为保证散装乳化炸药的性能，合理选择油相原材料是保证炸药质量，降低炸药成本的关键。乳化炸药的油相可以理解为不溶于水的有机或无机化合物，由于乳化剂的存在，和水相溶液一起形成油包水型乳胶基质，由此可见油相是乳化炸药的关键组分之一。油相的主要功能是形成连续相，将水相小液滴包于其中，既防止了水相小液滴的析出，又阻止了外部水的侵蚀，从而有了良好的抗水性能。能配制油相的原材料很多，如：多种牌号的柴油、多种牌号的机油、石蜡油、凡士林、复合蜡、石蜡、经处理过的废机油和废液压油、菜籽油、地沟油等。多种牌号的乳化剂，如：司盘-80（S-80）、丁二酰亚胺、大豆卵磷脂、9126、9136、9120、2731、2735、2820 等。选择油相原料应遵循以下原则：便于乳化，合适的黏度，使用方便，来源广泛，价格低廉。

10.1.1　乳化剂选择

乳化剂是乳化炸药的关键组分，其含量只占炸药总重量的 1% ~ 2%，但没有它无法做成乳化炸药。常用的乳化剂一般有两大类：司盘-80 乳化剂和高分子乳化剂，如：丁二酰亚胺、9126、9136、9120、2731、2735、2820 等都属于高分子乳化剂。司盘-80 乳化剂分子链短，用它生产的乳化炸药储存期不长，但价格便宜，我国的包装乳化炸药多数用的是司盘-80。高分子乳化剂分子链长，用它生产的乳化炸药储存期长，但价格较高。因此根据不同的爆破工程，不同的爆破工艺，混装不同的炸药，选用不同的乳化剂就显得非常重要。为降低成本，在保证产品质量的前提下，也可以采用复合乳化剂。

乳化剂生产厂家很多，同一种牌号的乳化剂由于各个厂家生产工艺的差别、原料的差别，生产出来的产品也不尽相同。虽然产品说明书上各项指标都在相关标准范围内，实际上还会有很大差别，使用前有必要做一下对比试验。2011 年 10 月著者在实验室对六种乳化剂做了储存期试验，使用上述 1116 号配方（稳定性差的配方），试验结果见表 10-1。

表 10-1　用六种乳化剂生产的炸药储存期试验

乳化剂	丹东司盘-80	湖北司盘-80	9120	9126	2820	2731
储存期/d	3	6	9	>30	14	>30
备　注	纯司盘-80	含添加剂	成乳快	成都产	兰州产	进口

从表 10-1 试验结果可以看出，司盘-80 无论添加何种添加剂，储存期很难超过 7 天。9126 和 2731 是可选用的两种乳化剂，9126 为国产高分子乳化剂，2731 为进口高分子乳化剂，价格差三分之一。司盘-80 适用于储存期要求短的爆破作业，如：车上制乳，服务半径小，一矿一站，高温作业，当天装药当天爆破。9126 和 2731 适用于一点建站，多点配送，长距离运输和预装药工艺等。著者采用 9126 和 2731 两种乳化剂都取得了可喜的效果，2731 在老挝普比尔金矿和南海化工厂等单位使用。9126 在国内多个地面站使用，在前进化工厂冷水地面站已使用多年，乳胶基质黏度 30Pa·s 左右，乳化剂含量只有 1.5%，乳化器转速为 1000 r/min，储存期可达四个月。2011 年开始在酒钢集团兴安民爆镜铁山地面站开始使用，也取得了良好的效果，2012 年 9 月乳胶基质送往南京国家民爆质量检测中心（南京理工大学）通过了《危险货物运输爆炸品分级试验方法和判据（GB 14372—1993)》第 8 组、联合国《关于危险货物运输建议书试验和标准手册》第五修订版、联合国《关于危险货物运输建议书规章范本》第十六修订版检测。长途运输 3000 多千米，路途行驶 5 天，途中翻越两座海拔 4000m 的高山，有沙石路面，有三级公路，有高速公路等。

下面把常用的几种乳化剂做一介绍。

10.1.1.1　EX9126

描述：EX9126 是一种应用在散装、包装乳化炸药的聚异丁烯类离子、非离子乳化剂。

应用：EX9126 被推荐的使用量为 1.0%～2.0%。

优点：EX9126 生产的炸药比其他以 PIBSA 乳化剂制备的乳化炸药表现出更为明显的优点有：

（1）适用于任何配方，不受其他表面活性剂的影响。

（2）良好的乳化性能。

（3）具有极好的抗水性。

（4）具有宽广的化学发泡温度范围。

（5）满足苛刻的运输条件。

EX9126 乳化剂的主要参数见表 10-2。

10.1.1.2　Lubrizol（路博润）2820（兰州产）

描述：LZ 2820 是一种既可用于散装型乳化炸药又可用于包装型乳化炸药的乳化剂。

应用：LZ 2820 被推荐的使用量为 1.00%～2.00%，适用于各种形式的生产线。

优点：LZ 2820 为用户提供一个多用途的产品，使用 LZ 2820 配方的产品具有以下优点：

表 10-2　EX9126 乳化剂的主要参数

项　目	最小值	典型值	最大值
密度（15.6℃）	0.91	0.93	0.95
运动黏度(100℃)/cSt	80		250
碱值/mgKOH·g^{-1}		33	
杂　质		通过	
氮含量（质量分数）/%	0.67	0.84	1.00
透明度		清澈	
氧平衡		−3.3	

（1）与多种固体微球兼容。

（2）与含蜡的油相材料也有较好的兼容性。

（3）具有极好的抗水性。

（4）制备的乳化炸药有长的储存期。

（5）路博润公司的乳化剂是高质量的产品，可用于包装型炸药和散装炸药产品。

LZ 2820 乳化剂的主要参数见表 10-3。

表 10-3　LZ 2820 乳化剂的主要参数

理 化 性 能	目标值	理 化 性 能	目标值
闪点(闭口)/℃	168	密度(15.6℃)/kg·m^{-3}	923
碱值/mgKOH·g^{-1}	20	斑点	通过
氮含量/%	0.73	氧平衡	−3.1
运动黏度(100℃)/cSt	142		

10.1.1.3　Lubrizol（路博润）2731（进口）

描述：LZ 2731 是一种用于散装型乳化炸药的乳化剂。

应用：LZ 2731 被推荐的使用量为 1.00% ~ 1.80%。

优点：LZ 2731 为用户提供一个散装乳化炸药用的产品，用 LZ 2731 配方的产品具有以下优点：

（1）与柴油基乳化炸药具有非常好的匹配性。

（2）与固体颗粒具有良好的兼容性。

（3）具有极好的抗水性。

（4）具有宽广的化学发泡温度范围。

（5）易于泵送。

LZ 2731 乳化剂的主要参数见表 10-4。

表 10-4　LZ 2731 乳化剂的主要参数

理 化 性 能	目标值	理 化 性 能	目标值
闪点(闭口)/℃	80	运动黏度(100℃)/cSt	34
碱值/mgKOH·g^{-1}	26.3	密度(15.6℃)/ kg·m^{-3}	949
氮含量/%	0.67	氧平衡	−2.85

10.1.1.4 司盘-80

司盘-80 乳化剂是我国广泛应用的一种乳化剂，应用在医药、化妆品、纺织、石油和乳化炸药等行业。它的优点是价格低，来源广泛。但用它生产的散装乳化炸药稳定性差，储存期短。车上制乳的混装车混制的乳化炸药多数选择这种乳化剂。

司盘-80 乳化剂执行标准 GB 3508—1999，其主要参数见表 10-5。

表 10-5　司盘-80 乳化剂的主要参数

项　目	优等品	合格品
酸值	≤6.0	≤8.0
皂化值	149 ~ 160	145 ~ 160
羟值	193 ~ 209	193 ~ 220
水含量/%	≤0.5	≤2.0
外观	琥珀色或棕色稠状物	琥珀色或棕色稠状物
氧平衡	2.39	2.39

10.1.2　其他材料选择

10.1.2.1 柴油

在散装乳化炸药油相中柴油是首选，因为它热值高（10000kcal/kg）；易于参加硝酸铵的反应；黏度适中，易被硝酸铵吸附；来源广泛，价格较低；闪点、燃点较高，使用安全。根据各地的气候条件，选用 – 10 号、0 号和 +10 号柴油为宜，一般常用 0 号柴油。五种柴油的质量指标见表 10-6，执行标准《普通柴油（GB 252—2011）》。

表 10-6　柴油的质量指标

项　目	质 量 指 标				
	+10 号	0 号	–10 号	–20 号	–35 号
十六烷值	≥50	≥50	≥50	≥45	≥43
恩氏黏度（30℃，0℃）	1.2 ~ 1.65	1.2 ~ 1.67	1.2 ~ 1.67	1.15 ~ 1.67	1.15 ~ 1.67
灰分/%	≤0.025	≤0.025	≤0.025	≤0.025	≤0.025
硫含量/%	<0.2	<0.2	<0.2	<0.2	<0.2
机械杂质/%	无	无	无	无	无
水分/%	痕迹	痕迹	痕迹	痕迹	痕迹
闪点（闭口）/℃	>65	>65	>65	>65	>50
凝固点/℃	≤+10	≤0	≤–10	≤–20	≤–35
水溶性酸或碱	无	无	无	无	无

10.1.2.2 机械油

乳胶基质保持合适的稠度是非常重要的，如果生产的乳胶基质黏度太小，敏化后产生的微小气泡就会集聚和溢出，对于乳化炸药的爆轰感度是非常不利的。乳胶基质保持合适的稠度，有利于提高乳胶基质的稳定性，有利于保留敏化后产生的微小气泡（俗称固泡），有利于提高乳化炸药的爆轰感度，提高炸药的质量。在配方中经常会增添部分机械油。表10-7列出了我国几种机械油的质量指标（执行标准《L-AN全损耗系统用油（GB 443—89)》）。

表10-7 几种常用机械油的质量指标

项 目	质 量 指 标				
	20 号	30 号	40 号	50 号	70 号
运动黏度(50℃)/mm² · s⁻¹	17 ~ 33	27 ~ 33	37 ~ 43	47 ~ 53	67 ~ 73
凝点/℃	≤−15	≤−10	≤−10	≤−10	≤0
残炭/%	≤0.15	≤0.25	≤0.25	≤0.3	≤0.5
灰分/%	≤0.007	≤0.007	≤0.007	≤0.007	≤0.007
水溶性酸和碱	无	无	无	无	无
酸值/mg · g⁻¹	≤0.16	≤0.2	≤0.35	≤0.35	≤0.35
机械杂质/%	≤0.005	≤0.007	≤0.007	≤0.007	≤0.007
水分/%	无	无	无	无	无
闪点（开口）/℃	≥170	≥180	≥190	≥200	≥210
腐蚀（铜片100℃，3h)	合格	合格	合格	合格	合格

从表10-7中可以看出，牌号越大黏度越高，一般常选用30号。如果选用高标号机械油，可以减少炸药中的含量，保证黏度不变。在老挝普比尔地面站，当地只有90号壳牌齿轮油，黏度很大，只加了通常的三分之一，就达到了合适的黏度。在市场上买到的机械油，一般都添加了很多添加剂，如抗氧化剂、抗乳化剂等。最好能买到炼油厂的原始机械油，不加任何添加剂，有利于乳化，价格还低。

10.1.2.3 复合蜡

复合蜡也是常用的油相材料之一，特别是包装乳化炸药中的主要材料。与多种乳化剂有着良好的乳化叠加效果，价格低廉，生产出的乳化炸药药态好，储存期长。在散装乳化炸药中有时也会用到，如：井下矿用乳化炸药作为增稠剂使用。其品种有1号和2号之分，1号含油量约25%，2号含油量约35%。表10-8是复合蜡的质量指标。

表10-8 复合蜡的质量指标

相对分子质量	硫/%	闪点（开口）/℃	密度/g · cm⁻³	熔点/℃	初馏点/℃
387	0.05 ~ 0.11	119	0.8	51 ~ 53.8	245 ~ 398

10.1.2.4 石蜡油

石蜡油在我国的炸药配方中不常使用，在国外的配方中经常使用。在研制乳化炸药的初期，我国配方中也是常用材料。其技术指标见表10-9。

能配制油相的原材料还有很多，如凡士林、石蜡等，这里不再一一介绍，散装乳化炸药常用的一般为上述几种。

表 10-9 石蜡油的技术指标

项 目	技术指标	备 注	项 目	技术指标	备 注
运动黏度（50℃）/mm^2·s^{-1}	24~32	GB/T 265	水分/%	无	GB/T 260
酸值/mgKOH·g^{-1}	≤0.1	GB/T 264	腐蚀（铜片，100℃，3h)	合格	SH/T 0195
闪点（开口）/℃	≥230	GB/T 267	烃类组成		ASTMP3238
凝点/℃	≤0	GB/T 510	CA/%	≤10	
水溶性酸或碱	无	GB/T 529	CN/%	≤30	
机械杂质/%	≤0.007	GB/T 511	CP/%	≤60	

10.2 水相材料选择

水相溶液在乳化炸药中的含量占到总量的 90% 以上，由此可见它是乳化炸药的基础，是乳化炸药的重要组成部分，是乳化炸药中的分散相，在炸药中提供"正"氧，是乳化炸药进行氧化反应、释放能量的源泉。能配制水相溶液的原料有很多，如水、硝酸铵、硝酸钠、尿素、硝酸钾和高氯酸钾等，但常用的一般为前面四种。水相溶液一般是由硝酸铵溶解于水中加热形成的。硝酸铵的供货形式有三种：（1）粉状硝酸铵，即小袋包装，每袋 40kg 或 50kg；（2）粒状硝酸铵，不结块，包装有小袋包装和吨袋包装两种；（3）液体硝酸铵，用槽罐车运输。在有条件的地方最好采用液体硝酸铵，节约能源，减少污染排放。

水在水相溶液中占总量的 8%~23%，水含量的多少对乳化炸药的稳定性、密度和爆炸性能都会有影响。乳化炸药的稳定性随着水分的增加而提高，所以水是稳定剂。密度随着水分的增加而减小，水又是密度调节剂。炸药的爆速、爆力和猛度随着水分的增加而减小，在爆炸过程中水分加热蒸发又消耗了能量，影响了炸药的爆炸性能，水在炸药中反应不活泼，又是一种钝感剂。但是没有水又无法做成乳化炸药，所以水分含量适当非常重要。露天矿山大直径炮孔爆破用起爆具起爆，炸药无雷管感度，非常安全，水分一般控制在 17%~20% 为宜，有的矿山水分加到了 23%。井下矿山爆破孔径小，掘进时炮孔直径一般为 40mm，回采时炮孔直径一般为 60mm、76mm、102mm，用雷管和小型起爆具起爆，水分一般控制在 15%~17% 以下，包装乳化炸药（小直径炸药）的水分一般为 8%~12%，三种炸药性能各不相同。

硝酸铵占水相总量的 80% 左右，虽然硝酸铵在炸药中是来源广泛、价格低廉的氧化剂，但是硝酸铵在水中溶解的温度梯度较大，随着温度的降低，其溶解度急剧降低，便会结晶，这对炸药本身非常不利，通常选用混合氧化剂来配置水相溶液，在水相溶液中经常添加 6%~12% 的硝酸钠。根据硝酸钠的特点，加了硝酸钠的水相溶液可以增大硝酸铵在同样温度下溶解量，降低析晶点，增大供氧量，提高乳化炸药的爆炸能量。在有的配方中加入少量的尿素，尿素的功能与硝酸钠基本相同。

有些配方为了耐颠簸、抗振动，长距离运输，就需要进一步提高炸药的稳定性，提高炸药的综合性能，在水相中添加微量的乳化添加剂、晶型改变剂等。减小水相溶液的张力，获得更小的粒径。改变晶体的形状，即由针状晶体改变为絮状晶体，从而减小对水相析晶体的穿透能力。在油相中添加增强油膜强度的添加剂，或选用能提高油膜强度的原材料，从而提高乳胶基质的稳定性，提高乳化炸药的综合性能。经常添加的有：十二烷基硫酸钠（K12）、十二烷基磺酸钠、十二烷基醇酰磷酸酯（6503）、聚丙烯酰胺（小于 50 万单位）和硫脲等。这些添加剂用量很少，只有 0.1%～0.6%，有的甚至每吨水相溶液只加 10～50g，但它起到了很好的作用。

10.2.1 主要原材料选择

10.2.1.1 硝酸铵

硝酸铵是一种氧化剂，是混制乳化炸药的主要原材料，化学式为 NH_4NO_3，相对分子质量为 80.0。生成能为 $-4424kJ/kg$，生成焓为 $-4563kJ/kg$。含氮量 35%。氧平衡+0.20 g/g。密度 $1.59～1.71g/cm^3$。熔点 169.2℃。执行标准 GB 2945—89，有一级品和二级品之分，其质量指标见表 10-10。

表 10-10　硝酸铵的质量指标（粉状硝酸铵）

项　目	一级品	二级品
外　观	白色细小结晶状	白色细小结晶状，允许有微黄色
硝酸铵含量（以干基计）/%	≥99.5	≥99.0
游离水含量/%	≤0.5	≤0.5
酸　度	甲基橙指示剂不显红色	甲基橙指示剂不显红色
灼烧残渣/%	≤0.05	≤0.05
水不溶物/%	≤0.05	≤0.08
硫酸盐含量/%	≤0.15	≤0.15
可氧化物	痕量	痕量
包装质量/kg	40 或 50（±0.2）	40 或 50（±0.2）

粒状硝酸铵主要质量指标和粉状硝酸铵基本相同，最大好处是不结块，便于破碎，有利于溶解。

10.2.1.2 硝酸钠

硝酸钠也是一种氧化剂，和硝酸铵一起形成复合氧化剂，增大硝酸铵溶液的溶解度，降低水相溶液的析晶点，调整炸药的氧平衡，增大炸药的含氧量，提高炸药的能量和稳定性。

硝酸钠的分子式为 $NaNO_3$，相对分子质量为 84.99。生成能为 $-1301kcal/kg$，生成焓为 $-1315kcal/kg$。含氮量 16.48%。氧平衡+0.471g/g。密度 $2.265g/cm^3$。熔点 315℃。其质量指标见表 10-11，执行标准 GB/T 4553—2002。

表 10-11　硝酸钠的质量指标　　　　　　　　　　　　　　　（%）

项　目	一级品	二级品
外　观	白色细小结晶，允许带淡灰色、淡黄色	
硝酸钠（$NaNO_3$）含量（以干基计）	≥99.2	≥98.5
氯化钠（NaCl）含量（以干基计）	≤0.40	不规定

续表 10-11

项 目	一级品	二级品
亚硝酸钠（$NaNO_2$）含量（以干基计）	≤0.02	≤0.025
碳酸钠（$NaCO_3$）含量（以干基计）	≤0.10	≤0.10
含水量	≤2.0	≤2.0
水不溶物	≤0.1	≤0.1

10.2.1.3 尿素

尿素的化学式为 $CO(NH_2)_2$，相对分子质量：60.005（根据 1987 年国际相对原子质量表）。执行标准 GB 2440—2001，分工业用和农业用两种，每种分优等品、一级品和合格品三种。工业用尿素的技术指标见表 10-12。

表 10-12   工业用尿素的技术指标　　　　　　　　　　（%）

项 目	优等品	一级品	合格品
外 观	颗粒或结晶		
颜 色	白色或浅色		
总氮（N）含量（以干基计）	≥46.3		
缩二尿含量	≤0.5	≤0.9	≤1.0
水分（H_2O）含量	≤0.3	≤0.5	≤0.7
铁（Fe）含量	≤0.0005	≤0.0005	≤0.001
碱度（以 NH_3 计）	≤0.01	≤0.02	≤0.03
硫酸盐含量	≤0.005	≤0.010	≤0.020
水不溶物含量	≤0.005	≤0.010	≤0.040
粒度（$\phi 0.85 \sim 2.80mm$）	≥90		

10.2.1.4 水

水是一种溶解剂，生产乳化炸药的水采用普通水，不允许有机械杂质和其他杂物。

10.2.2 水相溶液的技术指标

水相溶液制成以后有三种技术指标需要测定，即温度、析晶点和 pH 值。温度随着析晶点而定，一般高出析晶点 10～15℃。不同的配方析晶点各不相同，析晶点是硝酸铵等固体原料在水相溶液中浓度（即水分和硝酸铵等固体原料比例）的技术指标，含水量越大析晶点越低。表 10-13 是几种水相溶液的析晶点。尽可能降低水相溶液的析晶点，不但节省能源，而且也提高炸药的安全性。pH 值是酸度的技术指标，配合敏化剂使用，敏化形式不同 pH 值也不同，高温敏化 pH 值可以低一些，低温敏化 pH 值要高一些。

表 10-13　不同水相溶液的析晶点

水/%	硝酸铵/%	硝酸钠/%	高氯酸钠/%	硝酸钙/%	析晶点/℃
12	76	12			72
13	79	8			72
14	78	8			70
15	77	8			68
16	76	8			66
17	77	6			65
18	74	8			62
19	73	6			60
20	80				60
21.4	50	14.3	14.3		33
18.4	55	15.6		11	36

10.3　敏化剂

　　敏化剂也称密度调节剂，添加量只占炸药总量的 0.1% ~ 2%，所以有很多资料上称微量元素。但是没有它的介入，炸药就无法起爆。添加量的多少与敏化剂浓度有关，与炸药要求密度有关，是乳化炸药第三种组分。众所周知，乳胶基质密度一般在 $1.4g/cm^3$ 左右，感度很低，会拒爆，造成爆破事故。任何炸药起爆原理必须遵循以下两点：一是受到冲击波后，内部敏感点急剧产生高能量的热点，促使氧化反应迅速发生，如铵梯油炸药即是如此；二是微小气泡受到外界起爆能量的压缩，机械能转变为热能，微小气泡不断被加热升温，在极短的时间内形成一系列的灼热点，促使氧化反应迅速发生，从而激发炸药爆炸，如乳化炸药和水胶炸药就是这种类型的炸药。在乳胶基质机体内引入微小气泡，降低乳胶基质的密度，达到能够起爆范围（一般密度调节到 $1.05 ~ 1.35g/cm^3$）使之成为乳化炸药。微小气泡的引入，提高了炸药的爆轰感度，在爆炸过程中每一个微小气泡就是一个灼热点，所以气泡越小灼热点越多，炸药爆炸能量越大。在一定范围内密度越小爆速越高，但是又会影响炸药的体积威力，所以乳化炸药的密度要调节到恰到好处。敏化方法有物理敏化和化学敏化两种。物理敏化是将珍珠岩或空心玻璃微珠均匀地搅拌到乳胶基质中降低密度，达到能够满足起爆条件，调节珍珠岩或空心玻璃微珠的添加量来达到不同的密度。化学敏化是两种或两种以上发生反应能够产生微小气泡物质，均匀地分散在乳胶基质内，使密度降低到合适的范围。化学敏化剂用量少，成本低，敏化效果好，工艺简单，散装炸药基本都采用这种敏化方法。由于散装炸药黏度小，微小气泡有集聚和溢出的可能，乳胶基质选用合适的黏度和在敏化剂水溶液中添加一定量的固泡剂非常重要。珍珠岩和玻璃微珠都是空心球体，密度约为 $70kg/m^3$。我国在包装乳化炸药生产中常用珍珠岩作敏化剂，国外常用玻璃微珠作敏化剂。珍珠岩价格便宜，但是强度小；玻璃微珠价格高，但是强度大，两种各有利弊。我国在三峡围堰水下爆破时就用了玻璃微珠作敏化剂。

　　广义地讲，凡是能在乳胶基质内发生化学反应产生出许多微小气泡的物质，都可称为化学敏化剂。化学敏化是两种性质完全不同的复合物质反应过程，一种偏酸，俗称催化剂；一种偏碱，俗称敏化剂，均匀地搅拌到乳胶基质中发生化学反应产生微小气泡，改变炸药的密度。

催化剂，也称为敏化促进剂，一般是酸性物质，常用的有硝酸、磷酸、柠檬酸和醋酸等。敏化剂，以亚硝酸钠为主。为加快发泡速度还会在亚硝酸钠水溶液中添加适量的硫氰酸钠、硫氰酸铵和苏打等，为固泡还会添加一些固泡剂等。

散装炸药的敏化分为高温敏化、常温敏化、低温敏化和超低温敏化四种。四种敏化温度目前在教科书或一些资料中没有明确的划分，根据著者多年研究散装乳化炸药敏化经验，认为60℃以上为高温敏化，60~30℃为常温敏化，30~0℃为低温敏化，0℃以下为超低温敏化。高温敏化时敏化促进剂加在水相中。常温敏化可加到水相中，但量要加大；有的加到油相中或直接加到乳化剂中，但要用有机原料。低温敏化和超低温敏化时应外加。敏化剂无论哪种敏化方式都是现场添加。

10.3.1 原料选择

10.3.1.1 亚硝酸钠

亚硝酸钠是敏化剂配制的最主要原料，化学式为 $NaNO_2$，相对分子质量69.00，熔点271℃。亚硝酸钠溶液为碱性（pH=9），亚硝酸钠与有机物接触易燃烧和爆炸，运输和使用时要多加小心。亚硝酸钠还有毒，2g可以致人死亡。执行标准GB 2367—2006。其技术指标见表10-14。

表 10-14　亚硝酸钠技术指标　　　　　　　　　　　　　　　（%）

指　标	一级品	二级品
亚硝酸钠含量（以干基计）	≥99	≥98
硝酸钠含量（以干基计）	≤0.9	≤1.9
水分含量	≤2.0	≤2.5
水不溶物	≤0.05	≤0.10
外　观	微带淡黄色或白色结晶	

10.3.1.2 碳酸氢钠

碳酸氢钠又名小苏打，用水溶解呈碱性，遇酸反应生成二氧化碳气体，乳化炸药敏化就是用了产生气泡的特性。在国外有的配方中常和醋酸同时加入到水相中，在我国也有使用。化学式为 $NaHCO_3$，相对分子质量84.00，外观为白色粉末或细微结晶体。其技术指标见表10-15。

表 10-15　碳酸氢钠技术指标　　　　　　　　　　　　　　　（%）

指　标	工业级	食品级	医用级
总碱量	≥99~101		
碳酸氢钠	≥98	≥99~101	≥99
碳酸钠	≤1.0		
水分	≤0.4~0.5		
水不溶物	≤0.2	≤0.02	澄清

续表 10-15

指　标	工业级	食品级	医用级
细度（小于 0.246mm）	≥95		
氯化物		≤0.1	≤0.024
硫酸盐		≤0.05	≤0.048
铁盐	≤0.005	≤0.0055	≤0.0016
铵盐		无氨臭	无氨臭
pH 值			8.6
重金属		≤0.0005	≤0.0005
砷盐		≤0.0002	≤0.0004

10.3.1.3　珍珠岩

物理敏化的原材料很多，但普遍采用的是珍珠岩。因此了解珍珠岩的技术参数和掌握珍珠岩的掺混技术，将有助于提高乳化炸药的产品质量，同时也能满足一些特殊用户的要求。珍珠岩的技术参数见表 10-16。

表 10-16　珍珠岩的技术参数

项　目	技 术 参 数
外　观	白色多孔性的松散颗粒，无肉眼可见杂质
密度/kg·m^{-3}	≤65
粒度（0.833~0.375mm）/%	≥95
水分/%	≤2
抗水性能	20mL 水通过 100g 样品，回收≥190mL 水

10.3.1.4　玻璃微珠

玻璃微珠也是物理敏化常用的原材料之一，特别是在国外是普遍采用的一种原料。玻璃微珠是一种微小、中间有空隙的球状粉末。它具有重量轻、体积大、热导率低、抗压强度高、流动性好等特点。玻璃微珠的技术参数见表 10-17。

表 10-17　玻璃微珠的技术参数

项　目	技 术 参 数
外　观	自由流动的白色粉末，显微镜下观察为中空密封球体
粒度范围/μm	15~120，平均 60
静水压强度/MPa	3~6
密度/kg·m^{-3}	10~110，平均 60
含水率/%	≤1
水溶性	不溶于水
pH 值	碱性 9.5

10.3.2　低温敏化

近年来我国民爆产品生产企业由原来小而散、工艺落后。通过兼并、重组和大规模的技术改造，已出现了一批工艺先进，年产炸药几万吨到十几万吨的大型民爆产品生产企业。混装车地面站由原来一矿一站，车上制乳，服务半径小的模式，向地面制乳，一点建站多点配送，扩大服务半径。工信部安全司又出台了混装车跨区作业的文件，这就要求乳胶基质储存期长，稳定性强，耐颠簸，抗振动，炸药需要常温或低温状态下敏化。

不论是地面制乳还是车上制乳，所制成的乳胶基质均需敏化后才能具有起爆感度。民爆产品生产企业乳胶基质制成后，按工艺要求将乳胶基质降温到工艺温度，加入珍珠岩粉或常温敏化剂进行敏化即可。而现场混装乳化炸药车则不同，制成的乳胶基质装到车上有的可能马上使用，就需要高温敏化。有时候需要在车厢内放一段时间，或输送到相当远的距离才开始使用。这时乳胶基质温度已经下降，如在高寒地区或冬季，降至0℃以下，这时就需要在低温敏化。另外井下现场混装乳化炸药车敏化温度也较低，所以乳化炸药低温敏化是非常必要的。高温敏化剂和常温敏化剂在低温条件下起不了作用，低温敏化时必须用低温敏化剂才能达到敏化效果，原因有以下两点：

（1）化学反应能否进行，主要取决于反应最低活化能，任何物质产生化学反应时，其分子本身获得的能量必须大于反应最低活化能，反应才能进行。常温敏化剂在常温时，其分子本身运动能量在常温时大于反应最低活化能，所以能够发泡敏化，一旦温度降到30℃以下时，特别是乳胶基质温度降低到20℃以下时，其分子本身运动能量就低于反应最低活化能，反应就不能进行。常温敏化剂在低温条件下不能敏化，而专用于低温的敏化剂其分子本身运动的能量在低温时也大于反应最低活化能，所以在低温时能发生化学反应，产生敏化作用。

（2）化学反应的速度取决于分子的浓度和分子碰撞的概率大小，碰撞次数越多，相对来说反应就越快。常温敏化剂，随温度降低，分子运动速度下降很快，分子被晶格所固定，分子碰撞速度几乎为零，所以反应不能进行，而低温敏化剂为非晶体物质，即使温度下降，分子运动速度有所下降，但分子不被晶格所固定。只要使反应物匹配恰当，碰撞速度可以基本不变。低温敏化剂在高温、常温和低温时都有较好的敏化效果，高温、常温和低温敏化速度几乎相等。而普通敏化剂，高温时敏化太快，低温时产气泡量太少，几乎不能敏化，效果差。

由此可见，物质反应速度由接触碰撞速度和最低反应活化能决定的，在高温下物质分子运动快，接触碰撞快，高温时反应温度也在最低活化能之上，所以反应快。而在低温时以上两种条件都不具备，所以无法发泡反应。这时如要使发泡在低温下能够进行，必须改变两个条件：一是增强低温时物质接触碰撞速度，二是反应最低活化能必须降低。低温发泡剂正是从这两个方面着手才达到预期效果。低温发泡剂配比必须是一种三歧式的配比与高温的配比不同，用高等数学的三歧定理计算其配比而不是简单的比数，降低反应活化能的方法是一种物理化学常用的方法，就是改进发泡反应的单一机理使反应最低活化能降至最小，这样既使很低的温度对反应也没有什么明显的影响。

催化剂的添加方法有三种：一是加在水相中，这是常用的添加方法，但是在常温和低温状态下，敏化剂很难穿破油膜和催化剂接触发生反应；二是加入油相中，常温敏化时敏化剂很容易和催化剂接触发生反应，但酸性物质很容易破坏油膜，造成内相析出，胶体破乳，国内有的单位推销常温敏化乳胶基质专用乳化剂就是这种添加方法；三是外加法，催化剂和敏化剂先后分别加入乳胶基质中，既保证了乳胶基质的油膜强度，又促使了催化剂和敏化剂接触碰撞发生反应产生气泡。2011 年 2 月进行了实验，添加量相同，敏化时间 19min，实验结果见表 10-18。

表 10-18　不同温度敏化实验密度　　　　　　　　　（g/cm³）

温度/℃	加在水相中	加在油相中	外　加
65	1.13	1.13	1.13
60	1.13	1.13	1.13
55	1.13	1.13	1.13
50	1.13	1.13	1.13
45	1.13	1.13	1.13
40	1.13	1.13	1.13
35	1.13	1.13	1.13
30	1.15	1.13	1.13
25	1.15	1.13	1.13
20	1.18	1.15	1.13
15	1.23	1.17	1.13
10	1.28	1.2	1.13
5	1.33	1.24	1.13
0	1.35	1.26	1.13
−5	—	1.3	1.13

对三种添加方法的乳胶基质又做了振动实验：振幅 20cm，频率每分钟 30 次。催化剂加在水相中，振动 8h 破乳；加在油相中，振动 6h 破乳；催化剂外加，振动 80h 乳胶基质仍未破乳。由此可见，催化剂外加不但解决了敏化问题，而且大大提高了乳胶基质的储存期。

10.4　散装乳化炸药配方设计原则

前面介绍了乳化炸药原材料的性能和用途，本节主要介绍乳化炸药是由水相（也称为氧化剂、内相、分散相）和油相（也称为可燃剂、外相、连续相）混合在一起，用乳化器高速搅拌、剪切，使两种物质物理地融合在一起，形成乳胶基质。再把敏化剂均匀地搅拌到乳胶基质中，通过化学反应产生微小气泡或用物理敏化的方法，使乳胶基质的密度降低，成为能够起爆的乳化炸药。水相和油相的比例是如何确定的，是初学乳化炸药者迫切需要知道的一个问题，是本节介绍的关键之一。炸药配方设计要遵循氧平衡原则、安全第一原则、遵循散装炸药规律原则、工艺设备相匹配的原则以及保护环境原则。

10.4.1　氧平衡原则

炸药的爆炸过程实际上就是氧化剂和可燃剂进行剧烈的化学反应，生成二氧化碳、水和一氧化碳的氧化还原反应过程。只有可燃剂完全被氧化时，释放的能量最大，生成的有害气体最少。水相为正氧，油相为负氧，当水相的正氧含量加上油相的负氧含量等于零时炸药的爆炸威力最大，也称为零氧平衡。例如：在某一配方中硝酸铵占了80%，硝酸铵的氧平衡率在表10-19中查到为+0.2g/g。氧平衡可用式（10-1）计算：

$$氧平衡 = h_1 H_1 + h_2 H_2 + \cdots + h_n H_n \tag{10-1}$$

式中　h——乳化炸药中各组分的氧平衡值；

　　　H——乳化炸药中各组分的百分比含量。

上述配方中水相的氧平衡 = +0.2×0.8 = +0.16；

根据水相的氧平衡值，在确定油相比例时氧平衡值应为−0.16。

表 10-19　散装炸药常用原材料氧平衡值　　　　　　　　　　　（g/g）

材料名称	化学式	相对原子质量或相对分子质量	氧平衡值
硝酸铵	NH_4NO_3	80	+0.20
硝酸钠	$NaNO_3$	85	+0.471
硝酸钾	KNO_3	10l	+0.396
硝酸钙	$Ca(NO_3)_2$	164	+0.488
亚硝酸钠	$NaNO_2$	69	+0.348
高氯酸钠	$NaClO_4$	122.5	+0.523
高氯酸铵	NH_4ClO_4	117.5	+0.34
高氯酸钾	$KClO_4$	138.5	+0.462
氯化铵	NH_4Cl	288.38	−0.448
铝　粉	Al	27	−0.89
尿　素	$CO(NH_2)_2$	60	−0.80
6503		445	−2.01
K12		288	−1.92
聚丙烯酰胺	$(CH_2CHCONH_2)_2$	71	−1.69
柴　油	$C_{16}H_{32}$	244	−3.42
机械油	$C_{16}H_{26}$	170.5	−3.46
复合蜡1	$C_{18}H_{38}$	254.5	−3.46
复合蜡2	$C_{22\sim28}H_{46\sim58}$	392	−3.47
凡士林	$C_{18}H_{38}$	254.5	−3.46
石　蜡	$C_{18}H_{38}$	254.5	−3.46
司盘-80（乳化剂）	$C_{24}H_{44}O_6$	428	−2.39
9126（乳化剂）			−3.3
9136（乳化剂）			−3.3
2820（乳化剂）			−3.1
2731（乳化剂）			−2.85
己二醇	$C_2H_4(OH)_2$	62	−1.29
丙二醇	$C_3H_6(OH)_2$	76.09	−1.68

例：油相是由司盘-80乳化剂和柴油组成，司盘-80占了炸药总量的1.5%，氧平衡值为-2.39，柴油的氧平衡值为-3.42。求柴油的量。

柴油含量×(-3.42)+乳化剂含量×(-2.39) = -0.16

柴油含量×(-3.42)+0.015×(-2.39) = -0.16

柴油含量 = (-0.16+0.03585)÷(-3.42) = 3.63%

在配方设计和配料过程中，很难做到零氧平衡，根据氧化剂（氧）的含量多少，炸药的氧平衡一般有以下三种情况：（1）正氧平衡，氧化剂足以将可燃剂完全氧化并有剩余，会产生NO、NO_2等有害气体（会冒出黄烟）；（2）零氧平衡，氧化剂恰好能将可燃剂完全氧化；做功能力最大，很少产生有害气体；（3）负氧平衡，氧化剂不足以将可燃剂完全氧化，爆炸后还会产生CO、H_2等有害气体（会冒出黑烟）。正氧平衡和负氧平衡都不利于发挥炸药的最大爆炸威力，而且还会产生大量的有害气体。所以在设计炸药配方时一定要做到零氧平衡或接近于零的负氧平衡。根据经验和资料介绍炸药配方在设计时应做到接近于零的负氧平衡，上述举例配方柴油应为3.9%～4%为好。

10.4.2 安全第一原则

设计配方时一定要把安全放在第一位，散装炸药本身就是一种安全炸药，现场混装又是一种安全生产方式。但是千万不可粗心大意，首先配方中不添加单质炸药；其次，在保证炸药性能和满足爆破需要的情况下，尽量增加水分的含量。水是一种钝感剂，炸药的感度随水分的增加感度减小，提高了炸药安全性能，还会改善乳化炸药的氧平衡状态。应该指出水分也不宜过多，水分在爆炸过程中会吸热，消耗能量，爆炸能量下降，影响爆破效果。所以在设计配方时要全面考虑，水分添加应恰到好处。

10.4.3 遵循散装炸药规律原则

散装炸药设计原则是：配方简单，材料来源广泛，价格低廉。散装炸药由于现场混制，炸药的技术指标有很大的灵活性，不同的岩石硬度，不同的爆破工程，现场可提供不同密度、不同能量的炸药。根据现场混装车这一特点，配方要尽可能简单。例如：露天矿常用的HF1号配方只有水、硝酸铵、乳化剂、柴油和亚硝酸钠，称为四组分配方。

为了提高炸药威力，通常的方法是添加多孔粒状硝酸铵，混制成重铵油炸药或重乳化炸药。有时进一步提高炸药威力，也会添加铝粉等。选用粗粒的铝粉是比较适宜的，价格便宜，如果选用更细的铝粉，价格昂贵，也是不必要的。还有根据装药工艺不同，如当天装药当天起爆，就设计储存期短的配方；如果是预装药，就要设计储存期较长的配方；如果要一点建站，远距离输送，就要设计抗振动、耐颠簸、储存期较长的配方。

10.4.4 工艺设备相匹配原则

炸药配方设计与工艺设备和工艺参数有密切的关系，也就是说，不同的炸药配方用不同的设备、不同的工艺参数加工。例如，采用高转速、高剪切的乳化设备，和采用低转速、低剪切的乳化设备，配方设计应有所不同，后者要选用易成乳的乳化剂，水相中应添加减小液面张力的物质等，设计易成乳的配方。还有在多功能混装车上混装单一品种的炸药，造成设备功能浪费；在单功能混装车上混装超过该车功能的配方，都是不合理的。要达到高质量的乳胶基质，与配方设计、原材料质量、工艺设备及工艺参数有关。

10.4.5　保护环境原则

传统的炸药加工厂，也称化工厂，特别是早期的化工厂，污水横流，粉尘满天，工人戴着口罩或防毒面具在车间工作。在配方设计时要做到不添加或少添加有害物质；在添加有粉尘物质时，要安装好除尘装置，如：硝酸铵破碎，要安装除尘器等；减少污水排放，散装炸药地面站，污水主要来源于制乳后水相管路的清洗以及冲洗地面等。如果采用管路保温和水相自我循环，可以做到零排放，内蒙古准格尔地面站就是这样。尊重自然，保护环境，人与自然和谐相处，这是我们必须做到的。配方设计和工艺设备必须有机地结合起来，建成无污染、无污水排放、无粉尘的花园式工厂。

10.5　乳化炸药投产步骤

通过上述讲解，了解了原材料的性能，乳化炸药配方的设计原则，就可以进行配方设计，并投入生产。

（1）可以混制炸药的原材料很多，为了在众多的原材料中选出合适的原材料，就必须熟悉原材料的基本性能、主要技术参数、氧平衡值及物理化学性质，掌握各种原材料在炸药中所起的作用。

（2）确定炸药的用途、药态、爆破环境、装药工艺等。再根据工艺设备性能，初步选定添加原材料及百分比。

（3）列表和计算，查出初步选定原材料的氧平衡值，列成表格，根据初步拟定的百分比，计算氧平衡，按零氧平衡或接近零氧平衡的原则。同时也要计算其他爆轰参数，供参考。

（4）在实验室进行小样实验，用仪器等检验乳胶基质是否达到设计要求，并试爆，测量炸药性能。根据小试，可对配方做一下适当调整。

（5）生产一批，根据相关炸药标准进行性能测试，合格后，抽样，送到质检中心对炸药性能全面检测，合格后方可投入正式生产。

10.6　散装乳化炸药配方举例

20世纪90年代散装乳化炸药在我国推广使用，由原来的单一配方，只有大型露天矿使用；发展到现在的多个配方，大型露天矿、井下矿山、采石场、公路建设、铁路建设、隧道建设等都在使用。炸药配方发展成为系列化，有适用于下向炮孔的低黏度配方，也有适用于井下矿山上向炮孔的高黏度配方，有高温敏化配方、常温敏化配方、低温敏化和超低温敏化配方。一些专业研究院所也参与到研究散装炸药的行列来，大大加快了散装炸药的研究步伐，配方技术达到了国际先进水平。

10.6.1 常用散装乳化炸药配方

查阅国内外各种文献资料，散装乳化炸药配方很多，著者把常用的几种列入表 10-20 中，供读者参考。

表 10-20 几种常用散装乳化炸药配方 （%）

原 料	1116 号	HF1 号	HF2 号	HF3 号	HF4 号	6 号
1. 水相	94	93. 5 ~ 94				92
硝酸铵	80	75 ~ 85				
水	20	16 ~ 20		13 ~ 15		16 ~ 20
醋酸						0. 08
苏打						0. 05
磷酸		0. 03 ~ 0. 06				
柠檬酸				0. 2		
硝酸钠		5 ~ 9				
硫脲						0. 15
乳化添加剂		0. 1				
2. 油相	6	6 ~ 6. 5				8
柴油（0 号）	80	40 ~ 60				
机油 32 号		20 ~ 30	25 ~ 35	20 ~ 30		
乳化剂 9126			25 ~ 35			
增稠剂				5 ~ 10		合成油相
复合蜡					5 ~ 15	
乳化剂司盘-80	20	20 ~ 30			20 ~ 30	
3. 敏化剂	√	√	√	√	√	√
亚硝酸钠	20	20 ~ 30				
水	80	70 ~ 80				
硫氰酸钠		5 ~ 10				
4. 催化剂		√	√	√		

表 10-20 中几种配方说明：

（1）1116 号配方是 20 世纪 80 年代引进美国埃列克公司的炸药技术中的一种，也是车上制乳型混装车的主导配方，配方最简单，只有四种组分，故也称四组分配方。材料来源广泛，原料都是大路货，工艺性能好，高温敏化，易掌握。按照技术转让方提供的技术资料，制定了散装乳化炸药技术文件（技术标准的前身）《机电爆〔1990〕1220》文件。1116 号配方在应用初期发现乳胶基质黏度太小，容易破乳，造成了个别或少量炮孔拒爆。造成破乳的原因主要有两点：第一，当时我国使用的乳化剂只有司盘-80，美国埃列克公司用的是高分子乳化剂；第二，乳化器转速偏低，只有 950 ~ 1000r/min，剪切强度不够。

2005 年以后美国路博润公司生产的 2731 和 2735 在国内推广使用；随后有了国产的 EX9126 和 EX9136 等，接近或达到了 2731 和 2735 的技术性能。乳化器马达由原来 35mL/r 排量更换为 50mL/r 排量，乳化器转速可提高到 1450r/min，增大了剪切强度。通过上述两项措施，提高了乳胶基质的质量，从而保证了爆破质量。现在调整后的 1116 号配方有的单位仍然在使用。特别是一矿一站，车上制乳使用 1116 号配方仍然是不错的选择。

（2）HF1 号配方是 1116 号配方的改进型，油相中添加了少量机械油，增大了油膜强度，提高了乳胶基质的质量，从而保证了爆破质量，HF1 号配方现在使用很广。

（3）HF2 号配方是按照一点建站多点配送设计的，它可远距离运输，常温或低温敏化，储存期可达 30~90 天。

（4）HF3 号配方和 HF4 号配方是为井下矿用乳化炸药设计的，可装上向炮孔，HF3 号配方生产的炸药，最大炮孔直接可达 102mm。众所周知，如果乳胶基质太稠，没有流动性，螺杆泵打不出去，如果乳胶基质太稀，会从上向炮孔中流出，由此可见乳胶基质的稠度非常重要。HF3 号配方，黏度（稠度）受温度影响不大，这样减少了地面站庞大的冷却设备。敏化剂和催化剂全部外加，敏化不受温度限制，高温、常温和低温均可。配方中采用高分子乳化剂，在水相中还添加了乳化添加剂和增稠剂，大大提高了乳胶基质的质量，乳胶基质储存期长，抗振动，耐颠簸，可远距离运输。HF4 号配方乳胶基质的增稠是采用添加复合蜡的方式，乳化剂采用司盘-80，乳胶基质储存期较短，敏化采用常温敏化，乳胶基质温度需要降温到 50℃以下，地面站设有钢带冷却设备。

（5）6 号配方是一家外国公司的配方，主要使用于大型露天矿，油相采用合成油相，乳胶基质的黏度为 20~30Pa·s 之间，2008 年做过一次实验，运输近 2000km，15 天后乳胶基质开始破乳，其技术指标都达到了我国有关技术标准的技术要求。

（6）敏化剂和催化剂的添加量，视乳化炸药的密度而定，现场可调。

散装乳化炸药的配方各个单位有各个单位的特点，但主要原材料基本相同，只是一些微量元素添加的品种和数量不同，配方各有所长。

散装炸药还有多孔粒状铵油炸药、重铵油炸药、重乳化炸药和黏性多孔粒状铵油炸药等。

多孔粒状铵油炸药是一定比例的多孔粒状硝酸铵和一定比例的柴油混合均匀即可，主要用于无水炮孔，在散装炸药中占了很大的比例。

散装重铵油炸药是乳化炸药和多孔粒状铵油炸药的混合物，一般常用两种比例，乳化炸药 70%、粒状铵油炸药 30%，常用于有水炮孔，称为重乳化炸药；乳化炸药 50%、粒状铵油炸药 50%，常用于无水炮孔，称为重铵油炸药。

黏性多孔粒状铵油炸药，是多孔粒状铵油炸药添加了黏合剂，主要用于井下矿装上向炮孔之用。邯邢矿山管理局西石门铁矿保留了我国唯一一条黏性多孔粒状铵油炸药生产线。添加了黏合剂不但增强了炸药与炮孔的黏合力，而且大大降低了返粉率。

10.6.2 乳化炸药的主要性能

10.6.2.1 外观

黏稠状有气泡胶体。

10.6.2.2　检测性能

（1）密度：$1.0 \sim 1.25 \text{g/cm}^3$。

（2）爆速：$\phi 120$ 纸筒 3800m/s 以上；$\phi 150 \times 4$PVC 塑料管，4200m/s 以上。

10.6.2.3　炸药的物理性能

（1）乳胶基质中微粒粒径：$0.1 \sim 10 \mu m$，平均 $2 \sim 3 \mu m$。

（2）密度：$1.05 \sim 1.25 \text{g/cm}^3$。

（3）黏度：$15 \sim 30 \text{Pa} \cdot \text{s}$。

（4）抗水性能：浸入盛满水的桶中，一周后测试爆速大于规定值。

（5）储存期：（在室内）$3 \sim 30$d，配方不同储存期不同。

（6）储存稳定性：储存期满后测试爆速大于规定值。

（7）临界直径：与配方和密度有关，一般为 $50 \sim 60$mm。

（8）机械感度：与包装乳化炸药相比，由于不含猛炸药，并含有大量的水，故对撞击、摩擦和枪击实验没有反应。

（9）炮烟组分：炮烟组分与氧平衡有关，达到相关标准要求。

10.7　炸药性能检测

散装炸药主要包括：乳化炸药、多孔粒状铵油炸药、重铵油炸药和重乳化炸药。重铵油炸药和重乳化炸药是乳化炸药和多孔粒状铵油炸药的混合物，所以这里只介绍乳化炸药和多孔粒状铵油炸药的性能测定。

不同的工业炸药有不同的检测项目，不同的检测项目有不同的检测方法，现在把散装乳化炸药和多孔粒状铵油炸药的检测项目和检测方法做一介绍，供检测者使用。

10.7.1　乳化炸药性能检测

根据《乳化炸药（GB 18095—2000）》的规定，散装（车装）乳化炸药只有密度和爆速两项指标。

10.7.1.1　外观检测

每次在爆破现场混制炸药时要目测，标准中虽然没有外观检测这一项，但对于有经验者非常有效。外观检测分为两种情况：（1）制乳时乳胶基质检测，主要观察乳胶基质成乳状况，包括黏度、乳胶基质是否透亮等；（2）在装药现场乳胶基质敏化后，主要观察敏化（发泡）状况。

10.7.1.2　密度测定

A　测试器材

（1）电子天平：满量程 5kg，精度 1g。

（2）密度杯：铝合金等材料制成，容积 1000mL。

B　测试步骤

每次到爆破现场开始试制炸药时，从混合器出口处或从输药软管终端取样装满密度杯，发泡 $5 \sim 20$min（高温敏化一般 $5 \sim 10$min，常温低温敏化一般 $10 \sim 20$min）后把密度杯口部溢出的炸药抹平，密度杯四周清理干净后称重，从秤上读出的数值减去皮重即为炸药密度值。如果密度值适宜，则可开始对炮孔装药；如果密度值偏小，则要减少发泡剂量；如果密度值偏大，则要增大发泡剂量，直到调试合格才能对炮孔装药。

装药过程中至少抽查 2~3 次，重复以上步骤，以检测密度的稳定性。

10.7.1.3 爆速测定

在执行标准 GB/T 13228 中，规定测时仪法和导爆索法测定工业炸药爆速具有同等效力，但只有测时仪法可作为仲裁方法。

A 测时仪法（爆速仪测试法）

a 测试原理

测试系统构成如图 10-1 所示，当炸药被引爆时，爆轰波沿药卷传播到 A 点和 B 点时，因为爆轰波阵面上的产物处于高温、高压、发光等效应的作用下，电离为正、负离子，具有很好的导电性，因此 A 点和 B 点处互相绝缘的探针接通，感知爆轰波到达的信息，并通过信号形成电路转变成电信号。用电子测时仪测出由安装在长度为 L 的炸药药段两端的一对传感元件给出的两个信号之间时间间隔 t，便可求得该段炸药中的爆速。

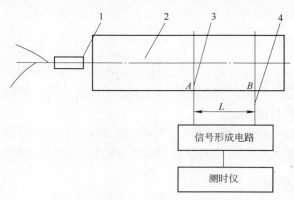

图 10-1 电测法测试系统

1—雷管；2—试样；3，4—信号传输线

b 测试器材和材料

（1）测仪时。旧的爆速仪实际是一台测时仪，用计算的方法求出爆速，新的测时仪已自动计算出爆速，所以称爆速仪。

（2）传感元件：$\phi 0.10 \sim 0.15$mm 铜芯漆包线。

（3）钢板尺：300mm，分度值 1mm。

（4）不锈钢钩针：用于穿铜线。

（5）起爆器材：8 号工业雷管，500g 起爆具。

c 测试步骤

（1）试样准备。用 PVC $\phi 150$mm×4mm×900mm（直径×壁厚×长度），3 只塑料桶，封底；在混装车装填炸药过程中取样装满 3 桶，贴上标签，注明取样日期、地点、人员、混装车号。

（2）传感元件的安装。当用 PVC$\phi 150$mm×4mm×900mm 时，一般测距 $L=300$mm（可以为 50mm、100mm、200mm 等）。最靠近试样起爆端的测点（俗称一把），距插入试样中的起爆具端面的距离，应不小于直径的三倍。

（3）用不锈钢钩针，将 $\phi0.10\sim0.15mm$ 的漆包线沿试样径向穿过并保持平行，插入药内部分应绞合并拉直。探针的首、尾均折向试样尾端并用胶布或胶带固定在试样上。安装好后，两引出线在通电性能上应彼此保持断开状态。

允许在一个试样上安装两个或两个以上传感器，但测距要相同，用多段爆速仪测量爆速，一次可测得多个数据。

（4）系统连接和准备。将安装好传感元件的试样放置到爆炸现场，把传感元件的引出线与爆速仪的信号传输线连接起来。连接前先检查起爆器材和爆速仪是否完好，以确保工作正常。爆速仪和试样之间要保证有足够的安全距离，周围警戒，试爆区内所有人员撤离到指定位置。

（5）起爆试样。先将500g起爆具（也可用包装乳化炸药或2号岩石炸药作起爆药）置于炸药试样封口的一端中心处，插入深度约为起爆具的高度。调整仪器处于待测状态起爆，记下仪器测得的数据，最后插入雷管，试爆人员撤离到指定位置。按下起爆按钮，试样起爆。

全部操作过程均按照《爆破安全规程》操作。

（6）爆速计算。老的爆速仪用式（10-2）计算或查表，新的爆速仪可以直接读出。

$$S = \frac{L}{t} \tag{10-2}$$

式中　S——试样爆速，m/s；

　　　L——测距（靶距），mm；

　　　t——时间，μs。

用式（10-2）计算出每一炮的爆速，取三次的平均值，$\overline{S}\geqslant$规定值为合格。

B　导爆索法

a　测试方法及原理

该方法是用已知导爆索的爆速测定炸药的爆速，其装置如图10-2所示。主要由爆速板、导爆索、试样、起爆具和雷管等组成。爆速板一般由铝板或铅板制成，长度 $250\sim300mm$，宽度 $40\sim60mm$，厚度 $3\sim6mm$。在两端分别粘贴两块垫板（材质可用石棉板等），厚度2mm左右。在爆速板的一端如 M 点处，做一记号。导爆索长度一般 $3\sim5m$（长度以防止把爆速板炸飞为准），导爆索的中点和 M 点重合，导爆索拉直并用胶布固定牢。

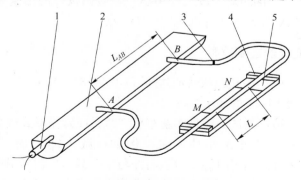

图 10-2　用导爆索测爆速装置示意图

1—起爆雷管和起爆具；2—试样；3—导爆索；4—垫片；5—爆速板

炸药试样取样、靶距同爆速仪测试法相同。把导爆索的两端插入试样的 A 和 B 孔中。

当试样炸药由雷管和起爆具引爆后，爆轰波传至 A 点时，引爆了导爆索的一端，同时，继续沿药卷传播，当到达 B 点时，导爆索的另一端也被引爆。在某一时刻，导爆索沿两个方向传播的爆轰波相遇于 N 点，在铝板（或铅板）上记录爆轰波相遇时碰撞的痕迹，测量 M 点到 N 的距离，炸药的爆速按式（10-3）计算。

$$S = \frac{L_{AB}S_c}{2L} \qquad\qquad (10\text{-}3)$$

式中　　S——被测炸药的爆速，m/s；

　　　L_{AB}——试样上 AB 段（靶距）的距离；

　　　S_c——导爆索的已知爆速值，一般取 6500m/s；

　　　L——导爆索中点 M 到爆轰波碰撞点 N 之间的距离，mm。

b　测试所需材料

（1）导爆索：3~5m，爆速一般为 6500m/s。

（2）爆速板：3 块（预先加工好的）。

（3）钢板尺：300mm，分度值 1mm。

（4）起爆器材：8 号雷管和 0.5kg 起爆具各三发。

c　测试程序

（1）试样准备。PVCφ150mm×4mm×900mm，3 只塑料桶，封底；在混装车装填炸药过程中取样装满 3 只塑料桶，贴上标签，注明取样日期、地点、人员、混装车号。当用PVCφ150mm×4mm×900mm 时，测距一般 L = 300mm（可以为 50mm、100mm、200mm 等）；最靠近试样起爆端的测点位置距插入试样中的起爆弹与试样的相接面应不小于直径的三倍。

（2）导爆索准备。截取 3~5m 导爆索，在其中心点做好记号。

（3）将导爆索用胶布固定在爆速板上（图 10-2），导爆索的中点和爆速板上的 M 点重合，并使导爆索和爆速板间距用垫板隔开，距离为 2~3mm。

（4）把导爆索第一端（和 M 点重合的为第一端）插入试样 A 孔内，另一端插入 B 孔内，穿过直径方向，保持平行，用胶布将导爆索向下方固定牢。

（5）把雷管和起爆具装在试样口部，测试人员撤离到安全位置，拉响警报，确定安全无误，方可起爆。起爆后，确定在安全的条件下到爆破现场找到爆速板，测量中心点（M）到碰撞痕迹点（N）的距离，按式（10-3）计算出试样的爆速。然后取三次试样爆速的平均值，为炸药的爆速，大于标准规定值为合格。

10.7.2　多孔粒状铵油炸药性能检测

多孔粒状铵油炸药按《多孔粒状铵油炸药（GB 17583—1998）》标准中第 3.3 款的要求，性能指标应符合表 10-21 的要求。

表 10-21 中的所有指标测试一般是在新车投产时，或做完形式试验后测试全部性能指标。表中一些指标测试时可操作性不强，例如：做工能力测试，用铅柱法测试，GB 12436—1990 测试标准规定用 10g 2 号岩石炸药由一只 8 号雷管引爆，多孔粒状铵油炸药本身没有雷管感度，就需要加起爆药，测试数值不是很准。正常情况下常用测爆速和猛度两项指标来衡量炸药的质量好坏，这里只介绍爆速和猛度的检测方法。

表 10-21　多孔粒状铵油炸药性能指标

项目	水分 /%	爆速 /m³·s⁻¹	猛度 /mm	做工能力 /mL	有效期 /d	炸药有效期内	
						水分/%	爆速/m³·s⁻¹
指标	≤0.3	≥2800	≥15	≥278	30	≤0.5	≥2500

注：炸药有效期自制造完成之日起计算。

水分检测参照 GB 17583，做工能力检测参照 GB 12436。

10.7.2.1　爆速测定

爆速测定按标准 GB/T 13228 的有关规定进行，其中采用（内径）$\phi 50\text{mm} \times 5\text{mm} \times 350\text{mm}$ 焊接钢管装炸药，管底同样要用 5mm 厚的钢板焊牢。加 50g 2 号岩石炸药做起爆药，装药密度应不小于 0.9g/cm^3，测距（靶距）为 50mm。其余方法同 10.7.1 乳化炸药爆速测试方法。

10.7.2.2　猛度测定（GB 12440）

A　方法原理

在规定参量（质量、密度和几何尺寸）的条件下，炸药爆炸时对铅柱进行压缩，以压缩值来衡量炸药的猛度。

B　仪器、设备与材料

（1）架盘天平：感量 0.01g。

（2）游标卡尺：分度值 0.02mm。

（3）钢片：优质碳素结构钢，尺寸如图 10-3 所示。

（4）铅柱：$\phi 40\text{mm} \times 60\text{mm}$，两端要平行。

（5）试样管（图 10-4）：内径 $\phi 50\text{mm} \times 5\text{mm} \times 60\text{mm}$，焊接钢管，底部用不干胶纸粘牢。

（6）钢底板：中碳钢板，厚度不小于 20mm，边长（或直径）不小于 200mm，钢板四角分布有四个小钩。

（7）8 号雷管。

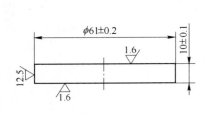

图 10-3　钢片尺寸

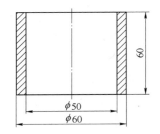

图 10-4　试验管图

C　测试步骤

（1）试样准备。取混制好的多孔粒状铵油炸药 45g，装入试样管内，压实。再取 5g 2 号岩石炸药装在试样的顶部，压实。

（2）测量铅柱，用游标卡尺测量铅柱的长度，保证不平行度为 0.01mm。

（3）按照图 10-5 安放试验装置。

底板是圆形还是方形没有明确的要求，一般厚度为 20mm，最短边长度（或直径）不小于 200mm，钢板的四角焊接四个小钩，为固定试样而用。底板要放在坚硬的基础上（混凝土厚度不小于 100mm），依次放置铅柱、钢片和炸药试样，摆放时要放在同一轴线上。用绳索把试验装置和底板固定牢靠，装上雷管，当人员撤离到安全地方，拉响警报，方可起爆。

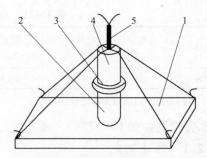

图 10-5　猛度试验装置示意图
1—底板；2—铅柱；3—钢片；4—试样；5—雷管

（4）擦干净使用后铅柱上的脏物，用游标卡尺测量被压缩的铅柱，测量垂直直径的四点高度（精确到 0.02mm），取其算术平均值作为试验后铅柱高度的平均值，用 h_1 表示（精度 0.01mm）。

（5）实验结果计算和评定。铅柱压缩值按式（10-4）计算：

$$\Delta h = h_0 - h_1 \tag{10-4}$$

式中　Δh——铅柱压缩值，mm；

　　　h_0——实验前铅柱高度的平均值，mm；

　　　h_1——实验后铅柱高度的平均值，mm。

每个试样做两次实验，其实验的铅柱压缩的平行值不得大于 2mm，然后再取两次实验的算术平均值，精确到 0.01mm，该值为实验铅柱的压缩值，即为炸药的猛度值。

如猛度值超差，允许重新取样，按上述程序进行复试。如仍然超差，则为不合格，查找原因后重新实验。

 # 11　现场混装炸药车的应用

自 20 世纪 80 年代后期开始，在我国的许多大中型露天矿山陆续装备了炸药现场混装车，逐步实现了矿用炸药现场混装机械化装药，大幅度提高了矿山爆破和生产效率，促进了矿山爆破技术进步。特别是乳化炸药混装车及散装乳化炸药的应用，大大简化了乳化炸药的组分和工艺，实现炸药混制与炮孔装填高度机械化，根本上提高了炸药混装、运输及使用的安全性。1987 年从美国埃列克公司引进的两台现场混装炸药车分别在江西铜业公司德兴铜矿和本溪钢铁公司南芬铁矿投入使用，引起了国内矿山和炸药行业的高度关注。1987 年在德兴铜矿由山西惠丰特种汽车有限公司（原长治矿山机械厂）主持，邀请了全国各大中型露天矿领导和爆破工程师，以及钢铁、有色、煤炭和水电管理部门的领导，还邀请了各大矿山设计院等单位参加的现场混装炸药车推广会，使大家知道了国外矿山是如何现场混装炸药的。1990 年国产炸药混装车在本溪钢铁公司南芬铁矿通过了原机械工业部和冶金部联合组织的部级鉴定。开始投放市场，在我国大中型露天矿马上达到了推广和使用。截至 2013 年 6 月，钢铁、有色、煤炭、建材等大中型露天矿及大型水电工程已全部使用了炸药现场混制和装填炸药。现在正在向爆破公司、炸药厂及小型采石场、公路、铁路等施工爆破作业延伸。下面介绍一些应用案例供同行借鉴和参考。

11.1　现场混装炸药车在金堆城钼矿的应用

金堆城钼矿是我国最早使用混装车的单位之一，是我国最大的钼矿，位于秦岭山脉东段，距西安 100 多千米。1995 年该矿采用外购袋装乳化炸药，人工装药，炮孔装填效率低，爆破效果差，爆破成本比较高。1995 年从山西惠丰特种汽车有限公司（原长治矿山机械厂）购买了两台 BCRH-15 型现场混装乳化炸药车和一套年产 3000t 的地面站全套设备。金堆城钼矿体赋存在花岗斑岩和安山玢岩中，矿体上部覆盖有充积层和分化带。矿石类型主要为安山玢岩、花岗斑岩、石英岩和斑岩。矿体和围岩没有明显界限，两者呈渐变关系。采矿台阶高度 12m，钻孔直径 250mm。矿石（或岩石）分硬岩、中硬岩和软岩三类。使用初期，炸药配方为美国埃列克公司提供的 1116 号配方。这种配方对工艺参数要求高，对原材料同样要求高，特别要求用高分子乳化剂。当时我国乳化炸药刚刚起步，供选择的乳化剂只有司盘-80。配方过于简单，只有硝酸铵、柴油、亚硝酸钠和水四组分。生产出的乳胶基质黏度较小，敏化后的气泡，积聚起来，变成大气泡，排入大气中。造成少数炮孔拒爆，从而影响爆破质量。再则，炸药单耗高（20% ~25%），炸药成本有所提高，爆破震动加大，炸药质量不太稳定。优化孔网参数，降低炸药单耗是技术的切入点。用混装车装药为耦合装药，和袋装乳化炸药相比，炸药单耗提高是必然的。如果仍采用原来的孔网参数，每孔的炸药能量势必过剩，除有效破碎矿外，过剩的炸药能量将产生岩块的过度抛掷、爆破震动加强等副作用。

1996 年北京矿冶总院矿化室会同长治矿山机械厂相关人员，在金堆城首先在油相中

增加了稳定剂，炸药质量保证了稳定。采用现场混装乳化炸药技术，相应现场布孔也必须进行优化。增大炮孔的孔距和排距，提高延米爆破量，减少炮孔数量，从而减低炸药单耗，提高爆破质量，减低采矿综合成本。

首先对硬岩、中硬岩和软岩确定最佳炸药单耗，改变孔网参数，进行爆破试验，最终获得该类矿、岩的最佳孔网参数。通过生产试验，获得软岩的最佳炸药单耗 0.12 ~ 0.14kg/t；中硬岩 0.14 ~ 0.16kg/t；硬岩 0.16 ~ 0.18kg/t。孔网参数优化后获得了良好的爆破效果：硬岩单孔爆破面积由原来的 30 ~ 42m² 扩大到 50 ~ 60m²；中硬岩单孔爆破面积由原来的 40 ~ 60m² 扩大到 60 ~ 80m²；软岩单孔爆破面积由原来的 60 ~ 70m² 扩大到 60 ~ 90m²；炮孔延米爆破量由 160t/m 提高到 180t/m。试验证明，爆破块度分布合理，爆堆形态良好，综合爆破成本大幅度降低，铲装效率大幅度提高，爆破震动大幅度降低。

为了提高矿山开采的技术水平和经济效益，采用先进的工艺装备是非常必要的。我国的露天矿山普遍采用散装炸药混装技术，不仅提高了矿山企业的技术水平和经济效益，而且促进了我国矿山爆破技术的整体进步。改变了矿山炸药加工、运输、储存和装药等的传统工艺方法，提高了矿山爆破、钻孔、铲装工序生产效率，消除了炸药在加工、运输、储存等环节的安全隐患。

11.2 现场混装炸药车在三峡工程中的应用

从 1993 年三峡工程第一爆开始，山西惠丰特种汽车有限公司生产的现场混装炸药车就服务于三峡爆破工地，在举世闻名的三峡工程中立下赫赫战功。被三峡工程指挥部评为十大"红旗"装备。

2006 年三峡工程三期上游 RCC 围堰成功爆破，标志着三峡大坝全线到顶，三峡三期 RCC 围堰已完成挡水的历史使命，这次爆破使用的炸药制造装填设备是为其专门生产的两台现场混装乳化炸药车及一套移动式地面站。

这次拆除的围堰，长 488m、高 100m，拆除坝体 186000m²，使用炸药 192t。炸药需在水中完全浸泡 7 天，技术人员除对炸药进行防水处理外，同时也要求炸药具有很好的防水性、抗压性，高威力、高质量的炸药需要高技术的装备来制造。

山西惠丰特种汽车有限公司详细了解了负责爆破任务的易普力化工有限公司对现场混装车的技术要求，主要是深水浸泡时间较长乳化炸药稠度需要增大；现场混装车无法进入硐室，使得输送距离较远，给高效乳化、输送提出了高的技术要求。同时高速乳化、高压输送这两个安全性最敏感的问题自然也就提了出来，并必须给予安全保障。移动地面站负责生产炸药半成品，乳化炸药混装车负责生产乳胶基质并运送到硐室内的装药机内，装药机负责将乳胶基质敏化后按量装入药室。满足了天下第一爆的要求，圆满完成爆破作业，受到用户及有关部门好评。

11.3 现场混装重铵油炸药车在俄罗斯的应用

俄罗斯瓦纳基采选公司成立于 1957 年，是俄罗斯大型矿山之一，年采矿石 5000 万吨以上，该矿目前拥有四个采区，公司年消耗炸药 35000t，使用混装车以前用的炸药主要是TNT 和粒状硝酸铵混合炸药，炸药单耗随矿岩硬度不同而不同，在 0.14 ~ 0.56kg/t 之间变化。

2001年3月份在中国专家指导下两台车组装完毕。经过空车运转，炸药配方的标定，操纵人员的培训，立即投入爆破试验，生产的炸药为重乳化炸药（乳化炸药和多孔粒状铵油炸药比为8∶2）。

第一次试验时在主矿区下部北面进行，矿区长3000m、宽2500m，矿岩硬度$f=16$，台阶高度15m，炮孔直径250mm，炮孔深度约17m，炮孔间距5m×5.5m，孔中水深8～10m。炮孔沿台阶线按5排平行、三角形排列，总计330个炮孔，装药255t。其中混装车装212孔，装药量170t；人工装药118孔，装药量85t，人工装TNT粒状硝酸铵混合炸药每孔720kg，用混装车装重乳化炸药每孔装800kg，重乳化炸药的密度比TNT粒状混合炸药要大，为使装药高度相等，所以每孔多装80kg。

起爆条件为每孔放两发400g柱状TNT做起爆弹，一个放在孔底，一个放在距孔底3m左右的位置，每个炮孔都用导爆管连接。爆破以后从爆破现场看如图11-1所示。

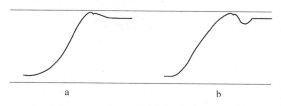

图11-1　边坡爆破侧视图
a—人工装药爆破后；b—混装车装药爆破后

矿石破碎均匀，大块率低，瓦纳基采选公司技术人员和有关工程技术人员仔细观察和对比分析后，认为BCZH-25型混装车混制的重乳化炸药与人工装填的TNT粒状铵油炸药爆破效果基本相同，而重乳化炸药爆破反应后，产生的气体污染小，边坡抛出去的更多一点，孔网参数有望扩大，效果令人满意。

2001年每台车装7000t，2002年每台车装8000t，2002年又向中方签订2台购车合同，2003年3月已交付使用。2003年4台车共生产炸药35000t。

在未使用混装车前使用外购TNT和粒状硝酸铵混制的炸药，每吨8000卢布（约合276美元），混装车混制的重铵油炸药初期每吨5000卢布（约合172美元），每吨可节省3000卢布（约合104美元）；2001年2台车混制生产14000t，可节省145.6万美元；2002年2台车混制生产炸药16000t，可节省1666.6万美元，经济效益非常显著。

俄罗斯瓦纳基采选公司建的地面站自动化程度比较高，年生产35000t炸药，地面站直接生产工人只有14人，4台车10名工人，总计24人。

11.4　现场混装乳化炸药车在黄麦岭矿的应用

黄麦岭矿位于湖北省北部大悟县境内，是一家中小型磷化工矿山，公司主要生产磷酸二铵，年需炸药约1500t左右，2001年购买了一台混装车和一套小型地面站设备，2002年投产。炮孔直径为110mm，台阶高度15m，孔间距4m×4.5m，外购成品炸药，药卷直径80mm，由于不是耦合装药，炮孔利用率低。投产时，第一次也做了成品炸药和混装车乳化炸药比较。由于混装车装药实现了耦合装药，每孔和成品炸药相比多装了33%，从爆破效果（图11-2）看，抛出去的特别多，说明孔网参数要扩大，后来经矿山一段时间试生产，孔网参数由原来的4m×4.5m扩大到4.5m×7m，也就是说每年的钻孔量减少

44%。每年钻孔 5000 个，每孔深 17m，总钻孔 85000m，钻 1m 孔约 40 元，减少 44% 即 37400m，可节省费用 149.6 万元。外购炸药每吨 5000 多元，装药车混制的炸药每吨不到 3000 元，经济效益十分可观。

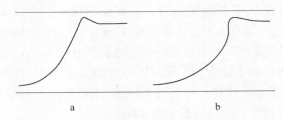

图 11-2　边坡爆破侧视图

a—人工装药爆破后；b—混装车装药爆破后

11.5　现场混装乳化炸药车在镜铁山矿的应用

11.5.1　试验背景

酒钢集团镜铁山矿使用混装车前，所用炸药为袋装乳化炸药。2010 年经国家有关部门批准了酒钢集团兴安民爆有限公司增加混装炸药产能。2011 年初购进了现场混装乳化炸药车。

现场混装乳化炸药车是集原材料运输、炸药现场混制、机械化装药为一体的先进爆破设备。它具有生产效率高、工艺先进及安全可靠等优点。消除了传统炸药生产、运输、储存过程中的不安全因素，对环境也不会造成污染，真正实现了炸药生产与爆破施工本质安全。

《民用爆炸物品行业"十二五"发展规划》和《民爆行业技术进步指导意见》提出，在"十二五"期间民爆行业要进一步优化产品结构，工业炸药生产方式由固定生产线向现场混装作业方式发展，现场混装炸药占 50% 以上。以提高民用爆炸物品本质安全生产水平，促进民爆行业整体技术水平的提高。同时，为了提高酒钢矿山爆破作业的本质安全性、降低职工劳动强度、提高爆破效率，推动酒钢兴安民爆向生产、运输、爆破一体化方向发展，在酒钢镜铁山矿黑沟采场进行了散装炸药做功能力、炸药单耗、矿岩硬度、孔网距离等参数的优化匹配试验。

11.5.2　现场试验

2011 年 3~9 月在黑沟矿区进行了为期 6 个月的工业性试验，达到了预期效果。

首先在海拔 2640 试验场，按照《乳化炸药（GB 18095—2000）》标准，进行了爆速和密度测试。爆速 4895m/s，密度 1.15g/cm³，炸药达到了要求。

从 2011 年 3~9 月，BCRH-15D 型现场混装乳化炸药车，在黑沟采场共进行工业性试验 90 次。通过不断调整炸药配方和孔网参数，试验取得了可喜的成果。此次工业性试验可分为三个阶段，详细如下：

（1）第一阶段。第一阶段由于处于试验起步阶段，采用 5m×7m 的爆破孔网参数，个别区域根据岩体结构、节理裂隙发育情况、爆堆铲装情况及采场其他条件进行适当调整。

此阶段炸药单耗较高，平均炸药单耗 0.3024kg/t，比使用传统大包乳化炸药起爆单耗高 38.27%。与 2010 年采用传统大包乳化装药铲装数据相比，大块率高出 100.6%，根底率高出 36.4%，铲装效率降低 9.2%。

存在的问题：

1）生产出来的乳化炸药质量不稳定，不能满足生产爆破要求。

2）爆破试验效果差，存在多次爆燃现象，爆堆在铲装过程中，出现超标大块和挡墙，采场底板有明显抬高现象。

3）使用乳化炸药混装车装药，炸药单耗过高。

解决措施：

1）改进炸药生产工艺，以改善炸药性能，提高炸药威力。

2）在炸药生产工艺改进期间，使用成品起爆具进行起爆，并在装药后 10~15min 内对炮孔进行填塞，防止炸药发泡过度引起炸药感度和性能的下降。

（2）第二阶段。第二阶段爆破效果逐渐好转。此阶段孔网参数仍然以 5m×7m 为主，未进行参数优化，平均炸药单耗 0.2714kg/t，比成品大包乳化高出 23.36%。爆堆在铲装过程中，仍有超标大块和挡墙，采场底板部分出现抬高现象。与 2010 年采用成品大包乳化装药铲装数据相比较，大块率高出 16.8%，根底率相当，铲装效率降低 7.2%，但比第一阶段的试验效果有较大的进步，同时积累了一些混装炸药车现场作业经验。

（3）第三阶段。通过进一步调整炸药配方、提高炸药威力，第三阶段将孔网参数调整为 5m×7.5m，5m×8m。平均炸药单耗降低至 0.2436kg/t，比采用成品大包乳化高出 10.7%。

各区域爆破效果较好，与 2010 年采用传统大包乳化装药铲装数据相比较，大块率降低 12%，根底率降低 39%，铲装效率提高 9.5%。7 月，黑沟采场爆破量达到 1043266t，采剥总量 871116t，这与采场良好的爆破效果是分不开的。可见，5m×8m 的孔网参数比较适合黑沟采场实际地质条件，爆破效果良好，铲装效率提高，混装车工业性试验在此阶段取得了较好效果。

11.5.3　经济效益分析

11.5.3.1　直接经济效益

（1）通过采用混装炸药技术，由于其机械化、自动化程度高，与成品乳化炸药相比较，安全性提高，穿孔费用及炸药运输费用降低。运输费、钻孔费可节约 100 万余元。

（2）炸药用量增加。使用现场混装乳化炸药车后，炸药单耗增加到 0.2336kg/t，比采用成品乳化炸药时的单耗 0.22kg/t 增加 6.18%，年炸药用量增加 176.7t，年炸药费用增加 100 万余元。

（3）直接效益评价。通过采用混装炸药，虽然炸药费用有所增加，但运输费用、钻孔费用有所降低，直接费用基本持平。

11.5.3.2　间接效益

（1）装药效率提高。采用机械化装药方式，可以明显提高装药效率，缩短爆破作业时间，装药速度可达 200kg/min。以黑沟矿区深孔台阶爆破施工作业为例，用现场混装乳化炸药车作业，从装药到联网起爆，6 名爆破员作业，2h 就可完成 12t 炸药装填。而采用普通袋装炸药，则需要 8 名爆破员进行转运、搬运、装药，作业时间长达 6h 以上才能完成。

（2）提高铲装效率。由于混装乳化炸药流散性较好，能保证孔底装药量，实现了全耦合装药，爆破后底部平整、根底较少，而且爆堆松散，减少了二次爆破量，提高了铲装效率。

11.5.3.3 社会效益

（1）提高了爆破施工的本质安全性。在爆破施工时应用现场乳化炸药混装技术，炸药在施工现场配制生产，无需储存和运输成品炸药，作业现场无需设立炸药中转储存库，因此在整个施工过程中，彻底消除了传统的炸药生产、运输、储存过程的不安全因素。

（2）降低了职工劳动强度。使用现场混装炸药车，作业人员在施工过程中只需进行填塞、连线工作，而使用普通袋装炸药时，还需进行繁重的装卸、转运、搬运、拆包以及现场清理等工作。

（3）有利于环境保护和现场文明施工。现场混装乳化炸药生产过程，只是原材料的物理混合，不需加热或加压，不会产生有毒物质和污染物。由于是现场配制使用，无需使用塑料制品进行包装，实现了绿色低碳、环境友好的生产方式。避免了由于使用袋装炸药，作业现场存在包装袋而影响施工现场整洁，为施工现场文明生产创造了有利条件。

通过对直接效益、间接效益以及社会效益的分析，可见在采用乳化炸药现场混装车后，其直接费用基本持平，而其间接效益与社会效益显著，所以使用混装炸药时，有利于促进公司综合效益的提升。

11.5.4 结论

（1）通过三个阶段的试验，从爆破效果看，矿石块度均匀，无大块及根底，塌落线明显，爆破效果良好，完全能够满足黑沟矿区生产需要。

（2）孔网参数由 5m×7m 调整为 5m×8m，炸药单耗由初期的 0.3024kg/t 降低到 0.2336kg/t。而且爆破效果稳定、钻孔工作量减少，与成品大包乳化装药 2010 年铲装数据相比较，大块率、根底率明显降低，铲装效率提高。

（3）通过试验对炸药配方进行了优化，炸药性能提高并稳定（其中 5 月、6 月、7 月、8 月、9 月的炸药平均爆速分别为 4875m/s、4988m/s、5413m/s、5309m/s、5126m/s），完全达到或高于国家标准。

（4）使用现场混装炸药车，提高了炸药生产、运输、储存、使用过程中的本质安全性，提高了装药效率，降低了职工劳动强度。

11.6 井下现场混装乳化炸药车在镜铁山矿的应用

2012 年 5 ~ 12 月 BCJ-2000 型井下现场混装乳化炸药车在酒钢桦树沟采区进行了工业性试验，取得了预期效果。

11.6.1 项目背景

现场混装炸药车在露天矿使用已经非常普遍，而在井下矿山爆破装药基本上仍然采用沿用了 40 多年的装药器装药。装药器有搅拌和无搅拌两种，有搅拌装粉状炸药，无搅拌装多孔粒状铵油炸药，风力输送，返粉率高，工人劳动强度大。目前广泛使用的改性铵油炸药和膨化硝铵炸药性能和乳化炸药相比要差，爆破效果不太理想。国内很多井下矿山从国外引进了多台井下装药车，由于种种原因都没有使用起来。国家准备 2016 年前取消上述两种粉状炸药，大力推广乳化炸药和多孔粒状铵油炸药，同时推广混装车生产工艺，"十一五"期间提倡开发井下乳化炸药混装车。2011 年 6 月山西惠丰特种汽车有限公司和酒钢兴安民爆器材有限公司签订了联合研制井下乳化炸药混装车合同，2012 年 5 月开始试验。

11.6.2　矿山概况

酒钢兴安民爆器材有限公司嘉峪关分公司主要为镜铁山矿山服务，镜铁山矿是酒钢的主要粮仓，位于祁连山南山山脉中段，讨赖河西岸，现有桦树沟井下矿，黑沟露天矿，是我国西北地区规模最大的现代化矿山。

桦树沟井下矿原来采用膨化硝铵炸药，装药设备为 BQ-100 型装药器，返粉率高，效率低；采矿方法为无底柱分段崩落法，12m 分段，进路间距为 12m，巷道断面为 3.8m×4m。掘进炮孔直径为 $\phi 40mm$，深度为 3.2m，一个工作面 38 个炮孔。回采炮孔直径为 $\phi 76mm$ 和 $\phi 102mm$ 两种，扇形排列，孔深在 10～20m 之间。当炮孔直径为 $\phi 76mm$ 时一个工作面为 8 个炮孔，当炮孔直径为 $\phi 102mm$ 时一个工作面为 6 个炮孔，一个工作面一次装药 420kg 左右。

11.6.3　井下试验

井下试验分两个阶段进行，第一阶段在掘进工作面试验，第二阶段在回采工作面试验。

11.6.3.1　第一阶段掘进试验

2012 年 5 月 17 日进行了第一次下井试验，在掘进工作面装药。2895m 水平，每一工作面钻孔 42 个，其中中间 4 个孔为掏槽孔不装药，装药孔 38 个，孔径 $\phi 40mm$，深 2.5～3m。装一个工作面，需装药量 200kg，平均单孔装药量 5.88kg。

5 月 19 日进行了第二次下井试验，还在 2895m 水平，装了一个沿脉（沿矿体的主巷道称沿脉）和两个掘进工作面，装药量 660kg，平均单孔装药量 6.5kg。

5 月 23 日进行了第三次下井试验，还在 2895m 水平，装了两个工作面，装药量 410kg，平均单孔装药量 6kg。

5 月 25 日进行了第四次下井试验，还在 2895m 水平，装了三个工作面，装药量 650kg，平均单孔装药量 6.4kg。

5 月 30 日进行了第五次下井试验，根据前四次的试验结果，调整了布孔设计，少钻 4 个装药孔。还在 2895m 水平，装了一个沿脉和两个采矿工作面，装药量 528kg，平均单孔装药量 5.18kg。

11 月 14 日进行了第六次下井试验，仍然为 34 个装药孔，还在 2895m 水平，装了一个沿脉和两个采矿工作面，装药量 632kg，平均单孔装药量 6.2kg。

爆破后没有大块，多进尺 250～300mm，爆破效果良好。

11.6.3.2 第二阶段回采试验

从 6 月 30 日~7 月 11 日共计 12 天，做了 5 次试验，实验效果不理想。主要表现为大块率高，出矿量少，有的采矿工作面还出现了悬顶。经分析，首要原因是炸药黏度（稠度）不够；其二，润滑剂加的量过大，流到了孔壁上，导致部分炮孔少量炸药外流。从设备本身也存在部分缺陷，如：自动送管装置只能向上送 3m，输药管重而软，加重了工人的体力劳动。针对试验中出现的问题，分两步走：第一，重新研究既有流动性，黏度又大的炸药配方；第二，改进送管装置，重新选用输药胶管。

HF3 型配方就是最后确定装上向炮孔的配方，在油相中增加了增稠剂；乳化器电动机由 11kW 改为 15kW，加大了剪切强度，黏度为 50~60Pa·s。

对车上的送管装置重新进行设计；输药胶管和厂家进行协商，重新选择了输药软管。先在地面站用 $\phi76mm$ PVC 管做了试验，重新测试了炸药性能。用 $\phi76mm$ PVC 管作为约束条件，爆速可达到 4600m/s，殉爆可达到 5cm，炸药综合性能好于膨化硝铵炸药。

9 月 19 日又开始进行实验，在 2685m 水平，1 号矿体，西沿脉，33 穿。炮孔直径 $\phi76mm$，孔深 18m，孔数 8 个，装药 399kg。送管装置送管自如，收管能与炮孔直径、输药效率和收管速度有机地完美结合。炸药发泡均匀，没有流出现象。爆破后观察，爆堆饱满，大块率低，出矿量多，效果良好。先后又进行了 4 次试验，都达到了良好的爆破效果，其中有一次炮孔直径为 $\phi102mm$，同样爆破效果良好，可以投入生产使用。

11.6.4 结论

（1）BCJ-2000 型井下乳化炸药现场混装车在掘进面装药，每一工作面可少钻 4 个孔，进尺提高 230~300mm，即：每放 9 次炮，进尺等于原放 10 次炮的进尺。

（2）BCJ-2000 型井下乳化炸药现场混装车在回采工作面装药，爆堆饱满，大块率低，出矿量多，效果良好。

（3）新研制的 HF3 号散装乳化炸药，黏度适中，能满足 $\phi102mm$ 上向炮孔装药。敏化温度范围宽，满足井下爆破要求。

11.6.5 井下现场混装车的国内应用前景

随着我国经济的快速发展，矿山对机械化、数字化的要求也越加紧迫。相对于采矿的其他环节，炸药装填的机械化比较落后，井下矿山更是如此。传统的人工装填卷状乳化炸药、使用装药器装填铵油炸药的形式已经影响了井下矿山的开采，从而制约了井下矿山高度机械化的进程。而能够实现耦合装填乳化炸药，减轻劳动强度，提高效率的井下乳化炸药混装车将会极大改善井下矿山装药瓶颈的问题，达到钻、爆、铲、运协调发展。井下现场混装乳化炸药车已立入国家"十一五"规划。目前，我国对井下现场混装车的研究还处于初级阶段，混装药车还有许多需要完善的地方，在提高底盘、装药系统和工作平台三者的匹配性；提高装药效率和装药精度；提高炸药的性能；改善控制形式，提高智能化水平等；提高人性化等方面还需做许多努力，经过不断完善，井下装药车不仅会在井下矿山得到广泛应用，而且在隧道工程、硐室工程等方面都会有广阔的前景。

 **12** # 混装车及地面站的安全措施

现场混装炸药车属于流动性大，多点作业的混装炸药机械。现场人员杂，有多种工序人员在场（如：混装车操作工、爆破工、爆破工程师和填塞人员等），由于这种作业性质决定了它加工炸药的安全等级。地面站储存炸药的原材料和炸药半成品应是氧化剂，现场混制的炸药应是低感度炸药。它的工艺特点是：将地面站储存炸药原材料或炸药半成品分别装在车上的料箱内，在爆破现场才混制并装填到炮孔内，再经 5~20min 发泡才能成为用起爆具起爆的低感度炸药。在混装车上为炸药原料或炸药半成品，没有爆炸能力，所以非常安全。

散装炸药的原材料主要是水、硝酸铵、柴油和乳化剂等，在这四种材料中，容易发生易燃、易爆危险性较大的是硝酸铵和柴油。按照《建筑物防火规范（GB 50016）》中3.1.1 款的规定，火灾危险性分类，分为甲、乙、丙、丁和戊五类。硝酸铵为强氧化剂为甲类，柴油闪点大于 60℃ 属于丙类。所以地面站、混装车的安全等级为甲类防火。《民用爆破器材工程设计安全规范（GB 50089）》第 14 章规定："当地面站内不附建有起爆器材和炸药仓库时，该地面制备站（包括移动地面站）的设计可执行现行国家标准《建筑设计防火规范（GB 50016）》的有关规定"。

用地面站、混装车工艺混制的乳胶基质，必须通过《危险货物运输爆炸品认可、分项试验方法和判据（GB 14372）》第八组试验，联合国《关于危险货物运输建议书试验和标准手册》第五修订版，联合国《关于危险货物运输建议书规章范本》第十六修订版检测，确定为氧化剂，国家权威部门颁发运输许可证，方可远距离运输。

如果把炸药加工厂的设备、炸药配方和制造工艺搬到地面站来，那是很危险的。高感度炸药危险等级为 1.1 级，生产过程中危险性极大，所以《民用爆破器材工程设计安全规范（GB 50089）》中要求用土堤把生产车间围起来。牢记混装车是移动作业设备，生产低感度炸药。

12.1 事故浅析

我国自从生产乳化炸药到 2013 年 3 月末，共发生爆炸事故 15 起，其中：乳化器引起爆炸事故 7 起，占 46%；螺杆泵引起爆炸事故 4 起，占 27%；其他 4 起，占 27%（数字来源于北京安联国科咨询有限公司安评报告）。从上述统计可以看出，乳化器和螺杆泵是发生事故的主要原因，并且大多数是在成乳性不好和将要破乳时发生事故。这两种设备虽然结构不同，功能不同，但是物料在流过设备小于某一值时，或物料断流时，设备内的存料在乳化器和螺杆泵内反复搅拌和摩擦，温度都会很快上升，乳胶基质都会很快破乳，发生化学反应，产生气泡，从而发生爆炸。

正常的乳胶基质安定性较好，主要是指压缩安定性、热安定性、摩擦安定性、撞击安定性、枪击安定性等五个方面。如果乳胶基质由于某种原因（例如机械作用或较高储存

温度）开始破乳时，反而容易分解，如不能及时散热或用水冷却很快就有可能引起爆炸。其化学原理是：开始破乳时，水相析出，乳胶基质变得很粗糙，如有机械搅拌或摩擦，摩擦面粗糙阻力快速增大，硝酸铵、硝酸钠和碳氢化合物很快就会发热，分解，爆炸。

硝酸铵在常温下也是稳定的，对打击、碰撞或摩擦均不敏感。但在高温、高压等条件下分解反应，放出大量的热和产生大量的气体，使反应进一步加快，并同时与碳氢化合物反应，很快就会产生爆炸。温度升至110℃时，分解成氨气和硝酸。185～200℃时分解成一氧化二氮和水。230℃以上时放出氮气、氧气和水蒸气。400℃以上发生爆炸。发生爆炸时的反应是自由氧与碳氢化合物的反应。

在110℃时：

$$NH_4NO_3 \longrightarrow NH_3 + HNO_3$$

在185～200℃时：

$$NH_4NO_3 \longrightarrow N_2O + 2H_2O$$

在230℃以上时，同时有弱光：

$$2NH_4NO_3 \longrightarrow 2N_2 + O_2 + 4H_2O$$

在400℃以上时，发生爆炸：

$$C_xH_y + (2x + y/2)O \Longrightarrow xCO_2 + y/2H_2O$$

硝酸钠在常温下也是稳定的，溶解于水时能吸收热。加温到380℃以上即分解成亚硝酸钠和氧气，400～600℃时放出氮气和氧气，与木屑、布、油类等有机物接触，能引起燃烧和爆炸。

在380℃以上：

$$4NaNO_3 \longrightarrow 4NaNO_2 + 2O_2$$

在400～600℃时：

$$4NaNO_3 \longrightarrow 2N_2 \uparrow + 5O_2 \uparrow + 2Na_2O$$

水加热后可成为水蒸气。

上述物理和化学作用足能引起事故。

防止乳胶基质成乳前和开始破乳时产生爆炸的方法主要有以下两点：一是保证设备运转正常，超温、超压、断流等安全保护措施工作可靠；二是在水相配方中水分含量在17%以上，再加入微量的抗氧分解物质，阻止成乳前和刚开始破乳时物质的快速分解，热量就不会快速集聚在一起，以上两种方法完全能够防止分解产生爆炸等事故。

12.2 安全措施

通过上述事故分析，混装车、地面站散装炸药制造工艺主要危险点有四处：乳化器、乳胶基质输送系统、油相配制系统和高温液体硝酸铵运输。

安全措施主要从以下三个方面做起：第一，设备，设计合理，零部件加工精度高，配套的仪器仪表工作可靠；第二，按照散装炸药的规律设计炸药配方和炸药工艺；第三，加强现场管理。

12.2.1 乳化器

乳化器是生产乳化炸药的关键设备。目前齿轴式乳化器在我国应用比较普遍，静态制乳在我国刚开始应用。齿轴式有卧式和立式两种。卧式结构，轴承装在轴的两端，搅拌轴运转平稳。立式是悬臂转动，如果设计不合理，零件加工精度不高，悬臂轴会摆动，造成事故。

静态制乳技术是 2008 年传入我国，有两种形式：一种是由一台预乳器和一台静态乳化器混合而成；另一种是没有预乳器，全部采用静态乳化器，近几年发展非常迅速。这两种制乳方式在 10.1 节已介绍了其结构、安全措施。

12.2.2 乳胶基质泵送系统

乳胶基质泵送系统在制乳型地面站、露天矿现场混装乳化炸药车和井下矿用现场混装乳化炸药车都有使用。井下矿现场混装乳化炸药车乳胶基质输送系统结构复杂，功能齐全，最有代表性，本节重点做一介绍。

BCJ 系列井下现场混装乳化炸药车，为地面制乳型现场混装乳化炸药车。乳化炸药生产中的四个危险源，井下现场混装乳化炸药车只有螺杆泵一个危险源。换言之，只要把（螺杆泵）乳胶基质输送系统的安全措施设计得当，混装车就会安全运行。图 12-1 所示为井下现场混装乳化炸药车乳胶基质泵送系统，这套装置关系到炸药质量，输送效率，生产安全等方面，是混装车的核心装置。如何降低输送压力、物料在螺杆泵内不回流，超压或断流后如何报警停机是关键。

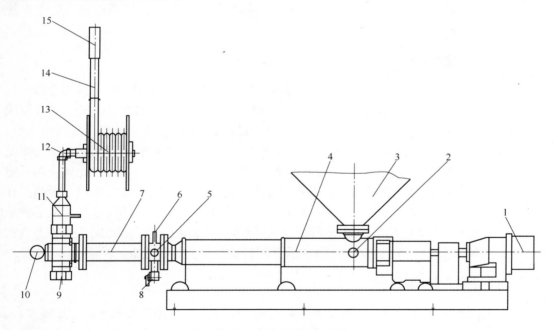

图 12-1　乳胶基质泵送系统

1—液压马达；2—催化剂添加口Ⅰ；3—乳胶基质料箱；4—螺杆泵；5—温度变送器；6—催化剂添加口Ⅱ；
7—静态混合器Ⅰ；8—排料口；9—超压爆破片；10—压力变送器；11—润滑剂减阻装置；
12—旋转弯头；13—软管卷筒；14—输药软管；15—静态混合器Ⅱ

降低输送压力从以下措施入手：

（1）润滑剂减阻装置是关键，该装置采用了沟槽式润滑剂减阻装置，和电气控制系统有机配合，润滑剂不断流，管壁上喷洒均匀，从而降低了输送阻力。输药管出口处的静态混合器采用 SX 型，混合效果均匀，几乎不产生压力。输药管长 40m 时，乳胶基质黏度约 40~50Pa·s 的条件下，工作压力控制在 1MPa 以下，启动压力控制在 1.6MPa 以下，偶发压力控制在 2.4MPa 以下。

（2）输送管路的转弯处，特别是软管卷筒的中空轴等接头要圆滑过渡，减少对水环的破坏。

（3）降低乳胶基质的黏度，用聚能塞防止胶体外流，从而降低输送压力。

（4）设有排料口，当需要清洗料箱时，箱内余料或废料可从排料口中排出，不会造成系统压力升高等现象。

（5）还设置有温度变送器、压力变送器，当系统超过工艺温度和工艺压力时会报警停机，从而保证了混装车的安全。

（6）即使仪表失灵还设有机械超压爆破片，仍然能保证人员和设备安全，应该注意的是机械爆破片压力选择要高于偶发压力，否则系统将无法正常工作。

（7）在电气控制系统设置有参数记录仪（俗称黑匣子）供分析查找原因。

12.2.3　油相配制系统的安全措施

油相配制系统的危险性主要是火灾事故，在地面站设计和建设严格按照《建筑物防火规范（GB 50016）》进行。生产工人严格遵守操作规程和安全操作规程就会防止事故发生。

12.2.4　液体硝酸铵运输的安全措施

用液体硝酸铵配制水相溶液和液体硝酸铵运输车在第 9 章地面站中已有详细介绍，本节主要强调液体硝酸铵运输时温度应控制在 100℃ 以下，析晶点控制在 80~90℃。其原因有两点：第一，根据本章事故浅析中分析，硝酸铵在 110℃ 时会发生反应，易造成事故，所以控制在 100℃ 以下是安全的。第二，液体硝酸铵运输车的硝酸铵罐保温层大多为聚氨酯 A、B 两种材料按比例混合后喷注发泡而成，耐温一般为 130℃，当配料比例失调时耐受温度更低。长时间受高温烘烤就会碳化，起火，造成事故，国内已有先例。析晶点在 80~90℃ 的液体硝酸铵中含水量大约有 8%~9%，还小于包装炸药的含水量。从运输成本上看，和运输 100% 的硝酸铵相比应高一些，但是与硝酸铵生产厂和炸药厂双方节省的能源相比，要低得多，特别是减少了二氧化碳的排放，社会效益更加显著。

12.3　设计安全的炸药配方

散装乳化炸药配方设计，应遵循散装炸药的性能及应用特点，根据不同的爆破工程，设计不同的配方，一般应该做的：配方简单，材料来源广泛，价格低廉，有良好的流动性，耐颠簸，抗振动，有较长的储存期，性能满足爆破工程要求。露天矿山，中、深孔爆破用散装炸药自从 1990 年投放市场以来，炸药配方技术、炸药工艺技术和爆破技术非常成熟。起爆器材相当配套，本节不再介绍。井下矿山用乳化炸药在我国使用刚刚开始，这方面的经验比较少。井下矿山掘进炮孔直径一般为 40mm，回采炮孔直径一般为 60~102mm。为了提高炸药感度，有的把炸药配方中的水分降低到 13% 以下，乳胶基质都有了雷管感度，那是非常危险的。专为井下现场混装乳化炸药车设计了两种配方：HF3 和 HF4（表 12-1），供读者参考。

表 12-1　两种常用散装乳化炸药配方　　　　　　　　　　　（%）

原　料	HF3	HF4
1. 水相	93.5~94	
硝酸铵	75~85	
水	15~18	
磷酸		0.2
抗氧剂	0.2	
硝酸钠	5~9	
2. 油相	6~6.5	
柴油（0 号）	20~30	
机油32 号	40~50	
乳化剂9126	25~35	
增稠剂	5~10	
复合蜡		5~15
乳化剂司盘-80		20~30
3. 敏化剂	√	√
4. 催化剂	√	√

　　这两种配方炸药可装上向炮孔，最大炮孔直径可达 102mm。众所周知，如果乳胶基质黏度太大（即太稠），没有流动性，螺杆泵输送压力过高。如果乳胶基质黏度太小（即太稀），会从上向炮孔中流下，由此可见乳胶基质的黏稠度非常重要。

　　HF3 储存期长（90 天以上），抗振动，耐颠簸，可长距离运输，适用于一点建站，多点配送。黏稠度受温度影响较小，这样减少了地面站庞大的冷却设备。敏化剂和催化剂全部外加，敏化温度较宽，即高温、中温和低温均可（0~80℃）充分敏化。配方中采用高分子乳化剂，在水相中还添加了乳化添加剂（抗氧剂）和增稠剂，大大提高了乳胶基质的质量。

　　HF4 储存期短（10 天左右），适用于一矿一站。乳胶基质的增稠是采用添加复合蜡的方式，乳化剂采用司盘-80，储存期较短，中温敏化，乳胶基质温度需要降至 50℃ 以下，地面站设有冷却设备。两种炸药分别作了压缩感度试验（静压）、摩擦感度试验、撞击感度试验以及其他性能检测。压力试验在炸药检测中没有这项指标，质检站也不搞这项检测。著者自制了压力试验装置，试验压力为 3MPa、5MPa、10MPa、15MPa、17MPa，每一挡试验 15 次，每次 10min。分别对乳胶基质、炸药和有雷管感度的小包装炸药做了试验，乳胶基质和炸药均没有破乳，炸药仍然可以起爆。17MPa 时的测试结果见表 12-2。

表 12-2　性能测试

项　目	HF3		HF4		有雷管感度炸药
	胶体	炸药	胶体	炸药	（小包装炸药）
压缩/MPa	不炸	不炸	不炸	不炸	不炸
摩擦/%		0		0	0
撞击/%		0		0	
热感度		合格		合格	合格
爆速/m·s^{-1}		4500		4500	4500
密度/g·cm^{-3}		1.15		1.15	1.15

　　从表 12-2 看，超压不是爆炸的直接原因，而是超压后乳胶基质在螺杆泵内回流并较长时间摩擦，使温度急剧上升，乳胶基质破乳发生化学反应，引起爆炸。HF3 和 HF4 都是安全的。

12.4　低感度炸药在井下矿山的应用

　　目前多数井下矿山使用的炸药是改性铵油、膨化硝铵炸药，少数矿山使用的是多孔粒状黏性炸药，用装药器装药，炸药感度高，返粉率高，工人劳动强度大。采用孔底起爆，一只 8 号雷管和 100g 乳化炸药为起爆源。下口有的用炮泥封堵。多数单位不封堵，造成能量大量浪费。HF3 号和 HF4 号炸药感度较低，采用孔底和孔口相结合的起爆方法（图 12-2）确保炸药完全爆轰，从而保证了爆破效果。用聚能塞不但防止炸药下流，而且使炸药能量充分发挥。

12.5　综合评价

　　通过上述分析和试验，得出如下结论：

　　（1）压缩感度不是引起爆炸的直接因素，而是在超压后乳胶基质在泵内回流、摩擦使乳胶基质破乳，发生化学反应，产生气泡，温度急剧上升，达到起爆条件，引起爆炸。

　　（2）从设备上采用了超温、超压、断流报警停机等安全措施，设备会安全运行。

　　（3）配方中提高了水分 5～6 个百分点的含量（与包装炸药相比），降低了感度，本质上提高了安全性。增加了孔口起爆，保证炸药充分起爆。虽然增加了一发雷管，但和增加水分含量相比经济上还是划算。

　　（4）配方中水分含量提高，做功能力略有下降（和包装炸药相比），增加了聚能塞，能聚能 3%～5%。

　　（5）提高设备的数字化、自动化水平，仪器、仪表工作可靠，按时校验。危险工序做到没有生产工人。

　　总体来讲，采用了上述安全措施，井下乳化炸药混装车是安全的。

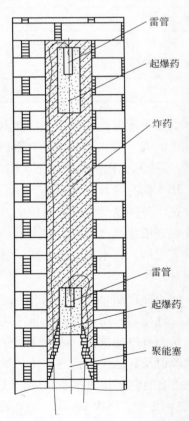

图 12-2　井下矿炮孔装药示意图

 13 物联网在混装车上的应用

物联网是继计算机、互联网之后，世界信息产业发展的第三次浪潮。实际上物联网是在互联网的基础上，将用户端延伸和扩展到物与物、人与物之间，进行信息交换和通信的一种概念。其定义是：通过视频识别、红外线传感器、全球定位系统和激光扫描器等信息传感仪器，按照约定的协议，把物品与互联网相连接，进行信息交换和通信，以实现智能化识别、定位、跟踪、监控和管理的一种网络概念。基本特征是：第一，全面感知，用有关传感器，采集、测量物体信息。第二，可靠传输，通过网络、移动通信等把物体的信息传输到相关部门。第三，智能处理，通过分析和处理采集到的信息，针对具体应用提出新的服务模式，实现正确决策。

自 2009 年我国提出"感知中国"以来，物联网被正式列为国家五大新兴战略性产业之一，物联网在国内受到广泛关注，民爆行业也不例外，2012 年 8 月在北京召开了两化融合成果展示会，物联网技术在民爆行业大力推广使用。两化融合是信息化和工业化的高层次深度结合，信息化带动工业化，工业化促进信息化，是走新型工业化道路，以信息化为支撑，达到设备的智能化。

现场混装炸药车物联网智能管理系统，是以混装车、地面站和相关人员为主要管理对象，综合应用物联网技术，实现对现场混装炸药车移动作业全过程信息的闭环管理。并严格按照法律法规、操作规程和安全操作规程，建立信息预警机制，为现场混装炸药安全综合管理提供智能化管控平台。依据国家产业发展方向，建立整个现场混装炸药车行业动态监控信息系统，是行业管理的必然趋势。

物联网技术架构一般分为三个层次：感知层、网络层和应用层。感知层就是智能化混装车和地面站；网络层就是利用各种网络和云计算等平台构成；应用层就是物联网和用户的连接。因此，开发、研制数字化现场混装炸药车及地面站是物联网的基础和关键。山西惠丰特种汽车有限公司经过多年的引进、消化、吸收、再创新，积累了丰富的经验。2006 年，提出了研制数字化现场混装车及地面站，为信息化管理系统的开发奠定了技术基础。

随着社会的发展进步，各行各业对数字化的认识和要求越来越广，民爆行业及相关企业也对炸药的生产、管理、监控提出了更高的数字化、信息化要求，而且设备的数字化水平和信息化水平代表了未来产业的技术水平和总体方向。毋庸置疑，混装车的数字化和信息化将成为未来发展的核心，必然要从单一车辆作业向系统生产，系统信息管理方向发展。开发研制数字化现场混装车及生产安全信息化管理系统非常重要。

混装车现场装药及地面站的控制系统是信息管理的信息来源的核心。只有这个核心可以即时提供各种信息，并且信息准确、真实有效，免除人工干预，可以记录、储存，而且事后查阅方便，数据实时通过网络传输到服务器，进行储存管理。实际上就是控制管理一体化。

混装车装药现场涉及多个部门及多种人员，因此人员管理也十分重要。管理的系统涉及现场管理、企业调度管理、行业及政府相关部门的管理。

整个物联网系统分为三个级层进行管理。

（1）行业管理级。行业及政府相关部门的行业管理实际是整个系统的大脑，是决策机关，需要现场大量管理信息。因此经过服务器处理后的信息，提供给各个不同管理部门。各个管理部门仅需要一台计算机，连到互联网上，就能查看各种信息，同时还可发布信息到企业甚至到基础使用级，用于指挥现场生产和监管现场生产。

（2）企业管理级。企业作为生产现场的直接管理部门，是生产现场的指挥。混装车及地面站采集到的各种信息，通过互联网传输到企业管理部门的服务器上，经过分析、处理，供企业管理部门参考，便于指挥生产和上传下达。

（3）数字化装药车及地面站为基础应用级。混装车及地面站生产现场的信息管理，涉及单位多、人员多，整个生产过程控制的信息量大，包括了原材料审批、购买、运输、保管、库存物资以及现场生产、现场装药、现场监管、现场引爆等相关生产过程。由此产生了大量的信息，所以基础使用级的控制及信息管理是整个信息管理系统的核心。管理信息的可靠与正常运行非常重要，因此基础使用级感知原件有：在混装车上配置 PLC 可编程控制器、地面站的计算机、控制软件、管理软件、视频监控设备、全球卫星定位系统、车辆行踪记录仪、条码扫描机、指纹识别设备、网络传输设备、温度变送器、压力变送器、液位变送器、各种流量信号等。由这些设备共同组成混装车基础使用级控制管理系统。完成整个生产过程的控制、信息记录和实时传输。

13.1 项目主要工作内容

混装车：数据上传、图像上传和故障远程诊断。

地面站：现场管理、安全管理和库房管理。

（1）控制系统由计算机、可编程控制器、网络传输系统、硬件及操作软件、工业控制软件、数据库软件组成。

（2）传输混装炸药实时画面、工艺参数、故障远程诊断、累计装药量、混装车周边 50m 图像。工艺参数发生异常时系统会自我修复，从而保证了产品的质量。

（3）地面站起爆器材及原材料出、入库数量。地面站运行时的各种数据由系统自动记录和保存。上述资料利用互联网传输到办公室的计算机上，办公室计算机具有监视和控制功能，及数据记录功能，这些数据人工不能干预。保证了数据的真实性。

（4）计算机在记录运行数据的同时，对操作人员进行了指纹身份识别。可以进行总量监控，在通过授权后，可以设置年生产总量控制，如果年生产总量大于限定总量或违章作业，混装车会停止工作，确保安全生产。

（5）具有数据查阅功能，可以打印生产报表。

（6）语音预警功能。终端在启动，报警时都能用清晰的语音提示：

1）车辆启动时语音提示。

2）超速语音提示。

3）偏离规定行驶路线语音报警。

4）偏离区域报警。

5）终端可以通过免提方式拨打和接听电话。

6）收到中心的文本调度指令后，将指令内容显示在调度屏上，并通过扬声器发出语音提示。

（7）摄像功能。装有固定和旋转摄像头，把混装车周围环境捕捉下来，旋转摄像头跟踪混装车混制炸药装置出口导引器，把混制炸药的场景捕捉下来，实时传到企业和行业的网站上。

13.2 信息管理系统

信息管理系统包括如下内容：

（1）由计算机、条码扫描机、指纹机等硬件、数据库软件、专门研发的爆炸品管理软件、操作软件组成。管理软件中嵌入了指纹机、条码机的管理。

（2）软件具有人员和涉爆部门的管理，在爆炸品审批、出入库、运输、使用全过程中，对涉爆人员进行了人员识别和记录，不是涉爆人员，不能进入系统。

（3）软件具有原材料出入库登记、爆炸品出入库登记、涉爆品的审批、运输、使用全过程的数据管理，具有条码扫描功能，例如一发雷管进入涉爆部门后，在每个环节上进行了详尽记录，在每个环节只需使用条码机扫描一下即可，简单快速，真实有效。

（4）每个数据实时传输到专用服务器上，使各管理阶层，根据各自的权限，随时可以查阅相关信息。为了降低成本，利用互联网进行传输。为了防止黑客攻击进行了抗干扰设计。

（5）硬件上每个管理环节配备了计算机，目前各个环节的使用人员分为系统管理员级、数据录入员级、企业和行业管理员级，每一级均配置了密钥以及各自的密码。基础信息录入员还有指纹识别系统，只有符合条件的人员，才可进行操作和查阅。

（6）软件使用上，设置了月报表、年报表功能，分人员、单位、类别、时间等几十种单项查阅功能，方便各个层次的使用。雷管可以查阅到每一发的信息。

（7）驾驶室及车辆周边人员环境情况监控。结合现场混装车实际生产条件，以车、站、人为管理对象，利用物联网信息技术平台，实现对整个生产过程信息的闭环控制可以通过管理分析软件收集和管理人员、车辆信息得到多种管理报表，通过高科技手段，达到管人、管车、管安全、管物料的综合高效管理目的。该系统可以实现以下功能：

1）采用行驶记录仪，终端自动向中心报告当前全球定位系统信息（位置、方向、速度、时间），并保存下来，供查询。

2）多种条件上报，可根据时间、距离采集现场生产数据、产量以及地面站库房物料进出管理信息。回传信息到时数据中心的时间和距离的间隔可设定。

3）路线监控，混装车的车头和车尾分别装两个摄像头，把行驶的路线和画面传输到监控中心。

4）地理栅栏，车辆熄火后，以车辆熄火位置为中心，以不大于600m的距离为直径，设定电子栅栏，当主机检测到车辆在未点火状态下，从此区域移出后发送报警信息。

5）应急报警，主机设一个紧急开关，遇到危机情况，驾驶员可按下开关，向中心发出报警信号。

物联网技术在现场混装装药车上和地面站的推广应用，大大提高了混装车、地面站智能化技术水平。地面站实现无人操作，提高了安全性。通过该系统，行业管理部门可查询每台混装车的历史生产数据，杜绝漏报、瞒报和超产现象发生，同时可以查看混装车工作地理位置，确保混装车现场混装作业；生产企业可对混装车各设备状态的历史信息进行查询，并对混装车运行状态进行远程诊断，避免混装车带病作业，确保产品质量和安全生产。该系统的推广使用必将推动民爆行业向全面、高效信息化管理发展，具有广阔的应用前景。

附　　录

附录1　有关标准

1. 《民用爆破器材工程设计安全规范（GB 50089）》
2. 《建筑设计防火规范（GB 50016）》
3. 《矿用混装炸药车安全要求（GB 25527）》
4. 《工业炸药通用技术条件（GB 28286）》
5. 《工业炸药分类和命名规则（GB/T 17582）》
6. 《乳化炸药（GB 18095）》
7. 《多孔粒状铵油炸药（GB 17583）》
8. 《道路运输爆炸品和剧毒化学品车辆安全技术条件（GB 20300）》
9. 《道路运输液体危险货物罐式车辆　第1部分：金属常压罐体技术要求（GB 18564.1）》
10. 《危险货物运输车辆结构要求（GB 21668）》
11. 《矿山机械产品型号编制方法（GB/T 25706）》
12. 《现场混装重铵油炸药车（JB/T 8432.1）》
13. 《现场混装粒状铵油炸药车（JB/T 8432.2）》
14. 《现场混装乳化炸药车（JB/T 8432.3）》
15. 《井下现场混装乳化炸药车（JB/T 10881）》
16. 《现场混装炸药车地面辅助设施（JB/T 8433）》
17. 《现场混装炸药车移动式地面辅助设施（JB/T 10173）》
18. 《装药器（JB/T 2478）》
19. 《现场混装炸药生产安全管理规程（WJ 9072）》
20. 机电爆［1990］1220号文件《现场混装炸药车及地面设施生产安全考核与管理技术条件》
21. 《工业炸药现场混装车动态监控信息系统通用技术条件（试行)》

附录 2 符 号 表

A，F　面积，轴的扭转强度公式中的系数

B　宽度

C　系数

D，d　直径

H，h　高度

G　重力，风量，比热

g　重力加速度

K　计算功率用系数，热工计算用传热系数

L　长度，周长

M　力矩，转矩，弯矩

N　功率

Q　输送量，载重量，传热量

R，r　半径

S　螺距

t　时间

Δt_m　有效平均温差

Δt_1　传热蒸汽温差

Δt_2　散热器出口端的温度

V　体积

α　角度

β　角度

γ　空气的重度，密度

ν　风速

η　传动效率

ω　总阻力系数

μ　混合比

ϕ　直径

δ　厚度

ψ　充满系数

$\Delta \rho$　液压系统进出油口压力差

π　圆周率

σ　速度

附录3 图 例

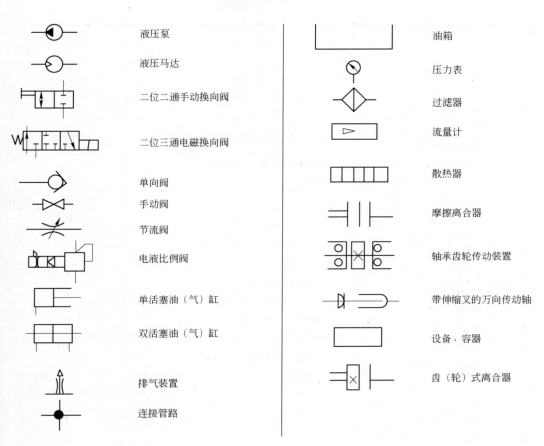

液压泵

液压马达

二位二通手动换向阀

二位三通电磁换向阀

单向阀

手动阀

节流阀

电液比例阀

单活塞油（气）缸

双活塞油（气）缸

排气装置

连接管路

油箱

压力表

过滤器

流量计

散热器

摩擦离合器

轴承齿轮传动装置

带伸缩叉的万向传动轴

设备、容器

齿（轮）式离合器

附录4 化验室仪器配置清单

序号	仪 器	单位	数 量
1	电子天平（量程：2000m；精度：1m）	台	3
2	1000W 调温电炉	台	2
3	不锈锅 160mm	个	2
4	NDJ-1 旋转式黏度计	台	1
5	99-1 增力电动搅拌器 100W	台	1
6	ZBS9601A 型智能爆速仪	台	1
7	JENCO6010 便携式 pH 计：测量范围 0.00~14.00，分辨率 0.01，精确度±0.05，被测液体温度 80~100℃	套	1
8	1000mL 烧杯	个	10
9	500mL 烧杯	个	10
10	250mL 锥形烧杯、软木塞	个	10
11	密度杯 1L	个	2
12	水银温度计-20~100℃	支	5
13	1000mL 量筒	个	5
14	500mL 量筒	个	3
15	200mL 量筒	个	3
16	100mL 量筒	个	3
17	100mL 锥形量筒	个	3
18	5mL 量筒	个	3
19	密度计（玻璃）1.4~1.5	支	5
20	密度计（玻璃）1.3~1.4	支	5
21	密度计（玻璃）0.9~1	支	5
22	密度计（玻璃）0.8~0.9	支	5
23	塑料微量加水壶	个	2
24	200mL 白玻璃瓶（带盖）	个	5
25	镊子、玻璃棒、不锈钢小勺、毛刷等	个	各5
26	500kg 磅秤	台	1
27	SZG-441C 手持数字转速表	台	1
28	50L 不锈钢开口大桶	个	2
29	GDZ1 型电热蒸馏水器	台	1
30	精密 pH 值试纸：0.5~3.5, 3.5~5, 5~9	本	各5
31	不锈钢饭勺	个	2
32	10kg 塑料桶	个	2
33	调温烘箱	台	1
34	小型冰柜（可到-30℃）	台	1
35	微型离心机	台	1
36	振动器（可用医用振动器）	台	1
37	水分分析仪	套	1

附录5　黏度、热量、功率单位换算

1. 黏度单位换算

动力黏度单位换算：

1 厘泊（1cP）= 1 毫帕斯卡·秒（1mPa·s）

100 厘泊（100cP）= 1 泊（1P）

1000 毫帕斯卡·秒（1000mPa·s）= 1 帕斯卡·秒（1Pa·s）

动力黏度与运动黏度的换算关系：

$$\eta = \nu \rho$$

式中　η——试样动力黏度，mPa·s；

　　　ν——试样运动黏度，mm^2/s；

　　　ρ——与测量运动黏度相同温度下试样的密度，g/cm^3。

2. 热量单位换算

卡路里（简称卡，用符号 cal 表示）的定义为将 1g 水在 1 大气压（0.1MPa）下提升 1℃所需要的热量。

卡、大卡、千卡、千焦都是热量单位，它们之间的换算关系是：

1 卡（cal）= 1 卡路里（cal）= 4.186 焦耳（J）

1 千卡（kcal）= 1 大卡（kcal）= 1000 卡（cal）= 4186 焦耳（J）= 4.186 千焦（kJ）

3. 扭矩、功和功率单位换算

1 牛·米（N·m）= 1 焦耳（J）= 1 瓦特每秒（W/s）

1 千克力·米（kg·m）= 9.8 牛·米（N·m）= 9.8 焦耳（J）

1 马力·小时（hp·h）= 2.685×10^6 焦耳（J）

1 千瓦时（kW·h）= 1.341 马力·小时（hp·h）= 3.6×10^6 焦耳（J）

参 考 文 献

［1］汪旭光．乳化炸药［M］．第 2 版．北京：冶金工业出版社，2008.

［2］冯有景，吉学军，等．井下矿散装乳化炸药混装车的研制与应用［J］．现代矿业，2010（9）.

［3］冯有景，吉学军，段锦花，等．BCRH-15D 型现场混装乳化炸药车在镜铁山矿的应用［J］．现代矿业，2013（7）.

［4］靳永明，冯有景，秦启胜．现场混装车在露天爆破作业中的应用［J］．矿山机械，2004（9）.

［5］杨军，熊代余．岩石爆破机理［M］．北京：冶金工业出版社，2004.

［6］［日］坂下摄，等著．实用粉体技术［M］．李克永，译．北京：中国建筑工业出版社，1983.

［7］张安云，主编．粮仓机械［M］．北京：中国财政经济出版社，1993.

［8］沈祖康．工业炸药性能及其测试方法．南京理工大学，1994.

［9］作者不详．地下矿山无轨采掘设备［M］．长春：吉林省科学技术出版社，出版时间不详.

［10］机械设计手册［M］．第 5 版．北京：化学工业出版社，2008.

［11］山西惠丰特种汽车有限公司．混装车使用说明书（内部资料）.

［12］斯太尔 91 系列重型车改装手册（内部资料）.

［13］美国埃列克公司培训手册（内部资料）.

冶金工业出版社部分图书推荐

书　名	定价（元）
采矿手册（第 1 卷 ~ 第 7 卷）	927.00
选矿手册（第 1 卷 ~ 第 8 卷共 14 分册）	637.50
采矿工程师手册（上、下）	395.00
现代采矿手册（上册）	290.00
现代采矿手册（中册）	450.00
现代采矿手册（下册）	260.00
实用地质、矿业英汉双向查询、翻译与写作宝典	68.00
现代金属矿床开采技术	260.00
海底大型金属矿床安全高效开采技术	78.00
爆破手册	180.00
矿山废料胶结充填（第 2 版）	48.00
浮选机理论与技术	66.00
现代选矿技术丛书　铁矿石选矿技术	45.00
现代选矿技术丛书　提金技术	48.00
矿物加工实验理论与方法	45.00
地下装载机	99.00
硅酸盐矿物精细化加工基础与技术	39.00
采矿知识 500 问	49.00
选矿知识 600 问	38.00
金属矿山安全生产 400 问	46.00
煤矿安全生产 400 问	43.00
矿山尘害防治问答	35.00
金属矿山清洁生产技术	46.00
地质遗迹资源保护与利用	45.00
隧道现场超前地质预报及工程应用	39.00
低品位厚大矿体开采理论与技术	33.00
矿山及矿山安全专业英语	38.00
地质学（第 4 版）（本科教材）	40.00
矿山地质技术（培训教材）	48.00
采矿学（第 2 版）（本科教材）	58.00
现代矿业管理经济学（本科教材）	36.00
矿山企业设计原理与技术（本科教材）	28.00
爆破工程（本科教材）	27.00
井巷工程（本科教材）	38.00
井巷工程（高职高专教材）	36.00
基于 ArcObjects 与 C# . NET 的 GIS 应用开发（本科教材）	50.00